舟曲地质灾害形成机理与预警判据研究

Study on Formation Mechanism and Warning Criterion of Geological Hazards for Zhouqu

于国强　张茂省　黎志恒　著

科学出版社

北　京

内 容 简 介

本书详细论述了舟曲"8·8"泥石流成灾特征和发展趋势、地质灾害预警判据及危险性分区等问题，泥石流运动三维数值模型及其数值解法。全书共分为九章。主要包括地质环境条件，地质灾害特征和发展趋势，泥石流成灾特征和致灾因素及模式，泥石流三维数值模型的构建以及求解方法，区域地质灾害预警判据及模型研究，区域暴雨泥石流成灾阈值研究以及地质灾害危险性区划等内容的介绍。本书除了系统介绍国内外的最新进展外，还着重介绍了作者近年来的研究成果。

本书可供水文地质、工程地质、水文水资源等专业科研人员、工程技术人员和高等学校师生阅读和参考。

图书在版编目(CIP)数据

舟曲地质灾害形成机理与预警判据研究 / 于国强、张茂省、黎志恒著.
—北京：科学出版社，2016
　ISBN 978-7-03-048622-6

　Ⅰ. ①舟…　Ⅱ. ①于… ②张… ③黎…　Ⅲ. ①地质灾害−研究−舟曲县
Ⅳ. ①P694

中国版本图书馆 CIP 数据核字（2016）第 127148 号

责任编辑：张井飞　韩　鹏 / 责任校对：韩　杨
责任印制：张　倩 / 封面设计：耕者设计工作室

科 学 出 版 社 出版

北京东黄城根北街 16 号
邮政编码：100717

http://www.sciencep.com

北京通州皇家印刷厂 印刷

科学出版社发行　各地新华书店经销

*

2016 年 6 月第 一 版　开本：787×1092　1/16
2016 年 6 月第一次印刷　印张：16 3/4
字数：397 000

定价：198.00 元
（如有印装质量问题，我社负责调换）

前　　言

　　泥石流是一种在山区频发的地质灾害，其具有很强的破坏性，常常会对人们的生命和财产安全构成严重的威胁，也成为制约山区发展的重要因素。舟曲"8·8"特大泥石流损失惨重，世界震惊，是新中国成立以来造成人员伤亡和经济损失最大的一次泥石流灾害，再次敲响了区域暴雨型泥石流的警钟。如实地阐明舟曲泥石流、滑坡等地质灾害的成灾特征和致灾因素及模式，分析其发展趋势并提出风险减缓措施，在此基础上开展区域暴雨泥石流与高速远程滑坡的启动、形成运动机理研究，深化区域地质灾害预警判据与降雨特征成灾阈值研究，开展不同降雨特征条件下危险性区划，建立舟曲区域地质灾害预警模型，是山区地质灾害监测预警预报研究的基础，是减轻和防治地质灾害的难点和关键所在，也是防灾减灾的焦点之一，对指导今后灾后重建和监测预警具有十分重要的研究意义。

　　本研究首先以舟曲区域以及三眼峪、罗家峪、寨子沟为研究对象，总结、归纳并梳理以往研究成果，系统研究舟曲"8·8"特大山洪泥石流地质灾害的成灾模式、致灾因素，并提出舟曲地质灾害监测预警方案和风险减缓措施。

　　其次，通过有限差分数值模拟方法，分析三眼峪小流域位移场、应力场以及塑性区分布规律，阐明三眼峪重力侵蚀发生的空间分异特征及作用机理。采用有限元求解方法，开发三维连续介质模型程序，建立舟曲高速远程滑坡及泥石流的三维动态动力分析模型。开展泥石流和高速远程滑坡的临界启动研究，运动侵蚀行为及冲淤特征研究，灾害体动力过程研究，流变参数敏感性研究以及拦挡坝对泥石流、滑坡拦挡动力行为研究，系统揭示舟曲泥石流与高速远程滑坡形成机理。

　　最后，采用水文学分析方法，计算不同降雨频率下洪水特征值与降雨特征值，划分地质灾害不同预警级别，提出预警判据，计算不同预警级别下的降雨特征阈值，建立前期含水量在一般和干旱两种条件下，不同预警级别的降雨历时与降雨雨强函数关系曲线，阐明触发不同等级地质灾害的临界降雨特征。在此基础上，开展不同预警级别下区域地质灾害危险性区划研究，分析不同预警级别下，地形湿度指数空间分布、灾害点分布范围变化趋势及规律，稳定区、潜在不稳定区域与不稳定区域的区域面积比例与滑坡所占比例的迁移与转化规律，揭示区域地质灾害不同预警级别下危险性区划分布规律，建立舟曲区域地质灾害预警模型。同时针对舟曲已经布设的监测仪器，建立不同预警级别下，不同监测指标的预警阈值信息，以期为舟曲区域乃至高山峡谷区地质灾害危险性区划以及监测预警提供科学依据。

　　全书所有成果由中国地质调查局地质调查项目（1212010110 00150022）、国家科学自然基金（41302224）、中国博士后科学基金（2012T50797、2011M501445）、陕西省自然科学（2012JQ5001、2014KJXX-20）共同资助完成，在此特向国家自然科学基金委员会的有关领导致以衷心的感谢。

　　全书大纲由张茂省、于国强共同商定，然后由于国强执笔并负责修改、校对，张茂省则对全书审阅并提出修改意见。同时感谢中国地质调查局西安地质调查中心主任李文渊研究员、总工徐学义研究员、副总工侯光才研究员，水环处处长徐友宁研究员、朱桦书记，在西安地质调查中心工作之际给我的热心指导。感谢 Chen Hong 博士、王根龙副教授、董英博士、王化齐博士、高海东博士、杨文朋博士，为本书出谋划策，在软件编程以及模块使用方面给予我大力支持；感谢孙萍萍、程秀娟、薛强、胡炜、丁辉、高波、张成航、徐继维在重点实验室工作中给予我的大力支持；同时感谢爱人张霞博士在生活中给予我无微不至的照顾。在此，向你们表示衷心的感谢，祝愿你们永远健康、快乐、幸福！

　　在野外调查、室内资料整理的工作工程中，始终得到甘肃省地质环境监测院黎志恒院长、赵成总工、余志山院长、贾贵义主任、李瑞冬主任、丛凯的大力配合与支持，在此表示衷心的感谢。

　　由于作者水平有限，书中难免出现疏漏之处，恳请读者批评指正。

作　者

2016 年 1 月于西安

目　　录

第一章 绪 论

第一节 研究背景及意义

舟曲"8·8"特大泥石流灾害的发生，其人员死伤之多、危害程度之大、损失严重属历史罕见，再次敲响了区域暴雨型泥石流的警钟。区域内滑坡、泥石流类型众多，成灾机制复杂，危害严重，在历史上曾多次发生泥石流、滑坡等地质灾害，属于地质灾害重灾区。"8·8"特大泥石流发生后，虽然在三眼峪、罗家峪等沟道内修建了多道拦挡坝，但也提升了临空面，在一定程度上增加了泥石流与滑坡发生时的破坏程度。而至今仍有 3/5 的松散物堆积体物源留存于沟道之内，潜在危害很大，为地质灾害提供了大量的物源条件；陡峭的高山峡谷地形地貌为滑坡、泥石流提供了有利的地形条件。因此针对舟曲重灾区，开展高山峡谷区暴雨地质灾害形成机理研究、预警判据以及成灾阈值研究，对于完善山区地质灾害危险区划、建立预警预报模型，组织并实施经济有效合理的防治工程，以及灾后重建、防灾减灾具有十分重要的意义。

舟曲县地处秦岭褶皱西延地带，区内山高沟深，地形起伏强烈，软岩分布较广，褶皱断裂发育，岩体破碎，地震频发，暴雨频繁，地质灾害十分发育，是我国滑坡、泥石流强烈发育区之一。2010 年 8 月 8 日凌晨，舟曲县城北部三眼峪沟和罗家峪沟同时暴发特大山洪泥石流，造成县城月圆村、椿场村两个村被毁，三眼村、北门村、罗家峪村、瓦场村部分被毁，泥石流阻断白龙江形成堰塞湖使城区 1/3 被淹，县城内供水、电力、交通、通信中断。特大灾情引起了党中央、国务院、中央军委及全国人民的高度关注。这次山洪泥石流特大灾害，是新中国成立以来破坏性最强、死亡人数最多、救灾难度最大的一次（图 1-1）。据不完全统计，截至 8 月 27 日，此次特大山洪泥石流灾害涉及 2 个乡镇、13 个行政村（重灾村 6 个），受灾人数达 4496 户、20227 人，水毁农田 1417 亩[①]，水毁房屋 307 户、5508间，其中农村民房 235 户，城镇职工及居民住房 72 户；进水房屋 4189 户、20945 间，其中农村民房 1503 户，城镇民房 2686 户；机关单位办公楼水毁 21 栋，损坏车辆 38 辆。已造成 1456 人死亡，309 人失踪，受伤住院 72 人。根据灾害排查及《舟曲县市地质灾害调查与区划》成果，县内共发育 140 处地质灾害隐患点，共威胁人口 38681 人，威胁财产 30393.38 万元。

泥石流和高速远程滑坡是自然界危害最为严重的自然灾害，它往往暴发突然，来势凶猛，破坏力强。近半个世纪以来，世界上许多多山国家，泥石流滑坡灾害频频发生，损失惨重，成为山区主要的自然灾害之一。由于我国的地质构造和自然地理环境复杂，泥

---

① 1 亩 ≈ 666.7m²。

(a)泥石流引起的溃坝　　　　　　　　　　(b)泥石流引起的沟道堵塞

(d)泥石流沟道内巨石　　　　　　　　　　(d)泥石流引发的崩塌

图 1-1　甘肃舟曲"8·8"特大山洪泥石流

石流与滑坡分布广泛、活动强烈、危害严重。随着山区经济日益发展,人类活动日趋频繁,尤其是不合理地开发,致使泥石流、滑坡灾害不断加剧,严重影响了山区的建设和经济发展。因此,掌握其基本特征,做到有效防范,已成为保障山区人民生命财产,增强山地环境自身造血功能,发展山区经济的一项重要任务。新中国成立以来,我国开始对暴雨泥石流、高速远程滑坡进行防灾减灾技术研究,但由于认识水平和经济条件的限制,20世纪90年代以前,我国山区暴雨泥石流防治效果不佳。在此之后,随着山区经济建设的发展需要和暴雨泥石流以及高速远程滑坡研究的不断深入,泥石流、滑坡防灾减灾的重要方面——山区暴雨泥石流、滑坡成灾阈值研究以及启动、形成和堆积机理研究,越来越引起人们的重视。合理的数学方法构建和流变模型的选取是滑坡、泥石流形成机理研究的重要技术,合理的雨量阈值指标是保障滑坡、泥石流预警预报准确性的关键,对于揭示其时空分布特征及规律,研究运动机制、分析预测未来活动特点,建立有效的区域暴雨泥石流以及高速远程滑坡的预警、预报模型,以及指导防治工程设计等方面均具有重要意义。

第二节 研究区概况

一、研究区范围

结合舟曲灾后恢复重建总体规划，将白龙江流域峰迭—南峪段划分为专业监测示范区，面积为438km²。该区域内共发育地质灾害隐患点37处，主要威胁对象有舟曲县城、峰迭新区、南峪村等乡镇、村庄以及锁儿头电站、虎家崖电站、国道313线等重要基础设施。

二、地理位置

舟曲县位于甘肃南部，甘南藏族自治州东南部，东邻武都区，北接宕昌县，西南与迭部县、文县和四川省九寨沟县接壤。

三眼峪沟流域位于舟曲县城北侧，属白龙江一级支流，地理坐标为东经104°21′43″~104°24′49″，北纬33°47′00″~33°50′49″（图1-2）。沟谷总体呈南北向展布，北高南低，东西宽0.34~4.6km，南北长约7.6km，流域面积为24.1km²，主沟长5.1km。舟曲县城及城关乡的10个自然村分别坐落于三眼峪沟洪积扇的中、前部和中后部。

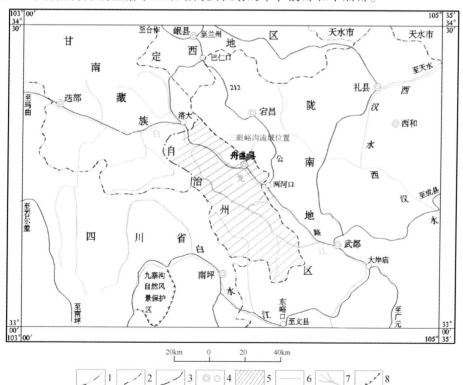

1.省界；2.地区、州界；3.县界；4.县、村所在地；5.舟曲县范围；6.公路；7.水系；8.保护区界线

图1-2 三眼峪沟地理位置图

三、气　象

舟曲县地处欧亚大陆腹地，属高山区，由于地形复杂，高低悬殊，气候有明显的垂直变化。海拔较低的河川地带，气候温和湿润，高山地带则较为寒冷，春季温暖回升快而稳，秋季温凉阴雨多。根据舟曲地面气象站多年气候观测资料统计，多年平均气温 13.0℃，历年极端最高气温 35.2℃（发生在 1974 年 7 月 23 日）；极端最低气温 −10.2℃（发生在 1975 年 12 月 14 日）。历年最大积雪深度达 3.0cm，最大冻土深度达 24.0cm。

三眼峪流域内山高谷深，相对高差达 2488m，流域内气候垂直变化明显，随海拔升高，沟谷气候由亚热带逐步转变为温带。据舟曲县气象站统计资料，区内多年平均降雨量为 435.8mm（图 1-3），年最大降雨量 579.1mm，年最小降雨量 253mm，日最大降雨量为 96.77mm，1h 最大降雨量为 77.8mm（2010 年 8 月 7 日，23 时），多年平均气温 13.0℃，多年平均蒸发量 2000mm，无霜期 250 天。

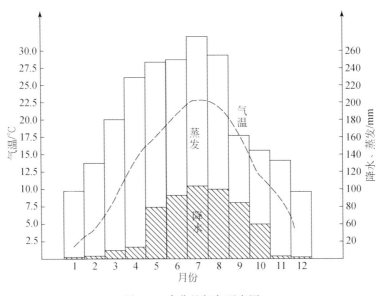

图 1-3　舟曲县气象要素图

四、水　文

白龙江属嘉陵江上游一级支流，夹于迭山山系和岷山山系之间。白龙江流域内山峦重叠，沟壑纵横，河谷下切甚深，河道曲折，川峡相间，水流湍急，是一个典型的高、中山峡谷区，流域面积 1330.20km²，其干流年平均流量 3.68 亿 km³，据舟曲县立节水文站资料：白龙江径流系数 0.499，最大洪水流量 189m³/s，最小枯水流量 9.26m³/s。丰水期泥沙含量较高。

白龙江于舟曲县西北尕瓦山入境向东南方向径流，县境内干流总长 70.7km。舟曲县城建造在白龙江畔，位于白龙江中游。沿白龙江干流舟曲县城段，共有 6 条泥石流沟汇入，其中左岸 5 条，右岸 1 条，分别为：寨子沟、硝水沟、老鸭沟、三眼峪沟、罗家峪沟、河南沟。本次勘查的三眼峪主沟即大眼峪沟为常年流水沟，其流量为 1.5m³/s，地表径流自陇石山山麓出露，经沟道流过县城汇入白龙江。由于水质好、流量稳定，在 1989 年 5 月舟曲县自上游修建截水设施及引水渠道，以作为县城生活用水及农业灌溉水。

五、植被、土壤

据史料记载，历史上该沟内林木茂盛，植被良好，使舟曲县主要木材区之一，后由于人为掠夺式砍伐，建筑采薪，挖坡种地，使植被覆盖面积不断减少，导致大面积山体裸露，崩塌、滑坡等地质灾害频发，泥石流规模也随之不断增大。据调查，三眼峪沟流域内植被自 1958 年开始锐减，现有林草地覆盖面积约 2.51 万亩，乔灌林大部分已缩减到海拔 2100m 以上的主沟沟头及中高山区，针叶林带分布在海拔 2600～3500m，针、阔叶混交林带分布在 2600m 以下。

六、社会经济概况

2008 年舟曲县实现生产总值 45663 万元，同比增长 12%；完成大口径财政收入 3600 万元，其中县本级财政收入完成 1467 万元，分别同比增长 43% 和 30%，均创历史最好水平；完成全社会固定资产投资 91446 万元，同比增长 48.1%；实现社会消费品零售总额 10620 万元，同比增长 23.6%；城镇居民可支配收入达到 7803 元，同比增长 12.2%；农民人均纯收入达到 1968 元，同比增长 33.1%，国民经济在大灾多难之年继续保持了平稳较快发展的良好态势。

2009 年舟曲县城关镇坚持以科学发展观为指导，在舟曲县委县政府的领导下以卓有成效的实际行动抓好各项重点工作，取得了可喜成绩。2009 年全镇积极推广高产蔬菜种植面积达 600 多亩。完成了 927 亩玉米全膜双垄沟栽培种植。完成了小麦、油菜的病虫害防治 2300 亩，冬播油菜种植 1100 亩，冬播地膜洋芋 226 亩以及夏粮的测产工作，为群众农业增收提供了保障。2009 年全镇粮食总产量达 2116t，油料产量达 110t。结合"农牧互补"战略和"一特四化"落实种植苜蓿 600 亩，大力引进良种畜牧养殖业，对优势产业进行资金支持和政策扶持。争取各种优惠政策，正确地引导农民促进劳动力合理流动，不断强化劳务培训，实现由体力型向技能型转变。2010 年，全镇创劳务收入 1800 万元。人均收入增加了 600 多元；加强退耕还林工作、开展牲畜防疫工作。

舟曲县城可利用面积 1.47km²，城区人口近 5 万人，人口密度居甘肃省县级市之首。"8·8"泥石流对舟曲的社会经济情况产生了重大的影响，截至 2010 年 9 月 7 日，舟曲特大山洪泥石流灾害中遇难 1481 人，失踪 284 人，受伤住院 72 人。泥石流还毁坏了沟口的大部分建筑、农田、道路，造成了巨大的经济损失。

第三节 国内外研究进展

一、以往地质工作研究程度

自 20 世纪五六十年代以来,科研院所、地勘单位先后在本区作过工程地质、水文地质、地质灾害勘查研究工作,积累了较为丰富的基础性资料,尤其是新一轮国土资源大调查启动以来所开展的《县(市)地质灾害调查与区划》成果,是本次工作所依赖的基础(表 1-1)。

表 1-1 以往主要地质工作成果一览表

分类	工作时间	成果名称	比例尺	承担单位
区域地质	1967～1970 年	区域地质图及说明书(武都幅、文县幅、成县幅、香泉幅)	1:20 万	陕西省地矿局区域地质测量队
	1971～1974 年	甘肃省地质图及说明书	1:50 万	甘肃省地质局区测一队、二队、测绘队等
	1977～1979 年	甘肃省构造体系图及说明书	1:100 万	甘肃省地质局地质力学区域测量队
	1986～1987 年	西北地区环境地质图系之一"地质图及说明书"	1:200 万	地质矿产部兰州水文地质工程地质中心
水文地质	1983 年	甘肃省武都-天水地区区域水文地质普查报告	1:50 万	甘肃省地矿局第一水文地质工程地质队
	1993 年	武都幅综合水文地质图说明书	1:20 万	甘肃省地矿局第一水文地质工程地质队
地质灾害	1981 年	甘肃泥石流		中科院兰州冰川冻土研究所
	1991 年	甘肃省陇南滑坡、泥石流规划整治	1:50 万	中科院兰州冰川冻土研究所
	1989～1993 年	甘肃省东部地质灾害研究报告		甘肃省地矿局第一水文地质工程地质队
	1993～1996 年	甘肃省东部滑坡泥石流分布图及说明书	1:100 万	甘肃省地矿局环境地质研究所
	1998 年	甘肃省地质自然保护区区划报告		甘肃省地矿局环境水文地质工程地质总站
	2001 年	甘肃省武都县地质灾害调查与区划报告	1:10 万	甘肃省地质环境监测院
	2002 年	甘肃省文县地质灾害调查与区划报告	1:10 万	甘肃省地质环境监测院
	2003 年	甘肃省宕昌县地质灾害调查与区划报告	1:10 万	甘肃省地质环境监测院
	2003 年	甘肃省舟曲县地质灾害调查与区划报告	1:10 万	甘肃省地质环境监测院
	2004 年	甘肃省康县地质灾害调查与区划报告	1:10 万	甘肃省地质环境监测院
	2004 年	甘肃宕昌官鹅沟地质公园科学考察报告		甘肃省地矿局第二地质勘查院
	2008 年	兰成渝铁路(甘肃段)地质灾害评估	1:5 万	甘肃省地质环境监测院
	2008 年	汶川地震甘肃省灾区地质灾害应急排查总结报告	1:50 万	甘肃省地质环境监测院

分类	工作时间	成果名称	比例尺	承担单位
地质灾害	2009 年	甘肃省迭部县地质灾害调查与区划报告	1:10 万	甘肃省地质环境监测院
	2009 年	甘肃省文县地质灾害详细调查	1:5 万	甘肃省地质环境监测院
	2010 年	甘肃省宕昌县地质灾害详细调查	1:5 万	甘肃省地质环境监测院
	2010 年	甘肃省舟曲县特大山洪泥石流灾害应急排查报告	1:1 万	甘肃省地矿局

（一）区 域 地 质

20 世纪 60 年代以来，先后由地质部陕西省地质局区域地质测量队完成的调查区及周边地区 1:20 万区域地质图及说明书，甘肃省地质局地质力学区域测量队完成的 1:100 万甘肃省构造体系图及说明书，这些工作是本次工作的基础性地质资料。

（二）水文地质工程地质

1. 水文地质

甘肃省地矿局第一水文地质工程地质队分别于 1983 年和 1998 年完成了甘肃省武都-天水地区区域水文地质普查报告（1:50 万）；甘肃省陇南甘南地区区域水文地质调查报告（1:10 万）；武都幅（1:20 万）综合水文地质图说明书；为本次工作提供了一定的水文地质资料，但区内水文地质研究程度相对较低。

2. 工程地质

区域工程地质勘查工作仅有甘肃省地矿局环境水文地质工程地质总站于 1986～1988 年完成的甘肃省岩土体工程地质类型图及说明书（1:100 万）及青海省地矿局第二水文地质工程地质大队、宁夏回族自治区地矿局环境水文总站于 1987 年完成的西北地区环境地质图系之四"地壳稳定性分区图及说明书"之八"工程地质图及说明书"（1:200 万），对本工作具有一定的参考意义。另外，区内河谷平原地段开展了许多的场地工程地质勘察工作，积累了较多的资料，可作为本次工作的基础资料。

（三）环境地质与地质灾害

区内环境地质工作较多，比较系统的是县（市）地质灾害调查与区划，该项工作是以县域为单元，通过走访每一个城镇及行政村，重点调查崩塌、滑坡、泥石流等地质灾害及其隐患的分布状况，划出了地质灾害易发区，建立了地质灾害信息系统，健全了群专结合的监测网络，有效地保护了人民的生命财产安全，是调查区地质灾害防治工作的一次质的飞跃。

针对 5·12 地震灾害及 8·8 泥石流灾害，分别对区内次生地质灾害进行了应急排查，并进行了成果总结，以上两项成果将作为本次调查最重要的基础资料。

另外，在实施建设用地地质灾害危险性评估以来，区内地质灾害多发区围绕工程建设用地开展了不同级别的地质灾害危险性评估工作，也可以作为本次工作的参考资料。

二、地质灾害预测模型、运动机理、临界阈值、危险性区划国内外研究进展

1. 暴雨型滑坡、泥石流预测模型研究

长期以来，不同学者在地质条件、地形地貌条件、滑坡泥石流形成过程方面开展了不同程度的研究。自 1978 年 Takahashi 首次应用 Bagnold 的颗粒流理论解释水石流的剪切机理以来，随着国际减灾活动的加强，泥石流、滑坡体流变特征的测试和应力本构关系的研究已经成为该研究领域的热点之一。国内外许多专家利用旋转式、锥盘式和直立式等多种结构的流变仪来研究泥石流、滑坡体的流变行为。诸多学者分别利用大型流变仪进行泥石流固液相结构流变特征的试验研究；美国圣海伦火山观测站实验人员在俄勒冈州的大型水槽，进行了泥石流、滑坡从形成、运动到堆积的流变模拟的试验研究；美国加州大学帕克莱分校的沈学文和加州地质调查局进行了动态循环水槽相结合的试验研究，运用大型流变仪和小型水槽相结合的试验研究均在泥石流流变特性的内在机理上取得了长足性的进展。王裕宜等（2009）通过泥石流源地角砾土渗透系数和入渗过程的研究，探求泥石流启动的降雨侵蚀，得到了一些经验性的预报模式，以蒋家沟松散固体物质和始发雨强进行了验证，并在试验基础上，探讨了黏性泥石流在低、高剪切速率区的应力本构关系；通过野外原型观测和清浑界面沉降特征，提出了暴雨泥石流、滑坡暴发的雨强指标的差异，土力型和水力型泥石流、滑坡水力型泥石流水力强度指标和机理。崔鹏等（2003）根据蒋家沟实测降雨资料，结合泥石流观测，分析了泥石流形成的降雨组成和前期降雨对泥石流形成的影响。美国地质地貌学家 Johnson 认为，滑坡演变成泥石流是由滑体残余含水量造成的，并选用宾汉（Bingham）黏性流模型，首次建立了泥石流的运动方程；Sassa（1988）通过在高速环剪试验仪上的不排水加载试验，认为液化不仅可以发生在非常松散已充分饱水的沙中，在密实状态下的剪切带中也同样会发生剪缩，使不排水条件下的孔隙水压增加，从而导致滑坡、泥石流。Chen 等（2004）等通过对土样的偏压固结不排水剪和偏压固结常应力排水剪试验，详细分析了火山岩坡残积土地区暴雨滑坡泥石流机理，认为暴雨滑坡泥石流为排水条件下的剪胀破坏及其后不排水或不完全排水条件下的应变软化、破坏扩展两个过程的复合机制；认为黄土地区暴雨泥石流的形成须有一定厚度的饱和土层和一定深度的地表径流。崔鹏等（2010）根据野外观测资料及室内模拟试验结果，对泥石流、滑坡启动机理及临界条件进行了系统研究，并建立了泥石流、滑坡启动的突变模型，对泥石流、滑坡启动的物理机制基于突变理论作出了解释。应用非饱和土强度理论对暴雨泥石流、滑坡的成因机理进行了研究，提出暴雨泥石流、滑坡的形成过程可以划分为两个阶段：第一个阶段与前期实效降雨量有关；第二个阶段与短历时强降雨有关。上述研究，主要强调斜坡破坏方式对于其破坏后运动形式的影响，而泥石流、滑坡有其独特的流体结构和运动特征，并且土体破坏后不一定形成泥石流、滑坡，虽然有些学者（Hungr，1995）对于土体破坏后，在何种条件下以何种方式转化为泥石流、滑坡这一更为重要的过程进行了分析，

但在定性分析方面的研究较多，而在定量分析方面的研究较少。

　　为了减少和防止滑坡、泥石流地质灾害，预测灾害发生的条件，预测灾害面积所影响的范围，泥石流、滑坡等地质灾害的预测模型等到了长足的进步。20 世纪九十年代以来，随着计算机运算速度的迅速提高和微分方程求解新算法的提出，以及对灾害体运动过程更深入的了解，泥石流、滑坡运动预测模拟研究得到了迅速发展，已经成为泥石流滑坡研究的一项重要内容，并取得了一系列研究成果。根据以往的研究成果，可以将泥石流、滑坡预测方法分为三大种类：经验法、物理尺度模型法和动态模型法，其预测方法体系分类如图 1-4 所示。

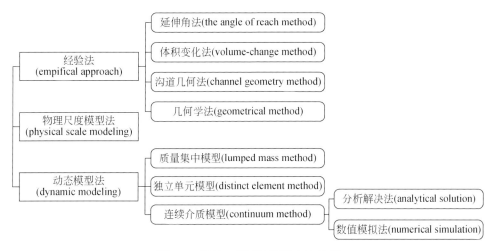

图 1-4　滑坡、泥石流预测方法体系

　　经验法是参照实际滑坡、泥石流数据并且依照合适的滑坡、泥石流分类方法而发展建立起来的。它包括延伸角法、体积变化法、沟道几何法和几何学法。延伸角法（Corominas，1996）依靠简单的图示和回归方程建立了滑坡、泥石流的延伸角和其动态指数以及垂直距离的关系，同时也建立了水平距离和滑坡泥石流体积的关系。体积变化法（Cannon，1993；Fannin and Wise，2001）建立了平均体积变化模型，该模型依靠滑坡、泥石流运动痕迹的长度来划分滑坡体运动物质体积，从而预测滑坡、泥石流潜在的移动距离。沟道几何法（Benda and Cundy，1990）用来预测在密闭的山区渠道中的运动距离和粗颗粒泥石流的沉积。几何学法（Lucia，1981）是根据尾矿坝发生破坏，坝口泥石流发生和流出后质量守恒，来预测尾矿泥石流运动距离。总的来说，经验法提供了一种相对单一且实用的工具进行运动距离的分析，但并未考虑物体流变特性或者提供泥石流运动过程中关于动力参数的机理信息。此类方法的另一项瓶颈便是它需要依赖于足够的野外观测数据，来预测经验关系，并不能加以扩展，不能用于预测其他地区案例的移动距离。

　　物理尺度模型法方面，泥石流、滑坡试验研究可以在野外和室内展开。日本火烧岳（Mt. Yakedake）（Takahashi，1991）和中国蒋家沟案例（Wang et al.，1999）中对滑坡、泥石流进行了系统的野外观测。然而，在野外进行直接观测十分困难，解释野外沉积物质时的不确定性也会限制野外调查的有效性。另外一种方法便是物理尺度模型法，物理尺度模型被认为是传统土力学的延伸。Chan 和 Chau（1999）设计水槽用于实验室模拟发生在

1990 年 9 月 11 日的香港滑坡 Tsing Shan 泥石流事件，试验表明，颗粒尺寸的分布在影响泥石流纵向长度方面起到了极其重要的作用。然而，对于大规模灾害评价，由于模型尺度效应或物理相似性不确定性，试验结果应用于野外情况时受到限制。

动态模型法中的质量集中模型是由 Hutchinson（1986）所提出的，根据孔隙水压力的耗散确定滑动距离。Sassa（1988）基于能量准则提出了改进的"雪橇"模型，他假设在滑坡和泥石流的运动过程中，所有的能量损失都是通过摩擦消散的，能够反映出固有的内摩擦角和孔隙水压力组成的综合效应。质量集中模型由于其简洁具有一定的优势。但由于物体的形心和重心往往是不重合的，这种方法并不能够考虑到失稳形态的复杂模式和滑坡物质的内部变形，同时也不能识别基底高程和下坡条件（如人工拦挡措施），并且不能考虑到动力要素的改变和流体前端运动。

独立单元模型是一项研究在整体运动前提下，颗粒状集合体力学数值技术。它将颗粒物集合体的相互作用看作平衡状态下的运输问题（Cundall，2001）。二维颗粒流程序 PARTI-2D 和 UDEC 已经对颗粒流问题进行数值模拟，并成功用于分析香港滑坡案例。这些方法在很大程度上关注了粒子的微相互作用；而对于泥石流、滑坡的研究而言，更多的是需要关注其宏观行为，如传播物质的流变本构关系、运动和沉积速度分布、灾害区和不稳定自由表面流动特征，都应当定量化加以反映，基于此，独立单元模型具有一定的片面性，而连续模型更具有普遍性。

连续介质模型基于质量、动量守恒的力学模型来描述泥石流动态运动过程，能够使用不同流变公式来描述混合物特性，与通用流变公式进行联合具有很强的灵活性，这使得连续介质模型在重现泥石流运动过程和预测关键动力参数方面更具优势。连续介质模型也因此更加精细，并且能够提供更多的针对灾害评价所需要的信息，其中包括分析解决法和数值模拟法。分析解决法大多采用扰动法（Jeyapalan et al.，1983；Iverson，1986；Philip，1991；Hunt，1994；Huang and Garcia，1997），但不可避免地包括了理想化物理模型和相当多的对实际行为简化的假设。

数值模拟法是在欧拉和拉格朗日体系下组建的。许多代码通常是在欧拉体系下构建，如准二维 FLDWAV flood routing 模型（Jin and Fread，1999）、Biviscous Marker and Cell（BVSMAC）模型（Dent and Lang，1983）、二维 dam-pulse 模型（Frenette et al.，1997）。O'Brien 等（1993）在二维洪水模型的基础上建立了适用于水流、泥流的 FLO-2D 准三维模型，他将二维运动方程中的对流项和加速度项忽略，简化为扩散波方程，本构关系则组合了屈服应力、黏性应力、雷诺应力和分散应力，应力与应变之间采用二次形式，计算的结果模拟了滑坡、泥石流运动路线。我国学者也很注重这方面的研究，谢正伦和詹钱登在模拟计算水石流时认为水石流所受的力主要来自流体的黏性、固粒间的摩擦和固粒间的碰撞，因而采用了 Bagnold 的膨胀体模型，并且他们提出用当时的降雨过程线估算泥石流流量过程线以确定计算需要的上游边界条件，实际模拟的堆积范围和灾后实测的资料比较吻合。汪德灌和韩国其在计算安徽省金山尾矿溃坝问题时把偏应力的计算和微分方程的数值计算耦合，由前一时刻的速度泥深计算下一时刻的速度泥深，又由计算所得的速度和泥深计算偏应力，再把偏应力代入差分方程计算速度和泥深。对于尾矿溃坝大量矿渣瞬时冲泻的短历时高速过程，数值差分方案采用特征线方案。唐川（2010）应用二维 Navier-Stokes 方程的简化形式，其中阻力项采用高桥堡公式，在数值计算上首次采用隐式剖开算子法，并将其应用于泥石流危险范围预测和堆积区危险度分区中。余斌（1996）采用泥流的 Bingham 体模型，直接应用 Navier-Stokes 方程和连续性方程对泥流进行数值模拟，对方程离散采用有限体积法，并用简化算法求解离散方程，计算了河床底部有凸台情况下的泥流速度分布。在拉格朗日体系下，数值模拟研究大多关注二维滑动方向侧面的描述，成功的案例颇多，如 Savage 和 Hutter（1989）成功应用准二维拉格朗日摩擦模型来模拟干沙流动，Hungr（1995，1998）应用准二维动态分析模型成功分析废弃物倾倒失稳流动和降雨诱发滑坡过程。然而由于维数限制，尤其对于变化的基底高程而言，这些模型很难反映流体多方向流动特征，有关这一课题的研究仍需继续深入和完善。

2. 滑坡、泥石流成灾阈值研究进展

区域地质灾害的发生和降雨有很密切的关系。同一条泥石流沟内的土壤、地质、地形及沟床条件，在正常情况下的一定时期内，可视为相对稳定且变化不大，但是降雨状况却是变化极大。因此地质灾害的发生及其规模大小，取决于其流域内的降雨条件、土壤条件及沟床坡度条件。若能利用泥石流形成过程中的相互关系，分析降雨条件在泥石流流域内的变化规律和发展趋势，就有可能利用降雨条件做泥石流的预报及预警工作。观测和统计资料表明，当一个地区某一时间段内的降雨量，达到某一灾变阈值（即临界降雨量）时，就会形成滑坡、泥石流。该阈值可根据滑坡、泥石流发生的灾害历史事件和地貌、地质、地形、土壤、植被等影响因素或者试验方法予以确定。

监测预警作为地质灾害风险减缓的重要措施之一，正越来越受到人们的重视。从 21 世纪初开始，区域性的滑坡、泥石流监测预警工作在我国内地逐渐开展，2003 年 4 月国土资源部和中国气象局签订了《关于联合开展地质灾害气象预警预报工作协议》，随后各省、市、县也相继开展此项工作，截至 2010 年 10 月全国已有 30 个省（自治区、直辖市）、223 个市（地、州）、1035 个县（市、区）开展了区域性的地质灾害气象预警预报工作（范宏喜，2010）。各类单体滑坡专业监测也相继开展起来，较早的如三峡库区（2001 年）、四川雅安（2001 年）、巫山县（2003 年）等地的滑坡监测，2007 年左右云南哀牢山、陕西延安、福建闽东南、四川华蓥山等地相继开展了专业性的地质灾害监测预警工作。如今，地质灾害监测预警工作在我国已发展了近 10 年，国内对这一工作亦积累了一定经验。

降雨作为滑坡、泥石流的重要诱发因素之一，成为滑坡、泥石流监测预警的重要工作对象，多年来人们一直试图找到适用于某一地区的降雨量临界值（阈值）以便对不同危险级别的滑坡、泥石流进行监测和预警。

降雨强度和持续时间的临界值也可以用来表示潜在灾害发生的水平。例如，在加利福尼亚圣弗朗西斯科海湾地区的泥石流预警系统运行当中，就以降雨的"安全"临界值为标准，低于这个值，就不可能发生大的泥石流灾害，若高于该值，则可能发生泥石流。若超过降雨的"危险"临界值，意味着很多地方将极有可能发生能够摧毁建筑物的大泥石流。

泥石流研究者已经建立了降雨特征参数与泥石流发生之间的关系。较常用的降雨特性参数包括降雨强度、降雨延时、累积雨量及临前降雨量。依据在降雨特性参数上选定的不同，泥石流发生降雨警戒模式可分为五种：①以降雨强度及累积雨量为警戒指标。②以降雨强度及降雨历时为警戒指标（Caine，1980；Cannon and Ellen，1985；Wieczorek，1987；

Keefer et al.，l987）。③以累积雨量及降雨历时为警戒指标。④以降雨强度及前期降雨量为警戒指标（吴积善等，1990）。⑤以其他降雨参数为警戒指标来决定泥石流发生临界线。目前有关泥石流发生降雨警戒值模型的研究方法很多，不同的研究者在参考指标上的定义及在估算方法上均存在诸多的差异，这些差异会影响到泥石流发生降雨警戒值的精确度。传统滑坡/泥石流监测主要是在现场布设固定的传感器或者仪表后，通过汇总人工定时读取的数据来得到滑坡的安全状况，难以及时甚至无法捕捉到滑坡临近失稳前的最宝贵信息，因而不能及时准确地对滑坡/泥石流状况进行预测报警。

国际上对这一问题的研究主要集中在 20 世纪八九十年代，Glade（1998）通过对新西兰惠林顿（Wellington）地区的滑坡和降雨资料进行研究，建立了确定降雨临界值的三个模型——日降雨量模型、前期降雨量模型和前期土体含水状态模型，基本概括了当前降雨诱发滑坡临界值的确定方法。Caine（1980）对全球不同地区降雨诱发滑坡关系的研究，Band 等（1984）对香港地区临界值的研究，Cannon 和 Ellen（1985）、Wieczorek（1987）、Mark 和 Newman（1988）根据 1982 年旧金山海湾滑坡和降雨数据建立的滑坡与降雨强度和持续时间临界关系曲线，Guidicini（1977）对巴西九个地区滑坡和降雨之间的统计关系的研究，Ayalew（1999）对埃塞俄比亚 64 个滑坡和降雨量的分析研究，以及 Grozier 和 Eyles（1980）对前期土体含水量状态和雨量过剩指数的研究等，都可以归结为以上三类临界值模型。

国内对降雨诱发泥石流临界值的研究较早，如谭炳炎（1992，1995）、蒋忠信（1994）、朱平一（1995）等的研究。滑坡降雨临界值的研究主要始于 2000 年以后，如谢剑明等（2003）对浙江省台风区和非台风区的滑坡降雨临界值做了研究；吴树仁等（2004）以三峡库区为例对滑坡预警判据做了研究；李铁峰等（2006）结合前期有效雨量和 Logistic 模型对降雨临界值的确定做了研究，并以三峡地区做了方法验证；李媛（2006）、李昂（2007）采用不用的统计方法对四川雅安雨城区降雨临界值做了研究；此外，浙江、云南、陕西、山东、宁夏等省（自治区、直辖市），陇南、兰州、青岛等地都建立了自己的降雨诱发滑坡临界值，并进行了实际的预警预报。国内的降雨诱发滑坡临界值模型也都可以归结为上述的日降雨量（或降雨强度）和前期降雨量模型，采用小时雨强、当日降雨量、前几日累计降雨量（或前期有效降雨量）、前期降雨量占年平均雨量的比值（%）等表达式对临界降雨量进行刻画，其基本方法是采用统计技术对历史滑坡和降雨资料进行分析，取其统计意义上的临界点作为降雨诱发滑坡的临界值。国内外地区滑坡、泥石流降雨临界阈值归纳如表 1-2 所示。

表 1-2　滑坡、泥石流降雨临界阈值

序号	研究地区	降雨临界值及表达式	研究方法/统计方法	文献
1	日本	$I=2.18D^{-0.26}$，I 为降雨强度（mm/h），D 为降雨持续时间（h）	样本统计法，统计 2006 ~ 2008 年日本发生的 1174 起滑坡	Saito et al.，2010
2	意大利	$I=7.74D^{-0.64}$，I 为降雨强度（mm/h），D 为降雨持续时间（h）。	贝叶斯统计法和频率分析法	Brunetti et al.，2010

序号	研究地区	降雨临界值及表达式	研究方法/统计方法	文献
3	尼泊尔喜马拉雅山地区	$I=73.90D^{-0.79}$，I 为降雨强度（mm/h），D 为降雨持续时间（h）	样本统计法，统计喜马拉雅山地区 193 处与降雨相关的滑坡 I 与 D 的关系	Dahal and Hasegawa，2008
4	中欧、南欧地区	$I=9.40D^{-0.56}$；$I=15.56D^{-0.70}$；$I=7.56D^{-0.48}$，I 为降雨强度（mm/h），D 为降雨持续时间（h）	贝叶斯统计法	Guzzetti ea al.，2007
5	美国华盛顿西雅图地区	$I=82.73D^{-1.13}$，I 为降雨强度（mm/h），D 为降雨持续时间（h）	样本统计分析	Godt et al.，2006
6	意大利西北部	$I=19D^{-0.50}$，I 为降雨强度（mm/h），D 为降雨持续时间（h）	数理统计、样本分析	Aleotti，2004
7	委内瑞拉	250mm/（24h）	样本统计分析	Wieczorek et al.，2001
8	新西兰北岛地区	$r_{a0}=r_1+2^d r_2+3^d r_3+\cdots+n^d r_n$ 其中 r_{a0} 表示滑坡发生前期雨量（mm）；d 为一常数，指表层水的流出量；r_n 表示滑坡发生前第 n 天的降雨量（mm）	前期降雨量模型	Glade et al.，1998
9	西班牙略夫雷加特河流域	两种模式：若无前期降雨，则临界值为 190mm；若前期为中等降雨强度，则临界值为 200mm	采用雨量计分析降雨记录与滑坡发生的关系	Corominas and Moya，1999
10	埃塞俄比亚	引入累积降雨量与平均降雨量的比值因子 L_f，若 L_f 处于 15%～30%，则滑坡变形迹象明显，若 L_f 大于 30%，则发生滑坡	样本统计分析	Ayalew，1999
11	波多黎各	$I=91.46D^{-0.82}$，I 为降雨强度（mm/h），D 为降雨持续时间（h）	样本统计分析	Larsen and Simon，1993
12	美国旧金山海湾地区	Caine 关系式：I_0 为 4.49mm/h，Q_c 为 13.65mm；Cannon-Ellen 关系式：I_0 为 6.86mm/h，Q_c 为 38.1mm；Wieczorek 关系式：I_0 为 1.52mm/h，Q_c 为 9.00mm；I_0 为整个降雨过程的平均排水速率，Q_c 为含水量临界值	土体力学强度与降雨两者耦合分析	Keefer et al.，1987
13	巴西	使用"最终系数"$C_f=C_c+C_e$ 来预警，其中 C_c 为当年所有前期降雨量的累积值与年平均降雨量的比值；C_e 为本次降雨期间的雨量与年平均降雨量比值。巴西 Caragua-tatuba 地区 C_f 临界值取为 1.56	样本分析法，通过分析滑坡记录与降雨资料关系建立统计关系	Guidicini and Iwasa，1977

序号	研究地区	降雨临界值及表达式	研究方法/统计力法	文献
14	浙江省	使用阈值线 $P_0 = 140.27 - 0.67P_{EA}$ 判断，降雨在该阈值线以上时将会发生滑坡，式中 P_0 为日降雨，P_{EA} 为前期有效降雨量	建立累积滑坡频度–降雨量分形关系计算前期有效降雨量	李长江等，2011
15	浙江省	非台风区：当日降雨量阈值高易发区为 60mm，中易发区为 130mm；有效降雨量阈值高易发区为 150mm，中易发区为 225mm。台风区：当日降雨量阈值高易发区为 90mm，中易发区为 150mm；有效降雨量阈值高易发区为 125mm，中易发区为 275mm	相关性分析，幂指数有效降雨量模型	谢剑明等，2003
16	陕北黄土高原地区	降雨诱发黄土崩滑可概化为三种模式：一是缓慢下渗诱发型，二是入渗阻滞诱发型，三是入渗贯通诱发型，第一种模式的滑坡发生概率可由 Logistic 模型判断，$P = \dfrac{\exp(-3.169+0.105R_1+0.119R_2+0.038R_3)}{1+\exp(-3.169+0.105R_1+0.119R_2+0.038R_3)}$，第二种模式的临界值为 10.1～20.0mm，第三种模式的最小临界值是 0.1～10.0mm，最大临界值是 50.1～60.0mm	二项 Logistic 回归分析法，相关性分析法	Tang et al.，2010
17	陕西黄土高原	诱发滑坡的降雨启动值、加速值、临灾值分别为 25mm、35mm、65mm，诱发崩塌降雨启动值、加速值、临灾值分别为 15mm、30mm、50mm	样本统计分析和日综合雨量方法	李明等，2010
18	三峡地区	$P = \dfrac{e^{-3.847+0.04r+0.043r_a}}{1+e^{-3.847+0.04r+0.043r_a}}$，$P$ 为滑坡发生概率，r 为当日降雨量，r_a 为前期有效降雨量	Logistic 回归模型法，前期有效雨量法	李铁锋和丛威青，2006
19	三峡库区	临界降雨量变化范围在 100～200mm/d，其中，降雨量在 100mm/d 可能开始诱发滑坡，而在 200mm/d 则必然诱发大量滑坡	样本统计分析	吴树仁等，2004
20	闽西北	日降雨量 >200mm 及过程降雨量 <250mm 时，地质灾害的群发性特征表现突出	对一次性强降雨天气后灾点稳定系数变化关系进行相关统计	黄光明，2010
21	四川省沐川县	单体滑坡启动参考值：降雨量 $Q \geqslant 40$mm（2005 年类比法预测值），$Q \geqslant 30$mm（2007 年实测值）；群体滑坡启动参考值：$Q \geqslant 100$mm（2005 年类比法预测值），$Q \geqslant 70$mm（2007 年实测值）	概率统计关系	乔建平等，2009

序号	研究地区	降雨临界值及表达式	研究方法/统计方法	文献
22	广东德庆县	前5天总降雨量>60mm	灾点降雨量值统计	王文波等，2009
23	深圳市	有效降雨量>220mm	应用偏相关分析方法	高华喜和殷坤龙，2007
24	四川雅安	$R_L = -0.62R_{13}+84.4$；R_L为滑坡发生当日降雨量；R_{13}为滑坡发生前3天累计降雨量	利用逻辑回归模型	李媛和杨旭东，2006
25	江西省	8个滑坡监测点，其中某点预警值为≥253mm/24h；某点为≥67mm/24h；其余各点预警值为≥100mm/24h	降雨与滑坡稳定性试验研究	魏丽等，2006
26	陕南地区	暴雨强度达到50mm或日综合雨量达到75mm滑坡启动	样本统计关系曲线	王雁林，2005
27	湖北省西部山地	划分为3个区域，竹山、竹溪、郧西、南漳等12个县市降雨临界值为54mm；秭归、兴山、巴东、宜昌等9个县市降雨临界值为35mm；恩施、建始、鹤峰等8个县市降雨临界值为39mm	样本统计法	王仁乔等，2005
28	重庆市	当日降雨量>25mm	样本统计	马力等，2002

区域性监测预警系统方面，美国（Keefer et al.，1987）、日本（Fukuzono，1985）、委内瑞拉（Wieczorek，2001）、波多黎各（Larsen and Simon，1993）、意大利（Aleotti，2004）等曾经或正在进行面向公众的区域性降雨型滑坡实时预报。其中，美国加利福尼亚旧金山海湾地区的预警系统最具代表性。1985年，美国地质调查局（USGS）和美国国家气象服务中心（USNWS）联合建立了一套滑坡实时预报系统（Wieczorek，1990），该系统是基于1982年1月3~5日在旧金山海湾地区发生的一次特大暴雨所引起的滑坡灾害数据建立的。于1986年2月12~21日在该地区的另一次特大暴雨灾害中用于滑坡预报，并得到检验。系统考虑了临界降雨强度和持续时间，并且考虑地质条件、降雨的空间分布，以及地形条件等。在整个海湾地区共设置了45个自动雨量站，当雨量每增加1mm就通过自动方式将数据传送到美国地质调查局的接收中心。同时，为监测降雨期间地下水的变化，他们还设置了若干个孔隙水压力计，以观测斜坡中地下水压力的变化。当降雨量和降雨强度将要超过临界值时提前进行预报，以减少灾害损失和人员伤亡。概括起来，该系统包括了一个滑坡易发区划图，一个降雨量与滑坡发生关系的经验模型，实时的雨量监测数据，以及国家气象服务中心的雨量预报。

香港是世界上最早研究降雨和滑坡关系并实施预警预报的地区之一。其最早始于1972年6月18日发生的Sau Mau Ping和Po Shan滑坡的降雨临界值研究。后来，Brand等（1984）在详细分析了1963~1983年的滑坡数目与1~30天的累积降雨关系之后，认为香港地区的日均滑坡数量和滑坡伤亡人数与前期降雨量之间基本无关系可循，但与小时降雨量关系密切。通过对香港1982年的资料分析，得出当最大小时降雨量超过40mm时，将发生较大滑坡的结论。由于通过短历时强降雨很难提前预测滑坡，而累计降雨量在到达临界值前几个小时就可以估算到，因此采用了 24 h 降雨量预测滑坡的方法。经分析，香港地区 24 h 降雨量超过 100mm 时将发生滑坡。香港特别行政区政府于 1984 年启动了滑坡预警系统，该系统由 86 个自动雨量计构成，最后确定小时降雨量 75mm 和 24h 日降雨量 175mm 为滑坡预报的临界降雨量。预警系统启动以来，平均每年发布 3 次滑坡预警。

我国内地也在逐步开展区域性地质灾害监测预警，四川雅安（刘传正等，2004）借鉴美国旧金山湾和香港地区的经验，初步建成了地质灾害监测预警试验区，由 20 台遥测雨量计构成降雨观测网；结合历史降雨资料，初步研究了试验区的年、日、小时和十分钟最大降雨特征；利用 2003 年 8 月 23～25 日的过程降雨观测资料，对试验区在该降雨过程中发生的地质灾害事件进行了时空预警反演模拟研究，计算出的地质灾害"危险度"分布比较符合实际，"危险度"可以作为预警指数使用。浙江省也建立了基于 Web GIS 的地质灾害实时预警预报系统（殷坤龙等，2003），该系统包括灾害数据库和信息管理库、灾害空间预测和时间预警预报系统，以及减灾防灾技术支持系统，系统实现了与网络连接的实时预警预报，并根据气象条件对浙江省可能遭受的突发性地质灾害进行概率预报。此外，三峡库区也开展了区域性监测预警工作（刘传正，2004），以齐岳山为界，将三峡库区划分为 A 区和 B 区，分别得到两区的不同预警判据，据此，当接到三峡地区次日的降雨预报数据后，就可以对该区发生地质灾害的可能性做出预警预报，提请有关机构和公民注意防范。关于滑坡、泥石流成灾阈值研究主要体现在研究方法和降雨特征指标选取两个方面。

研究方法方面：根据以上降雨阈值的成功案例，总的来说目前的降雨阈值模型可分为两种：实证模型和经验模型。实证模型充分考虑下垫面情况，包括有限斜坡、入渗过程、前期含水率状态等参数，而经验模型的得出没有经过严格的数学算法、统计技术或物理手段。依靠融入严格的数学统计，经验模型所得的降雨临界阈值的可靠性会大大提升。严格的统计频率分析由 Guzzetti（2007，2008）、Brunetti（2010）提出，并且基于大量的泥石流案例得出降雨临界阈值。这些依靠统计而得到的阈值增加了实际泥石流预警系统的可信水平，该模型所得的泥石流临界阈值与泥石流事件发生数量有很大关系。

降雨特征指标选取方面：降雨阈值可以由很多降雨特征参数来表达和体现。早期由于未能充分把握降雨特性，只是简单地将降雨总量作为评判标准，用以表达降雨阈值，但这种方法忽略了降雨的内在信息，导致预警不够准确。随着研究的深入，学者将前期有效雨量和特征雨量（10 min、30 min、1 h 雨量等）作为衡量依据，用以表达降雨阈值。目前，国内大部分学者根据降雨雨强和降雨历时的分段组合特征来寻求降雨临界阈值，如采用这种雨强和历时的分段组合方式对舟曲县乃至白龙江流域建立了降雨阈值分级预警体系，但由于阈值是以分段形式给出，在实际操作中难以把握；国内鲜有学者采用降雨雨强和降雨历时的函数关系来确定降雨临界阈值，这种方法在国外较为常见，但也很少有学者进一步细化降雨雨强、降雨历时等指标的函数关系。

总体来说，目前常见的泥石流监测预警系统中，由于原位试验和实时监测数据的缺乏，在研究方法上，降雨临界阈值研究大多是根据历史数据，依据经验或规范而确定，所得结果与实际情况有一定差距；同时，由于缺乏泥石流发生时的实时监测数据，对降雨特征指标不能进一步的细化，增加了掌握泥石流发生时的动态变化过程的困难，因此不能有效地建立降雨指标的函数关系，进一步增大了降雨临界阈值与实际情况的差距。而且由于缺乏实时监测数据，只能采用经验法进行估算仅有的几项降雨指标，这在很大程度上忽略了下垫面情况。对于三眼峪泥石流沟而言，在暴发"8·8"特大泥石流后，沟道内松散物堆积体大量聚集，大量的倒石堆随处可见，20 多道拦挡坝也已竣工在即，下垫面情况发生了巨大的改变，因此激发泥石流的临界阈值势必会发生改变，依然采用经验法对仅有的降雨指标进行估算，得到的降雨临界阈值远远不能满足目前的监测预警系统，有进一步发展与突破的可能和必要。

3. 降雨诱发滑坡机制研究进展

美国每年都有大量的教研以及工程技术人员投入到地质灾害防治研究工作之中。但与中国国内地灾治理措施与基础理论研究所占比重大致相同的局面所不同的是，美国从事地灾基础理论研究的人员占了更大的比重。而基础理论又主要聚焦在非饱和土力学性质这个方面，在这方面取得丰硕成果的人员也很多，如 USGS 的 Edwin 教授、Joanthan 博士，华盛顿大学的 Carter 教授以及科罗拉多矿业大学的卢宁教授等。

其中，华人专家卢宁教授在非饱和土理论、工程实践等方面的成就，处于本领域的前列。他与美国密苏里大学的 William 教授于 2006 年合作完成的著作《非饱和土力学》，是继加拿大 Fredlund 教授与新加坡 Rahardjo 教授合著的《非饱和土力学》之后，非饱和土力学界的第二本经典教材。卢宁教授在本书中详细地阐述了非饱和土力学所涉及的关键知识，并首次提出了"吸应力"（suction stress）的概念，并认为应该将着眼点置于岩土体的力学性状而非变形情况上。该理论揭示了斜坡流体力学和土力学过程的前沿、定量方法，用于研究和预测由水诱发的滑坡。该法展示了以吸应力为基石的新型斜坡稳定分析框架。该框架以吸应力为纽带将非饱和水势与有效应力有机地融为一体。从基本的岩土力学和土的性质的概念，到最前沿的斜坡水文学理论，清楚详细地阐明了土的各向异性、分层、植被的力学特性和水文作用等。

针对此概念，美国地质调查局–科罗拉多矿业大学非饱和土研究小组开发出了配套的实验仪器和相应的伺服软件。经过室内实验，以及在美国加利福尼亚州地区几处边坡所做的现场试验结果的验证，发现该概念能与一些经典的非饱和土力学经验模型（如 van Genuchten 模型）结合得更加紧密，与业内普遍认可的"基质吸力"相比，具有应用面更广泛、更为符合现场实际等特点。

浅层滑坡为典型的平直形滑坡，通常发生在几米厚的土层中（Cruden and Varnes，1996）。这些滑坡可能整体或部分发生在非饱和区，可能是斜坡物质运动的主要方式（Trustrum et al.，1988）。当这些滑坡汇集形成泥石流时，就极具破坏性（Iverson et al.，1998）。20 世纪全球范围内 40 个最具破坏性的滑坡灾害中，有近一半是由持续降雨或强降雨导致的。虽然单个浅层滑坡的体积比较小，通常不到 1000m³，但滑坡发生的地域广，导致的损失很大。

关于降雨诱发浅层滑坡机制研究的最新进展可以用地下水位以上滑坡形成的两个概念模型来概括。第一个概念模型以传统土力学为基础，它强调滑动面是饱和的，并且存在正的孔隙水压力。野外研究及室内实验结果已证实垂直入渗、隔水层以上浅层地下水位抬升，瞬时产生的正孔隙压力以及地下水从基岩渗出（Montgomery and Dietrich，1994）等水文作用过程，可以引发浅层滑坡。很少有野外研究为以上任何单一水文作用过程诱发浅层滑坡提供令人信服的支持，但是，野外研究强调了在降雨作用下，近地表地下水的时空变化及其对斜坡稳定性的影响（Fannin et al.，2005）。与此相反，各种模型试验研究表明，各种水文作用过程足以诱发浅层滑坡发生。

第二个概念模型提出，土层的应力状态随降雨入渗和土体基质吸力的改变而发生变化，这些变化可以导致斜坡在没有完全饱和与不存在正孔隙水压力的条件下沿滑动面失稳。然而迄今为止，研究浅层滑坡的形成机制主要停留在地质和气象模式的观测、分析和数值模拟结果上，这种模式是降雨在透水基岩之上的土层中诱发浅层滑坡（Lumb，1975；Brand，1981；Chen and Li，2003）。在理论上领悟土的吸力减小对斜坡稳定性的影响（Morgenstern and de Matos，1975；Rahardjo et al.，2007）和非饱和土体中有效应力的减少（Khalili et al.，2004；Lu and Likos，2004；Lu and Likos，2006；Godt et al.，2009），可以为这种机制发现更多的证据。然而，非饱和条件下斜坡失稳机制和特性的研究主要使用数值灵敏度分析（Ng and Shi，1998；Cho and Lee，2001；Rahardjo et al.，2007），从野外和室内实验对滑动面孔隙水状态进行定量的物理验证仍然遥遥无期。

降雨诱发浅层滑坡的预测一直依赖于滑坡发生及发生前与暴雨之间的经验关系式来定义一个阈值，降雨超过这个阈值可能发生浅层滑坡（Caine，1980；Keefer et al.，1987；Hong et al.，2005）。使用降雨阈值预测或预警浅层滑坡是基于以下假设：与浅层斜坡失稳有关的前期降雨条件可能在未来引发滑坡。实践中，使用降雨阈值需要降雨的实时监测和发出警告的决策方案。好几个方法已用于确定当地气候、地形和地质条件对临界降雨强度和持续时间的影响（Cannon，1988；Wilson，1997）。通常，这些方法使用一个区域的气候变量，如年平均降雨量，使阈值的适用范围从一个特定地点（通常选择基于数据的可用性）扩大到一个更大的区域。

降雨强度–持续时间阈值试图确定斜坡内产生不稳定孔隙水的最小降雨条件。孔隙水对降雨入渗的响应是一个瞬时过程，这由一定深度处斜坡材料的水力特性、初始含水量、降雨强度和降雨持续时间控制（Iverson，2000）。这就意味着随着陡峭斜坡崩积层含水量的增加，低强度或持续时间短的暴雨也可引发浅层失稳。或者就概率而言，随初始含水量增加，暴雨引发浅层失稳的概率增大（Crozier，1986，1999）。

不管是确定前期降雨条件，还是确定降雨强度和持续时间都是基于降雨特征与浅层滑坡之间的经验关系式。使用任意经验法预测滑坡都高度依赖于历史降雨时间、降雨量和滑坡记录。由于在大部分地区无法获取这些记录，这些方法通常是定性或半定量分析，很难预测广大区域或其他地方降雨诱发的浅层滑坡。水入渗到浅层土和随后某一深度孔隙压力的响应对理解导致浅层斜坡失稳的瞬态条件是很关键的。强降雨时间和土中孔隙水压力的动态变化有很强的相关性。

土地的可持续利用是世界各地研究和预防滑坡的推动力量之一。例如，在香港地区，滑坡是人口稠密的陡峭地带重要的灾害，非饱和流数值模型已应用到各种各样的斜坡稳定问题。例如，Anderson（1995）开发了一个一维耦合非饱和流斜坡稳定性模型（CHASM）用来评估土的基质吸力对香港环半山陡峭斜坡的崩积物强度的影响。CHASM 集成了斜坡水文和斜坡稳定性模型，使用有限差分数值方法求解渗流控制方程。此模型现已扩展到二维来模拟非平直滑动面滑坡（Anderson et al.，1995），并应用于评价气候变化和成土作用对苏格兰全新世浅层斜坡失稳的影响。它也被用于验证潮湿的热带地区植被作为防治浅层滑坡的有效性。近年来，CHASM 模型用于新西兰地区森林砍伐、侵蚀作用造成土层流失之后，斜坡产生浅层滑坡的敏感性研究。

除了土力学基本理论方面的研究以外，很多研究人员还把目光投入到地质灾害的诱发因素上。如 Utah 大学的 Trandafir 教授综合运用现场观测、室内试验与数值模拟手段，对降雨在边坡浅层土体内所形成的湿润峰的发展特点进行了系统的研究，并提出了用以描述湿润峰推进深度与降雨持时之间关系形式的预测方程。美国地质调查局–科罗拉多矿业大学非饱和土研究小组还对雨水渗入边坡浅层土体后，运移方向的变化特点进行了深入研究，得到了具有建设性且有别于现有研究成果的结论。与中国很多学者一样，水位变动对位于库区边坡的影响情况，也是目前美国地灾界所感兴趣的热点问题。虽然不同学者的研究侧重点各有不同，但最终目的都是揭示地质灾害发展、产生的机理，并朝着构建行之有效的区域性甚至全球性预警系统而努力。

4. 地质灾害危险区划研究进展

回顾前人所做的地质灾害危险区划研究工作，大致上可以分为三类（Dietrich et al.，1995）：

第一类是针对特定地区的地质灾害进行详细调查。将发生区及堆积区进行登记，分析潜在灾害地区。根据区域内的地质、地形、气候等各项因子评估边坡的稳定度。国内的学者以张石角所发展出的"简确法"较倾向于这类研究，但此类研究必须仰赖有经验的专家进行评估，才能精确地划设潜在危险区。

第二类是利用统计方法，针对发生区地质水文因子进行统计归纳，找出影响地质灾害的重要因子。不过统计方法强调归纳及相关性，因此必须有大量的资料及样本，才具有代表性（Anbalagan，1992；Crosta，1998；Baeza and Corominas，2001；Dai and Lee，2001，2003；Terlien，1998）。

第三类则是利用物理机制模式（physically based model），进行地质灾害潜势分析。此类模式是依靠理论推导边坡抗拒滑动的强度与促使边坡滑动的驱动力，再比对两者的大小，推估边坡崩塌的可能性。由于降雨经常是触发崩塌的主要驱动力之一，因此许多模式是结合水文模式与无限边坡库仑破坏模式（infinite-slope Coulomb failure model），利用地理信息系统（GIS）与数值地形模式（DTM）在计算机上进行仿真，再和实际的崩塌事件进行比对，验证模式的准确性，以及评估潜在危险区，这一类的模拟多以降雨型崩塌地为主。水文模式的仿真有许多种（Beven，1988；Refsgaard，1996），可大致区分为两类（Wu and Sidle，1995；Pack and Tarboton，2004）：一是稳定状态模式（steady-state model），假设水文状况不随时间变动，最大的优点在于操作较简单，并且可以表现相对的稳定度；但是过于简化的假设，也经常导致不符合真实状况的推论（Beven，1988；Zaitchik et al.，2003）。二是动态水文模式（dynamic-model），考虑随着时间变动的水文状态，模拟结果可能较接近真实状况，但是其操作需要考虑许多参数。由于模式参数的选取、观测资料的准确度和观测时间的不足，可能造成模式仿真结果的不确定，而且当处理的问题扩展到不同的研究区或不同季节时，复杂程度更是增大（Borga et al.，2002；Casadei et al.，2003；Dietrich et al.，1995）。

Montgomery 和 Dietrich（1994）在假设稳定状态的降雨事件下，将土壤、植物特性和近地表水流与边坡稳定模式相结合，以坡度和比集水面积为主要参数，考量土壤深度与植物影响的假设，以进行边坡稳定性的评估，结果显示地质特性、土壤强度和水力传导度对于此类模式具有决定性影响。Pack 等（1995）发展了一套以地理信息、数值高程数据（digtial elevation data）为基础的工具，称之为 SINMAP（Stability Index MAPping）。主要功能在于计算及绘制边坡稳定分析，强调地质灾害的发生是由地表下水流的聚合所控制，适用于浅层滑坡。该模式利用 ESRI 的 ArcView 软件，输入土壤及气候资料，以及已发生的实际崩塌位置，根据数值高程数据计算地形参数，可以很快评估和展现不稳定的网格。

Vanacher 等（2003）在南美洲安第斯山脉的厄瓜多尔，探讨边坡稳定以及土地利用造成该地区边坡运动的影响。综合水文空间变动的土地利用资料（土壤水力传导度、蒸散发、土壤湿度）和土壤强度特性，推估边坡运动敏感性随着时间的变动，获取不错的验证结果。结合达西定律及连续方程式组成动态水文模式，加上无限边坡稳定模式，组合成一个可以评估单场降雨改变集水区边坡稳定状态的仿真模式。利用三场降雨资料，以及三者所造成的崩塌地，对林台地砾石层的边坡稳定进行分析。证实动态水文模式可以仿真出不同降雨事件，造成集水区边坡土壤饱和度的差异。经过实际崩塌地的比对，也证实此边坡稳定评估模式虽然仅利用少数简单的参数，也可以相当准确地评估各场暴雨事件中的不稳定边坡。针对降雨渗透、地下水文及边坡稳定间的关系进行探究，借由现场的试验与监测所得资料，检视期间的互动关系，建立评估边坡因降雨渗透影响而引发滑动的模式。其是利用 Horton 入渗方程式、Richards 垂直未饱和水分移动方程式与饱和侧向流运动方程式，运用数值方法计算边坡的地下水位，再以无限边坡模式评量边坡的稳定性。虽然真实世界复杂多变，但是为了模式的可操作性，通常相关的物理参数需要经过参数化的过程。因此模式推估的目的并不在于推测出完全符合真实世界的复杂现象，而是期望可以有效地呈现出相对不稳定区的分布和变动。

三、综 合 评 述

显然，上述任何一个问题的回答和解决都不是轻而易举的事情，但它们既是山区泥石流地质灾害研究中的前沿科学问题，又是我国当前泥石流地质灾害防治工作中急待解决的关键技术问题，同时还是目前国内外泥石流研究中的一个重要新方向，因而具有重要的科学理论与工程应用意义。以往工作成果对本区地层岩性、区域构造等方面进行了较为详细的调查，为本次环境地质综合调查工作的顺利完成提供了一定的基础性资料。

但在地质灾害工作方面，由于投入不足、资金有限，尚存在一定不足：地质灾害调查多、实测与勘探少，取样测试及综合研究不足；调查资料需补充完善，精度还需提高；地质灾害发育规律不完全清楚，形成机理需进一步研究；对人类工程活动与地质灾害发生发展之间的关系需深入调查研究。同时也迫切需要采用新的方法、新的理论（如吸应力理论）开展地质灾害机理研究，来支持地质灾害监测预警技术与理论的进一步发展。

本研究针对以上国内研究的不足，在消化吸收已有研究成果的基础上，通过物理模拟与数学仿真相结合，研究泥石流启动、运动及形成机理，再现泥石流成灾过程，开展高速远程滑坡、泥石流在不同预警级别条件下的降雨特征以及成灾阈值研究，建立适合于舟曲地区的监测预警模型，研究成果将为我国山区城镇建设、减灾防灾和全区域监测预警提供科学技术支撑。

第四节　研　究　目　的

本研究以甘肃省舟曲县已有地质灾害调查成果和监测预警体系为基础，进一步开展区域地质环境条件、地质灾害发育分布规律和成灾模式补充调查，进一步查明舟曲"8·8"特大山洪泥石流地质灾害的成灾模式、致灾因素，提出舟曲地质灾害监测预警方案和风险减缓措施；开展舟曲县高速远程滑坡与泥石流等地质灾害启动、形成运动的成灾机理研究；建立舟曲地质灾害预警预报指标体系，提出舟曲县区域地质灾害预警判据，阐明不同预警级别的降雨临界阈值，揭示研究区域地质灾害不同降雨预警级别下危险性区划规律，最终建立地质灾害预警模型。研究成果为舟曲县地质灾害预警预报提供技术支持，为我国山区泥石流灾害防治奠定基础，为区域暴雨泥石流、滑坡等地质灾害调控决策、预警预报提供科学依据。

第五节　研　究　内　容

一、梳理总结已有成果，研究舟曲泥石流成灾特征和致灾因素模式

通过对以往舟曲区域地质环境条件调查成果的梳理，总结以往研究成果，查明地质环境条件、地质灾害发育分布规律，进一步探索地质灾害成灾模式和发育规律，分析舟曲"8·8"泥石流致灾特点、形成条件、成灾模式以及致灾因素，计算此次暴雨泥石流的物源总量、容重、水动力等参数，分析其发展趋势并提出风险减缓措施。

二、舟曲区域暴雨滑坡、泥石流形成机理研究

采用有限差分数值模拟方法，分析舟曲三眼峪小流域位移场、应力场以及塑性屈服区分布特征，研究三眼峪流域的重力侵蚀分布规律、破坏部位与破坏机理。采用有限元求解方法，开发准三维连续介质模型程序，对流变模型（摩擦模型、Voellmy模型）进行编码，建立舟曲泥石流和高速远程滑坡三维动态动力分析模型。开展泥石流和高速远程滑坡的临界启动研究，泥石流、滑坡运动侵蚀行为及冲淤特征研究，泥石流和高速远程滑坡动力过程研究，流变参数敏感性研究以及拦挡坝对泥石流、滑坡拦挡动力行为研究，系统揭示舟曲泥石流与高速远程滑坡形成机理。

三、舟曲地质灾害预警判据及预警模型研究

采用水文学分析方法，分析不同降雨频率下洪水特征值与降雨特征值，针对地质灾害

规模，划分不同预警级别，提出预警判据，计算不同预警级别下的降雨特征阈值；建立三眼峪、罗家峪和寨子沟在前期含水量一般和干旱两种条件下，不同预警级别的降雨历时与降雨雨强函数关系曲线，计算不同预警级别下地质灾害的雨强（雨量）与降雨历时表格数据，阐明触发不同等级（预警级别）下的地质灾害临界降雨特征。在临界阈值分析的基础上，对舟曲区域地质灾害进行危险性区划，分析不同预警级别下，地形湿度指数空间分布、灾害点分布范围变化趋势及规律，研究不同预警级别下，稳定区、潜在不稳定区域与不稳定区域的区域面积比例与所占滑坡的比例迁移与转化规律，降雨量由量变引发质变的规律，揭示舟曲区域地质灾害不同降雨预警级别下危险性分布规律，建立舟曲区域地质灾害预警模型。同时针对舟曲已经布设的多类型监测预警仪器，建立不同预警级别下，不同监测指标的预警阈值信息表格，以期为舟曲区域乃至高山峡谷区地质灾害危险性区划、监测预警提供科学依据。

第六节　研究思路

本研究通过总结和梳理已有的舟曲地质灾害勘察资料等成果，查明舟曲地质灾害成灾特征、致灾因素。在此基础上集中开展两个方面的研究：一方面是开展舟曲泥石流、高速远程滑坡等地质灾害成灾机理研究，主要包括地质灾害失稳前的稳定性分析，失稳后的灾害体形成机理的数值模型研究，这一方面为本研究的基础研究内容。另一方面是开展舟曲地质灾害预警预报研究，主要包括两个部分：一是基于降雨特征和危险级别的临界阈值与预警判据研究；二是基于不同预警级别临界阈值的危险性区划研究，其中预警判据和预警模型是整个研究的核心与关键。

参 考 文 献

崔鹏，杨坤，陈杰. 2003. 前期降雨对泥石流形成的贡献. 中国水土保持科学，1（1）：11-15.

崔鹏，庄建琦，陈兴长，等. 2010. 汶川地震区震后泥石流活动特征与防治对策. 四川大学学报（工程科学版），42（5）：10-19.

王裕宜，詹钱登，洪勇，等. 2009. 泥石流源地土体应力应变特性对降雨响应过程的分析——以蒋家沟泥石流为例. 山地学报，27（4）：457-465.

Benda L E, Cundy T W. 1990. Predicting deposition of debris flows in mountain channels. Can. Geotech. J. ，27：409-417.

Brand E W, Permchitt J, Phillison H B. 1984. Relationship between rainfall and landslides in Hong Kong. Proceedings of the 4th International Symposium on Landslides. Toronto, Canada, 1：377-384.

Brand E W. 1981. Some thoughts on rain-induced slope failures. Proceedings of the 10th International Conference on Soil Mechanics and Foundation Engineering, Stockholm. Rotterdam：A. A. Balkema, 3：373-376.

Brand E W. 1988. Special lecture：Landslide risk assessment in Hong Kong. Proceedings of the 5th International Symposium on Landslides. Lausanne, 3：1059-1073.

Brenner R P, Tam H K, Brand E W. 1985. Field stress path simulation of rain-induced slope failure. Proceedings of the 11th International Conference on Soil Mechanics and Foundation Engineering. San Francisco, CA, vol. 2. A. A. Balkema, Rotterdam, pp. 991-996.

Cannon S H. 1993. An empirical model for the volume-change behavior of debris flows. Proc. ASCE National

Conference on Hydraulic Engineering. San Francisco，CA：1768-1773.

Chan L C P. Chau K T. 1999. Dimensional analysis of a flume design for laboratiry debris flow simulation. International Symposium on Slope Stability Engineering，Japan，2：1385-1390.

Chen H，Lee C F，Shen J M. 2000. Mechanisms of rainfall induced landslides in Hong Kong. Proceedings of the 2nd International Conference on Debris-flow Hazards Mitigation. Taipei：53-60.

Chen H，Lee C F. 2000. Numerical simulation of debris flows. Canadian Geotechnical Journal，37：146-160.

Chen H，Lee C F. 2002. Runout analysis of slurry flows with Bingham model. ASCE Journal of Geotechnical and Geoenvironmental Engineering，128：1032-1042.

Corominas J. 1996. The angle of reach as a mobility index for small and large landslides. Can. Geotech. J.，33：260-271.

Cundall P A. 2001. A discontinuous future for numerical modelling in geomechanics? Proceedings of the Institution of Civil Engineers Geotechnical Engineering，149（1）：41-47.

Dent D J，Lang T E. 1983. A biviscous modified Bingham model of snow avalanche motion. Annals of Glaciology，4：42-46.

Du R H，Li H L，Tang B X，et al. 1995. Research on debris flows for the past thirty years in China. Journal of Natural Disasters，4（1）：65-73.

Fannin R J，Wise M P. 2001. An empirical-statistical model for debris flow travel distance. Can. Geotech. J.，38：982-994.

Fredlund D G，Morgenstern N R. 1977. Stress state variables for unsaturated soils. ASCE Journal of the Geotechnical Engineering Division，103（GT5）：447-466.

Frenette R，Eyheramendy D，Zimmermann T. 1997. Numerical modeling of dam-break type problems for Navier-Stokes and granular flows//Chen C L. Debris flow hazards mitigation：mechanics，predictions，and assessment. Proceedings of the 1st International Conference. San Francisco：586-595.

Gan J K，Frediund D G. 1994. Direct Shear and Triaxial Testing of a Hong Kong Soil Under Saturated and Unsaturated Conditions. Report No. 46. Geotechnical Engineering Office.，Hong Kong Government，Hong Kong.

Gan J K，Frediund D G. 1996. Direct Shear Testing of a Hong Kong Soil Under Various Applied Matric Suctions. Report No. 11. Geotechnical Engineering Office. Hong Kong Government，Hong Kong.

Geotechnical Control Office（GCO）. 1972. Final Report of the Commission of Inquiry into the Rainstorm Disasters 1972. Hong Kong Government，Hong Kong.

Guzzetti F，Peruccacci S，Rossi M，et al. 2007. Rainfall thresholds for the initiation of landslides in central and southern Europe Meteorology and Atmospheric Physics，98：239-267.

Huang X，Garcia M H. 1997. A perturbation solution for Bingham-plastic mudflows. Journal of Hydraulic Engineering，123（11）：986-994.

Hungr O，Evans S G. 1997. A dynamic model for landslides with changing mass // Marinos P G，Koukis G C，Tsiambaos G C，et al. Proceedings of the IAEG international symposium on engineering geology and the environment. Rotterdam：Balkema，1：719-724.

Hungr O. 1995. A model for the runout analysis of rapid flow slides，debris flows，and avalanches. Canadian Geotechnical Journal，32：610-623.

Hungr O. 1998. Mobility of Landslide Debris in Hong Kong：Pilot Back Analyses Using a Numerical Model. Report Prepared for the Geotechnical Engineering Office. Hong Kong Government，Hong Kong.

Hunt B. 1994. Newtonian fluid mechanics treatment of debris flows and avalanches. Journal of Hydraulic Engineering，120（12）：1350-1363.

Hutchinson J N. 1986. A sliding-consolidation model for flow slides. Canadian Geotechnical Journal，23：115-126.

Iverson R M. 1986. Unsteady，non- uniform landslide motion：1. Theoretical dynamics and the steady datum state. Journal of Geology，94：1-15.

Jeyapalan J K，Duncan J M，Seed H B. 1983. Investigation of flow failures of tailings dams. ASCE Journal of Geotechnical Engineering，109（2）：172-189.

Jin M，Fread D L. 1999. 1D modeling of mud/debris unsteady flows. Journal of Hydraulic Engineering，125（8）：827-834.

Law K T，Lee C F，Luan M T，et al. 1998. Appraisal of Performance of Recompacted Loose Fill Slopes. Prepared for Geotechnical Engineering Office，Agreement No. GEO 14/97.

Law K T，Shen J M，Lee C F. 1997. Strength of a loose remolded granitic soil. Proceedings of 1997 Hong Kong Institution Engineers Seminar on Slope Stability. Hong Kong：169-176.

Lee C F，Chen H. 1997. Landslides in Hong Kong—causes and prevention. Acta Geographica Sinica 52，114-121.

Lee C F. 1970. A study of the clay minerals in Hong Kong soils. Hong Kong：University of Hong Kong.

Lucia P. 1981. Review of experiences with flow failures of tailings dams and waste impoundments. Berkeley：University of California PhD Thesis.

Lumb P，Lee C F. 1975. Clay mineralogy of the Hong Kong soils. Proceedings of the 4th Southeast Asia Conference on Soil Engineering. Kuala Lumpur：41-50.

Lumb P. 1975. Slope failures in Hong Kong. Quarterly Journal of Engineering Geology，8：31-65.

Lumb P. 1979. Statistics of natural disasters in Hong Kong，1884- 1976. Proceedings of the 3rd International Conference on Applications of Statistics and Probability in Soil and Structural Engineering. Sydney，1：9-22.

Lumb P. 1980. Natural disasters involving slope failure. Paper presented at the Research Seminar on Soil and Rock Structures. Leura，Australia.

Miao T D，Liu Z Y，Niu Y H，et al. 2001. A sliding block model for the runout prediction of high- speed landslides. Canadian Geotechnical Journal，38：217-226.

Ng C W W，Chiu C F. 2001. Behavior of a loosely compacted unsaturated volcanic soil. ASCE Journal of Geotechnical and Geoenvironmental Engineering，127（12）：1027-1036.

O'Brien J S，Julien P Y，Fullerton W T. 1993. Two-dimensional water flood and mudflow simulation. Journal of Hydraulic Engineering，119（2）：244-261.

Pack R T，Tarboton D G，Goodwin C N. 1998. The SINMAP approach to terrain stability mapping//Moore D，Hungr O. Proceedings of 8th Congress of the International Association of Engineering Geology. Rotterdam，Netherlands：A A Balkema Publisher：1157-1165.

Pack R T，Tarboton D G. 2004. Stability index mapping（SINMAP）applied to the prediction of shallow translational landsliding. Geophysical Research Abstracts，6：05122.

Pack R T，Tarhoton D G，Goodwin C N. 1999. SINMAP User's Manual. Tarhoton：Utah State University.

Philip J R. 1991. Hillslope infiltration：divergent and convergent slopes. Water Resources Research，27（6）：1035-1040.

Powell G E. 1992. Recent changes in the approach to landslip preventive works in Hong Kong. Proceedings of the 6th International Symposium on Landslides，Brookfield，VT，3：1789-1795.

Sampl P，Zwinger T，Schaffhauser H. 2000. Evaluation of avalanche defense structures with the simulation model SAMOS. Felsbau，18（1）：41-46.

Sassa K. 1988. Geotechnical model for the motion of landslides. Proc. 5th Int. Symp. on Landslides，Lausanne，1：37-55.

Savage S B，Hutter K. 1989. The motion of a finite mass of granular material down a rough incline. Journal of Fluid

Mechanics，199：177-215.

Styles K A，Hansen A. 1989. Territory of Hong Kong. Geotechnical Area Studies Programme，GASP Report XII. Geotechnical Control Office，Hong Kong Government，Hong Kong.

Takahashi T. 1991. Debris Flow. Rotterdam. A. A. Balkema.

Wang Z. Y，Wai W H，Cui P. 1999. Field investigation into debris flow mechanism. Journal of Sedimentary Research 14，（4）：10-22.

Wheeler S J，Karube D. 1995. Constitutive modelling. Proceeding of the 1st International Conference on Unsaturated Soils. Paris：1323-1355.

White I D，Mottershead D N，Harrison J J. 1996. Environmental Systems（2nd ed）. London：Chapman & Hall.

Wieczorek G F，Glade T. 2005. Climatic factors influencing occurrence of debris flows//Jakob M，Hungr O. Debris-flow Hazards and Related Phenomena. Berlin Heidelberg：Springer：325-362.

Wong H N，Ho K K S. 1995. General Report on Landslips on 5 November 1993 at Man- Made Features in Lantau. Report No. SPR7/94 Geotechnical Engineering Office. Hong Kong Government，Hong Kong.

Wong H N，Ho K K S. 1996. Travel distance of landslide debris. Proceedings of the 7th International Symposium on Landslides. Trondheim，Norway，1：417-422.

Wu W，Sidle R C. 1995. A Distributed slope stability model for steep forested watersheds. Water Resources Research，31（8）：2097-2110.

第二章 地质环境条件

第一节 地形地貌

舟曲县属西秦岭地质构造带南部陇南山地,西秦岭与岷山山脉呈西北-东南向横贯全县,岷山、迭山山峦重叠,沟壑纵横,地势西北高,东南低,为高山峡谷地貌。

工作区地处青藏高原东缘,西秦岭西翼与岷山山脉交汇地区,属构造、侵蚀山地。区内山峦重叠,山峻谷深,沟壑纵横,谷道狭窄,坡陡流急。总体地势自西北向东南倾伏,西北高,东南低,最高点为雷古山分水岭,海拔4154m,最低为白龙江河谷东端,海拔1210m。按地貌特征和成图类型,本区可分为以下四种主要地貌单元,即山地地貌、河谷地貌、黄土地貌、重力地貌。白龙江河谷区发育二级阶地,一、二级阶地分别高出河床8~10m、20~30m,零星分布于河谷两侧。由于人为改造,二级阶地地貌极不完整(赵成和贾贵义,2010,Wang,2013;Dijkstra et al.,2012)。

1. 山地地貌

舟曲县处于北部的迭山山脉和南部的岷山山脉之间,两山脉呈东南-西北向贯穿全境,自西向东展布,山地占总面积的87.7%。区内大部分山地为中山、高山,海拔都在3200m以上,与河谷的相对高差大于800m。迭山山系主山峰为雷古山,海拔4154m,岷山山系主峰为青山梁,海拔4504m。中部白龙江河谷两侧有部分中低山由西向东呈条带状展布,占山地面积的7%~8%。区内山坡呈现阳坡陡峻,阴坡稍缓的特征,平均坡度在30°~45°,也有大于60°的悬崖陡壁。山顶多呈峰状、梁背状,形成峻岭奇峰的自然景观。

2. 河谷地貌

受地表水流的侵蚀、切割,形成以白龙江为主干,两侧支沟呈密集树枝状发育的河谷、沟谷地貌。白龙江自西向东呈蛇曲形延伸,河床纵比降87‰,谷时宽时窄,开阔地段发育有小型一、二级冲洪积阶地,两侧阶地不对称,呈条带状或半圆形,阶面宽一般在50~300m,一级阶地高出河漫滩2~5m,二级阶地零星分布,高出一级阶地8~10m。在支流与干流交汇处一般发育有扇形、锥形泥石流堆积体。干流河谷呈"U"字形(图2-1),上游狭窄,下游宽阔,支流河谷呈"V"字形,河谷陡峻,侵蚀切割强烈。

3. 黄土地貌

区内黄土一般分布在白龙江干流两侧的中山、中低山的梁面、沟坡及山间盆地,构成黄土梁地、沟坡及黄土台地,系风积剥蚀堆积和侵蚀堆积而成,分布多在海拔3000m以下,厚度小于40m。黄土梁地较宽缓,坡度在10°~20°,大部分被开垦为耕地,是区内水

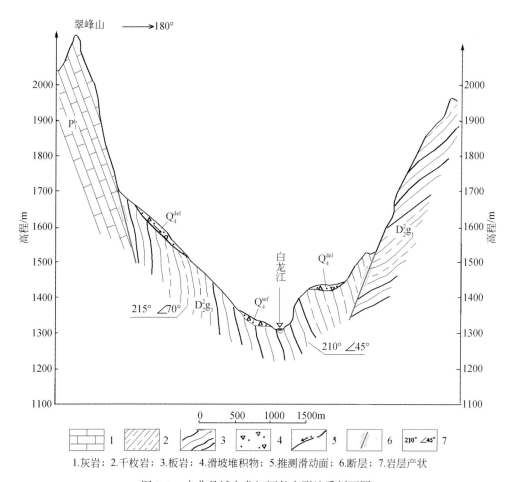

图2-1　舟曲县城白龙江河谷实测地质剖面图

土流失严重的主要地带，也是泥石流细粒物质的重要来源区；黄土台地的海拔多小于2000m，分布在各山间盆地和白龙江及其较大支流的河谷两侧，为侵蚀堆积形成。黄土台面较平坦，多见冲沟发育，易被侵蚀。

4. 重力地貌

受内外营力的共同作用，区内滑坡、崩塌等重力地质现象非常发育，由此造成的重力侵蚀堆积地貌随处可见，分布面积达27km²，占全县总面积的0.9%左右。它们主要分布于白龙江、拱坝河及其支流的河谷两岸，在白龙江县城至两河口一带成群分布。滑坡多属基岩断裂带老滑坡，规模、厚度大，堆积物松散，地形破碎，坡度较缓，是本区危害最大的地质灾害类型之一，黄土滑坡和碎块石滑坡主要分布在白龙江及支流两岸山坡地带，规模大小不一，坡度较陡，堆积物零乱，地形破碎。

第二节　地层岩性

三眼峪流域内出露的地层主要有上二叠统、下二叠统上段及中泥盆统古道岭组上段地层以及第四系地层（图2-2）。

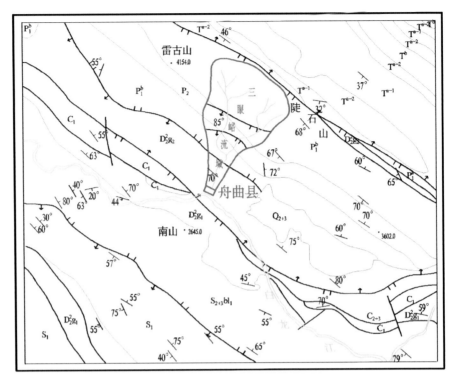

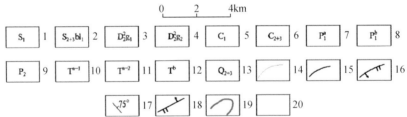

1.下志留统；2.志留系中上统白龙江群下段；3.中泥盆统古道岭组下段；4.中泥盆统古道岭组上段；5.下石碳统；6.中上石碳统；7.下二叠统下段；8.下二叠统上段；9.上二叠统；10.三叠系下段；11.三叠系中下段；12.三叠系中下段；13.第四系中、上更新统；14.地质界线；15.复活断层；16.正断层；17.地层产状；18.逆断层；19三眼峪流域范围；20.水系

图2-2　三眼峪沟流域及周围地质构造图

1. 第四系（Q）

（1）冲洪积物（Q_4^{al+pl}）

分布于县城附近白龙江两岸，组成河谷阶地，其中北岸一级阶地大部分被三眼峪沟及其邻沟泥石流堆积物覆盖，或与泥石流堆积物呈交错堆积。冲洪积物由砂、卵砾石层和亚砂土、亚黏土组成。砂卵砾石层分选差、磨圆度较好，粒径0.5～20cm，少数漂砾最大粒径30cm。

（2）泥石流堆积物（Q_4^{sef}）

主要分布于峪门口至县城一带，主沟道及部分支沟也有堆积。沟道内一般厚0.5～5m，部分沟道堆积厚度在 10~14 m。洪积扇一带厚度达 15 m 以上,堆积物粒度变化大,为角砾、碎石、块石、夹砂土,粒径 0.2~80cm,最大块石 1.2m,颗粒分选、磨圆度较差。

(3)重力堆积物（Q_4^{del}、Q_4^{eol}）

沟内分布普遍,主要为崩塌、滑坡、坍塌堆积物。崩塌多成群分布于陡崖下,规模数万至百万方不等,物质以碎石、块石为主,碎块石粒径 0.1~14m,棱角分明。滑坡分布于沟坡两侧,多为碎石层滑坡,厚 10~40m。

(4)残坡积物（Q_4^{dl+el}）

普遍分布于山坡之上。厚度多小于 1m,部分梁脊、山坡宽缓处厚 1~1.5m。

(5)黄土（Q_{2-3}^{eol}）

仅分布于沟口较平缓的中、低山顶部,岩性为粉质亚黏土,垂直裂隙发育,厚度 1~15m,与下伏基岩呈不整合接触。

2. 前第四系

前第四系主要出露有上二叠统、下二叠统上段及中泥盆统古道岭组上段地层。

(1)上二叠统（P_2）

分布于三眼峪沟流域中段,岩性为灰到深灰色中厚层状含硅质条带和燧石结核灰岩,薄层到厚层灰岩,岩层产状 192°∠68°。

(2)下二叠统上段（P_1^b）

分布于三眼峪沟流域上游及下游,岩性为灰白到灰色、微红色厚层块状灰岩、中到薄层硅质条带灰岩、白云质灰岩、大理岩化灰岩及白云岩化鲕状灰岩。该层与下伏中泥盆统古道岭组地层呈断层接触,岩层产状 210°∠72°。

二叠系地层岩体致密、坚硬,构造裂隙及卸荷裂隙发育,风化强烈,岩体破碎,形成多处危岩体、松动体。

(3)中泥盆统古道岭组上段（D_2^2g）：分布于三眼峪沟口一带。岩性为灰色、深灰色炭质板岩、千枚岩夹薄层灰岩及砂岩,裂隙发育,有岩脉充填。岩层产状 234°∠54°。该地层与下伏古道岭组下段（D_2^2g）呈断层接触。

该套地层软硬相间,炭质板岩、千枚岩风化破碎强烈,坡面侵蚀冲刷严重,易滑塌。

第三节 地 质 构 造

1. 构造特征

舟曲县属西秦岭构造带的西延部分,在构造形态上为一北西向古生界复背斜,其轴部位于白龙江南部,核部地层为志留系。三眼峪沟流域位于复背斜北翼,翼部二叠系地层又发育了次一级向斜。

舟曲县位于西秦岭南带印支期冒地槽褶皱带西段白龙江复式背斜内,活动强烈,走向断层发育。境内以坪定—化马断层为主,构成北西、南东向断裂带,该断层横穿于泥石流堆积区。其特点是沿主干断裂的南侧发育较多的次一级分支断层,组成一个"入"字形的断裂组。该断层走向与三眼峪沟沟谷走向斜交,该断裂带宽 500~1000m,受其影响,三眼峪沟沟口至白龙江两岸由中泥盆统古道岭组组成的岩组，岩体裂隙发育，软硬相间，产状凌乱、风化强烈，整体十分破碎。该套岩组所在区滑坡、崩塌灾害发育。

勘查区内发育两条由北向南展布的断层，其走向与区域性断裂带走向基本一致，为正断层，其错段山体而呈现阶梯状断块山特征。断裂两侧岩层破碎，褶曲强烈，角砾岩、破碎岩十分发育，沿断裂有泉水出露，断裂宽一般数 10cm，最宽 1.2m。

2. 新构造运动特征及地震

（1）新构造运动

新构造运动在境内十分活跃，表现为山地强烈隆升，流水急剧下切，形成典型的高山峡谷地貌。因构造运动强烈上升，三眼峪沟流域沟谷呈 "V" 字形，沟床平均比降在 24.1%，沟内形成多处跌水陡坎；沟谷下游即峪门口侵蚀、堆积交替，发育两级阶地，一级阶地高出沟床 0.5~1m，沿沟道断续分布，Ⅱ级阶地高出 Ⅰ 级阶地 5~6m，宽 20~40m。区内沟谷 "V" 形及窄深的 "U" 形形态，急剧下切作用和强烈的构造隆起，显示三眼峪沟流域沟谷正处于发育旺盛期。

（2）地震

舟曲属地震多发和较强活动区。据国家地震局烈度区划，其地震烈度为 7 度。有史以来有文字记载的引起县城房屋倒塌及山崩、滑塌的地震有 9 次之多（表 2-1）。

表 2-1　舟曲县及邻区主要地震统计表

时间	震中位置	震级	灾害情况
公元前 186 年正月乙卯	武都	6~7 级	羌道地震，山崩，人死亡甚多
1634 年	文县北 北纬 33.2°，东经 104.8°	6 级	阶州、西固地震，山崩
1677 年	武都	5.5 级	阶州、西固地震月余，墙垣颓废，压死人畜甚多
1879 年 6 月 29 日	武都南	5.7 级	西固大震，墙垣倒 7.5 丈[①]，民房倒塌压死 430 人
1879 年 7 月 1 日	武都	8 级	7 月 1 日西固复大震，民房倒塌
1960 年 2 月 3 日	舟曲 北纬 33°8′，东经 104°5′	5.2 级	县城、南山和北山三眼峪石崖等处是崩塌
1976 年 8 月 22、23 日	松潘	6.7 级 7.2 级	舟曲县城部分房屋损塌，南山、北山等处岩石崩塌
1987 年 1 月 8 日	迭部	5.9 级	县城多处房屋倒塌
2008 年 5 月 12 日	汶川	8 级	舟曲为重灾区，造成人员伤亡

舟曲县处在舟曲—武都地震亚带（据甘肃省地震危险区划图），据舟曲县地震台监测，目前该区地震处于活跃期，1990~2008 年发生 4 级以下地震 200 余次，其中 2~4 级地震 60 余次，平均每年发生 10 次之多。2008 年汶川地震波及舟曲，使舟曲成为重灾区之一，地震导致舟曲县城周边山体松动、岩层破碎、岩石裂隙增加，造成境内多处滑坡、崩塌。

---

① 1 丈 ≈ 3.33m。

地震的强烈活动，直接破坏了区内岩体结构和坡体稳定性，为泥石流提供了丰富的固体松散物质。

第四节　岩土体工程地质类型

1. 岩体工程地质类型

岩体类型按照岩石强度、结构以及成因类型可将区内岩体划分为：中薄层较软炭质板岩、千枚岩岩组，层状中等岩溶化半坚硬灰岩岩组。

（1）中薄层较软炭质板岩、千枚岩岩组

主要分布于三眼峪沟沟口一带，构成白龙江复式背斜北翼。由中泥盆统古道岭组组成，岩性以炭质板岩、千枚岩、薄板状灰岩为主，岩体裂隙发育，软硬相间，抗压强度在 120 ~ 140MPa，软化系数在 0.39 ~ 0.52，其中炭质板岩遇水软化、泥化。该套岩组所在区滑坡、崩塌灾害非常发育。

（2）层状中等岩溶化半坚硬灰岩岩组

分布于白龙江流域与宕昌交界的中、高山及中部的拱坝河河谷两岸。由石炭系和二叠系组成，岩性主要为中薄层到厚层灰岩、厚层块状灰岩、中厚层块状致密纯灰岩，夹少量板岩、千枚岩。岩组岩体干抗压强度在 70 ~ 128MPa，软化系数在 0.70 ~ 0.94，力学强度较高。分布于白龙江北岸的该套岩组受构造运动影响，岩体裂隙发育，在基岩裂隙水的长期作用下形成溶洞、溶隙等岩溶地貌，但整个岩组岩溶程度较弱。

2. 土体工程地质类型

按土的粒度成分和工程地质性质不同，区内土体可分为夹碎石黄土状粉质黏土单层土体，碎块石单层土体和砂卵石、中细砂双层土体。

（1）夹碎石黄土状粉质黏土单层土体

包括黄土和黄土状土，区内黄土以风积为主，分布于中低山较低宽缓梁面、沟坡及白龙江河谷阶地上。土体结构疏松，岩性较均一，多为粉质黏土，垂向裂隙发育，降雨沿垂向裂隙入渗，不断浸润土体，降低土体力学性质，使土体沿节理裂隙面、古土壤层或下伏基岩接触面不断滑动、拉裂，最后贯穿成滑动面形成滑坡、崩塌。

（2）碎块石单层土体

该类土体主要包括泥石流洪积物、基岩滑坡、碎块石滑坡堆积物及残坡积物等。泥石流堆积体主要分布在沟口，松散堆积，粒径差异很大，分选、磨圆差，似层状结构，受细粒物质充填，透水性较差，压缩性较低，是区内较好的建设场地。滑坡碎石土粒径大小悬殊，结构多零乱，松散、孔隙大，透水性强，是不稳定土体。残坡积碎石土在区内广泛分布，厚度较薄，规模小，结构松散。

（3）砂卵石、中细砂双层土体

主要分布于白龙江和拱坝河阶地及河漫滩，厚度不等，岩性以卵砾石为主，夹薄层中细砂，分选、磨圆均较好，具二元结构，结构稍密，胶结差，压缩性低，是区内理想的建筑场地。

第五节　水　文　地　质

根据地下水赋存条件和水动力特征，可将区内地下水划分为基岩裂隙水、碳酸盐岩类岩溶裂隙水和松散岩类孔隙水三大类型。

1. 基岩裂隙水

基岩裂隙水是区内分布最广的一种地下水，它赋存于基岩构造和风化裂隙内，除局部构造部位有承压水外，大部分为潜水。地下水接受大气降雨补给，沿裂隙网络系统运移，在含水层被切割或受阻以后以泉的形式溢出转化为地表水，或间接补给其他类型地下水。区内基岩裂隙水的富水性变化较大，含水层为志留系和三叠系的变质砂岩、板岩、千枚岩、凝灰岩和砂岩、各类灰岩、页岩等，地下水径流模数 $6 \sim 9L/(s \cdot km^2)$，单泉流量 $0.5 \sim 1.5L/s$，矿化度小于 $0.5g/L$，为 $HCO^{3-} - Ca^{2+}$ 型水。区内其他地区为中等富水区或弱富水区，地下水径流模数小于 $6L/(s \cdot km^2)$，矿化度在 $0.5 \sim 2$ g/L，属 $HCO^{3-} - Ca^{2+}$ 型水或 $HCO^{3-} - Ca^{2+} - Mg^{2+}$ 型水。

2. 碳酸盐岩类岩溶裂隙水

分布于区内南部碳酸盐岩出露区和白龙江复式背斜近轴两翼，受岩性、地势及地质构造的严格控制，形成复杂的地下水运移网络，地下水赋存、运移于溶隙、溶洞及众多裂隙等构成的复杂的地下通道之中，径流速度快，多以大泉的形式排泄，转化为地表水。区内白龙江复式背斜近轴两翼为富水区，地下水径流模数 $6 \sim 9L/(s \cdot km^2)$。其他地区富水性偏弱，地下水径流模数小于 $5L/(s \cdot km^2)$，矿化度小于 $0.5g/L$，属 $HCO^{3-} - Ca^{2+} - Mg^{2+}$ 型水。

3. 松散岩类孔隙水

主要赋存于白龙江河谷阶地及两侧规模较大的沟中，呈带状分布，多为潜水，水位埋深小于 $5m$。白龙江阶地含水层岩性为砂砾卵石，颗粒均匀，磨圆度好，泥质含量少，富水性近河段强，远河段弱。大冲沟含水层为角砾碎石，分选和磨圆度均较差，且含泥量大，富水性较差。接受大气降雨、基岩裂隙水及地表水入渗补给，向河谷内排泄或沿含水层向下游径流。白龙江一级阶地富水性最强，单井出水量大于 $5000m^3/d$，水质较好，矿化度小于 $0.5g/L$，属 $HCO^{3-} - SO_4^{2+} - Ca^{2+} - Mg^{2+}$ 型水。

此外，区内一些碎石土层及滑坡体（如泄流坡滑坡、锁儿头滑坡）内尚赋存孔隙水。由于滑坡体规模一般较大，厚度大，滑坡体物质为松散碎石土，接受大气降雨及基岩裂隙水的侧向补给，形成滑坡内地下水，沿堆积斜坡向下运移，在沟谷和沟坡以泉的形式排泄，泉流量一般不大，在 $0.1 \sim 1L/s$，部分滑坡地下水直接渗流补给沟谷潜水。滑体内地下水的存在，降低了坡体滑动带土体的黏聚力（C）、内摩擦角（φ）值，增加了滑体的不稳定性。

第六节　人　类　活　动

舟曲建置始于秦，称羌道，汉改道曰县。历经沧桑2000多年，曾一度为宕昌国及其国都地，先后更名为宕州（治怀道县）、西固、舟曲、龙叠。早在 4000 多年前，当地先民已在这块风光秀丽的土地上繁衍生息；"一江两河"沿岸的马家窑、齐家、寺洼文化遗址，留下了他们社会生产实践和创造人类文明的石器、彩、红、灰陶器及其他文化遗迹。

舟曲自古以来是"陇右西陲"、"陇右孔道"，通川陕之要冲，又是原丝绸之路河南道必经地，是兵家必争之地，由于地处边陲，且多战乱，使当地人口一直处于较低水平，隋文帝开皇四年（584 年）为 34830 人，至清光绪三十四年（1908 年）降至 25350 人，人口为负增长，在相当长的时期内，区内森林茂密，山清水秀，水源丰富。

新中国成立后，县域内人口急剧增加，从 1949 年的 58209 人增加到 1990 年的 117751 人，增加率达 102.29%。与此同时，人类为自身生存发展而开展的工程经济活动对区内生态环境构成前所未有的挑战，土地开垦使地质环境遭受严重破坏，甚至直接诱发地质灾害，具体表现在以下几个方面。

1. 过度砍伐，破坏植被

据史料记载，舟曲县林木采伐开始于明清时期，但真正造成破坏的是近 50 年来，从 1952 年 8 月成立舟曲林业局开始到 1990 年累计采伐森林 189.75 万亩，许多地方的森林成为残败的次生林，如巴藏、立节、大峪、憨班、城关、南峪、八楞等乡镇，面积约有 10 余万亩。另外，经长期破坏，次生演替形成残败的疏林和灌木林面积有 120 万亩。时至今日，群众烧柴多年消耗近 10 万 m³，加上民用木材和乱砍滥伐、盗卖盗运木材，使全县森林资源每年以 10 万 m³ 的速度减少，生态环境超限度破坏，已带来越来越多的泥石流、滑坡等一系列地质灾害，引起了全县人民的高度警惕，可喜的是人们的环境保护和防灾意识逐渐增强，特别是舟曲县被列入长江上游水土保持重点县以后，各级政府加大了生态环境保护力度，基本上遏制了大规模砍伐，但要真正杜绝林木破坏，还必须解决当地群众的燃料问题和严厉打击盗伐者，舟曲县环境保护工作任重道远。

2. 开垦坡地，破坏地质环境

舟曲县是一典型农业县，1999 年农业人口 106999 人，占全县总人口的 90.87%，农作物实际总播种面积 18.99 万亩，占全县总面积的 4.24%，农业人口平均占有耕地 1.77 亩。在这些耕地中，山地 14.79 万亩，占总耕地面积的 76.8%，川地仅有 15500 亩，占耕地面积的 1.11%。单一的产业结构模式迫使农民通过开垦陡坡地增加土地面积而获得收益，40 年间全县总播种面积从 10.63 万亩增加到 18.99 万亩，平均每年增加 2090 亩，县内各乡 40° 以下的坡地大部分被开垦，但植被的破坏并未给当地群众带来经济效益，反而造成大面积水土流失，加剧了滑坡、泥石流等地质灾害的发生、发展。

3. 开挖坡体修筑公路，引发地质灾害

新中国成立前，舟曲县仅有县城到两河口的公路 17km，新中国成立以后，修通扩宽了两河口至朗木寺的两郎公路，舟曲境内长 73.5km，此后几年，基本修通了至全县各乡政府所在地的公路，至 2002 年，又将 S313（原两郎公路）拓宽至 10m，公路交通得到长足发展，极大地促进了当地经济建设的发展，但区内山高坡陡，沟壑纵横，修路需切坡削方，炸山开路，岩体被松动，坡脚遭开挖，从而引发崩塌、滑坡等地质灾害或激活老滑坡，S313 公路两侧地质灾害密集发育就与挖坡修路有关。

4. 开发兴修水利，引水灌溉，导致地质灾害的发生

由于地形所限，舟曲县发育的滑坡体上大多有村民居住，如锁儿头滑坡、龙江新村滑坡、南桥滑坡、中牌滑坡等，这些滑坡体上居民和部分居住在山坡的村民都存在着水源缺乏问题，居民饮水、农田灌溉都需修建引水工程，渠道渗漏和农田、林地灌溉造成地下水水位上升，土体饱和，抗剪强度降低，导致滑坡变形失稳，引发灾害，如南山滑坡、南桥滑坡。

水力发电解决了电力问题，但同时也改变了地质环境，水电站坝体上游蓄水，使原本暴露在外的土岩体和植被淹没，影响坡体的稳定性；坝体下游水位下降，坡体失去水压力，容易造成滑坡、崩塌地质灾害，如图 2-3 所示。

(a)水电站库区蓄水造成库区山体崩塌　　　　　　　(b)修建水电站弃渣堆成的不稳定斜坡

图 2-3　人为因素造成的影响

参 考 文 献

赵成，贾贵义 . 2010. 甘肃省白龙江流域主要城镇环境工程地质勘查可行性研究 . 兰州：甘肃省地质环境监测院 .

Dijkstra T A, Chandler J, Wackrow R, et al. 2012. Geomorphic controls and debris flows—the 2010 Zhouqudisaster, China. Proceedings of the 11th international symposium on landslides (ISL) and the 2nd North American Symposium on Landslides, June 2-8, Banff, Alberta, Canada.

Wang G L. 2013. Lessons learned from protective measures associated with the 2010 Zhouqu debris flow disaster in China. Nat Hazards, 69: 1835-1847.

第三章 地质灾害特征与发展趋势

第一节 地质灾害发育类型

舟曲县监测预警区内地质灾害主要有滑坡、不稳定斜坡、泥石流三种类型（图3-1）。经过前人调查资料及野外实地踏勘，确定地质灾害及地质灾害隐患点 37 处，其中泥石流 22 处，占60%，滑坡 13 处，占 35%，不稳定斜坡 2 处，占5%（赵成和贾贵义，2010）。

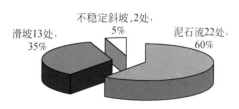

图 3-1 舟曲县监测预警区地质灾害发育类型

1. 滑坡类型

通过本次调查与统计，工作区内发育的滑坡主要有碎块石滑坡、堆积物滑坡、黄土滑坡、基岩滑坡四类。

（1）碎块石滑坡

碎块石滑坡是指山地残坡积层、沟坡堆积层和岩质滑坡再发育的滑坡体。滑体物质组成复杂多样，堆积物以碎块石和黏性土为主，结构较为零乱。区内碎块石滑坡大部分属岩质滑坡的再活动，规模大，多为大型、巨型滑坡，数量多，以中、深层滑坡为主，主要分布在白龙江沿岸舟曲县城至两河口段。区内典型的碎块石滑坡主要有泄流坡滑坡、锁儿头滑坡（图3-2，图3-3）。

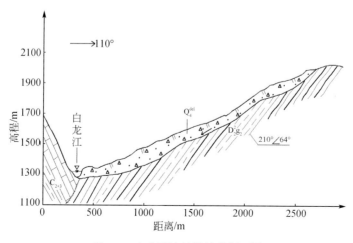

图 3-2 舟曲泄流坡滑坡纵剖面图

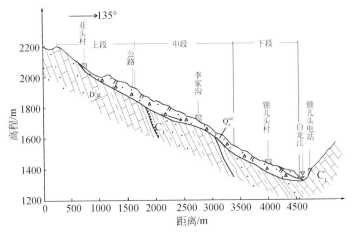

图 3-3　舟曲锁儿头滑坡纵剖面图

此类滑坡形成复杂，复活的老基岩滑坡形成较早，而残坡积层和沟坡堆积层滑坡形成相对较晚，前者分布受断裂构造控制，后两种分布无规律性。

（2）堆积物滑坡

堆积物滑坡发育在由松散的残、坡、洪积物等构成的斜坡。滑坡体物质主要为第四系残破积碎石土。其特点是滑坡体松散，遇水易软化滑动，滑速较低，滑距较短，复活性较强等。该类滑坡主要分布在白龙江沿岸。

（3）黄土滑坡

滑坡体由第四系中上更新统黄土组成，沿基岩接触面滑动。主要分布于康县、汉王、两水镇等乡（镇）。因下伏的基岩透水性差，地下水沿其接触面运动、汇集，使黄土下部处于过湿软化状态，成为滑坡滑动的有利软弱结构面。

这类滑坡的特点是：滑坡厚度较小（取决于上覆黄土的厚度），面积较大，形态不规则，周界不明显，滑面较平滑，后壁较陡，大多滑速较慢，滑距较小，多发生在雨季，复活性强。

（4）基岩滑坡

基岩滑坡是指基岩滑动而形成的滑坡。滑体物质为基岩破碎物，其结构零乱或可辨认一定层次，堆积物以碎块石为主，粒度差异较大，受基岩岩性和滑动的运动特征等因素控制。基岩滑坡数量较少，以中、小型为主，分布于白龙江及各支沟沟谷两侧，这种滑坡的活动多与地震和人类工程活动有关。典型滑坡有两河口滑坡（图 3-4）、憨班滑坡等。

2. 泥石流类型

初步统计白龙江沿岸威胁乡镇的泥石流沟 104 条，规模以大中型为主，多为沟谷型、黏性泥石流，易发程度高。泥石流集中发生于每年 6 ~ 9 月，均由暴雨所诱发，其暴发突然，危害极大。

（1）舟曲三眼峪沟泥石流

三眼峪沟流域面积 25.75m²，主沟长 5.1km，相对高差 2490m，由主沟、大眼峪沟、

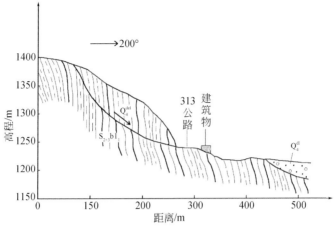

图 3-4　舟曲两河口滑坡纵剖面图

小眼峪沟组成，平面呈"Y"形。上游以中、高山为主，山高沟深，支沟发育（图 3-5）
冲蚀、切割强烈，纵坡降 30%左右，沟坡在 40°以上。下游沟谷呈"U"字形，坡降 18%
左右。堆积区呈扇形，坡度 15%。

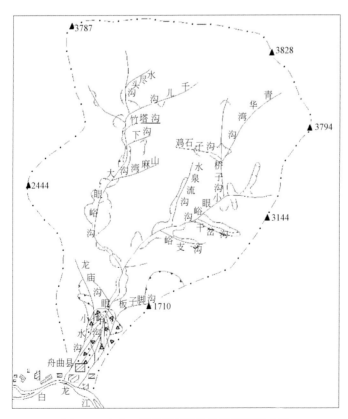

图 3-5　舟曲三眼峪泥石流沟流域平面示意图

（2）宕昌红河沟泥石流

　　红河沟位于宕昌县城区，流域面积约213km^2，上游为V形，中下游呈拓宽U形，相对高差大。历史上多次暴发泥石流，根据近几十年泥石流发生时间序列分析，每隔6～9年就有一次较大规模的泥石流发生。该沟在大暴雨诱发下，有暴发大规模泥石流的可能，将危害县城（图3-6）。

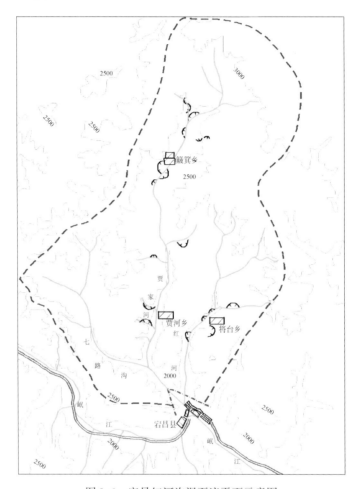

图 3-6　宕昌红河沟泥石流平面示意图

第二节　地质灾害分布规律

一、滑　　坡

1. 滑坡灾害

　　滑坡是区内发育的主要地质灾害之一，其分布较广，数量多，规模大小不一，部分地带成群分布。滑坡规模以中型以上为主，中层滑坡居多。滑动特征以低速蠕滑为主，高速滑动较少。滑坡类型主要有碎块石滑坡、岩质滑坡和黄土滑坡。

碎块石滑坡的滑体物质组成复杂多样，堆积物以碎块石和黏性土为主，结构较为零乱。区内碎块石滑坡大部分属岩质滑坡的再活动，规模大，多为大型、巨型滑坡，数量多，以中、深层滑坡为主，主要分布在白龙江及两侧支沟的河谷区，局部地段成群发育，外形特征随成因不同而变化较大，断裂构造带滑坡没有明显的后壁，细长条形，后壁坡度一般在15°~50°，滑坡地形多破碎，两侧与前缘冲沟发育，侧缘侵蚀强烈，部分老滑坡具有双沟同源现象。滑坡堆积体形态具多样性，以复合形多见，前缘和后壁较陡，中部略缓，总体坡度在20°~35°，老滑坡体经后期人类活动改造成耕地或居民宅基地，因受地震、地下水、地表水和人类工程活动等诸多种因素的影响，滑坡多呈局部滑动或整体失稳状态。典型的碎块石滑坡主要有锁儿头滑坡、泄流坡滑坡、中牌滑坡、桥头滑坡、谢家滑坡、江顶崖滑坡、老沟滑坡和坎坎山滑坡等。

岩质滑坡滑体物质为基岩破碎物，其结构零乱或可辩一定层次，堆积物以碎块石为主，块度差异较大，大小受基岩岩性和滑动的运动特征等因素控制，区内岩质滑坡数量较多，但规模以中、小型为主，主要分布于白龙江及各支沟沟谷两侧，这种滑坡的活动多与地震和人类工程活动有关。典型滑坡有两河口滑坡、憨班铺滑坡、果耶阳坡潜在滑坡等。

黄土滑坡的滑体物质主要为黄土，部分含有碎块石，堆积零乱、破碎，其规模大小不一，主要分布在黄土覆盖区，多为中层滑坡，以推移式快速滑动为主，影响滑坡稳定的主要因素为降雨和地下水，具典型代表性的有立节北山滑坡、姚家楞滑坡、云台滑坡等。

经详细调查，区内大部分滑坡稳定性较差，部分滑坡体还正处于蠕动变形阶段，如锁儿头滑坡、泄流坡滑坡等，一直处于缓慢变形阶段，尤其是"5·12"地震以来变形速率有加重趋势。且滑坡体具有规模大、活动频繁、危害大的特点，如1991年6月13日发生的江顶崖滑坡体积478.8万 m^3，堵断白龙江9h，淹没房屋1403间，田地150亩，淹没公路2km，交通中断78天，直接经济损失400余万元；泄流坡滑坡自1963年至现在一直处于滑动中，其中剧烈滑动就有12次之多，规模最大的一次发生在1981年4月9日8时左右，规模4000多万 m^3，堵断白龙江，回水8km，淹没江盘乡河南村829间民房。该滑坡对舟曲县及下游的武都县人民生命财产构成严重威胁；锁儿头滑坡近百年来为慢速滑动，滑坡上有居民643户2718人，对岸为6000kW的水电站，一旦突然下滑，将毁灭大部分村社和锁儿头电站，危及舟曲县城及沿江村庄和下游武都县城53万人的生命和财产安全；1987年7月，峰迭乡磨沟滑坡造成5人死亡；1983年发生的立节乡北山滑坡，造成了巨大的财产损失，该滑坡现处于不稳定状态，直接威胁立节乡1500人的生命和3000万元的财产安全。

2. 滑坡灾害空间分布规律

受地质环境条件的影响和制约，区内滑坡的空间分布具以下规律。

（1）滑坡沿河谷集中成带分布

经本次调查，白龙江河谷舟曲县城南岸，滑坡集中成片分布，分布滑坡8处；虎家崖至大川乡白龙江北岸，在长3.0km范围内分布有5处滑坡；东山乡靠近岷江河谷右岸一侧，也是滑坡集中成片分布，分布滑坡5处。

（2）滑坡沿构造线分布

滑坡沿构造线高度集中分布，滑坡带的走向与区域构造线的走向基本一致。断裂，特别是活动断裂的交叉部位，更是滑坡分布的集中点。例如，葱地—铁家山、坪定—马断裂带，沿此断裂带滑坡明显呈带状分布，在长 20km 的范围内，分布有滑坡 15 处。

（3）坡在特定的地层中集中分布

本区滑坡主要发育在堆积碎石土层、黄土及志留系千枚岩、板岩地层中，其他地层中则相对较少，因此，上述地层构成了本区的易滑岩组。

（4）滑坡在特定结构的斜坡区集中分布

沟谷的切割深度、斜坡的坡度和斜坡的结构特征是控制滑坡形成的基本条件。区内白龙江、拱坝河及其支流两岸山坡高差多在 1000m 以上，一些大型沟谷下游也是高陡坡段，因而也是滑坡集中分布的地段。从斜坡结构看，由较厚堆积层组成的斜坡滑坡非常发育。

二、泥　石　流

1. 泥石流灾害

舟曲县境内泥石流有两种类型，即泥石流和水石流。泥石流沿河谷两岸集中呈带状分布，主要分布于白龙江流域和拱坝河流域的下游，数量多，是区内危害性最大的灾害形式之一。区内泥石流特征典型，堆积扇完整发育，具有中、高易发性，破坏性强，另外区内部分泥石流沟为潜在泥石流，多以矿山开采区为主要地段。水石流是由水和粗砂、砾石、漂砾组成的特殊流体，其黏粒含量少，主要分布于舟曲县拱坝河流域上游和博峪河流域，区内植被覆盖良好，部分地带为森林保护区，人烟稀少，沟口无人居住，因此很少形成灾害。2008 年“5·12”汶川特大地震对区内的泥石流有促发和加剧的趋势，引发各泥石流沟内的老滑坡复活，也诱发产生新的崩塌和滑坡，同时对坡积层有一定的松动，为泥石流提供了更多松散堆积物，在震后的 2009 年 7 月 14～17 日由于长时间降雨，引发了多条沟谷发生泥石流，对道路及部分村庄学校造成威胁。

经本次详细调查，舟曲县一直受泥石流灾害的威胁，如三眼峪沟仅 1978 年、1989 年和 1992 年三次泥石流灾害就造成城区 845 间房屋倒塌，死 2 人，伤 194 人次，毁坏重要基础设施 88 处，省级公路桥 1 座，县城内桥梁 3 座，累计毁坏农田 2464.5 万亩，果园 50 亩，牲畜 1095 头（只），粮食 322 万斤[①]；2010 年 8 月 8 日凌晨三眼峪、罗家峪两沟突发特大型泥石流，造成 1501 人死亡，264 人失踪，伤 72 人，重灾村达 6 个，受灾人数 4496 户 20227 人，冲毁掩埋房屋 5508 间、农田 1417 亩，机关事业单位办公楼 21 栋。大川镇峪子沟，震后沟内危岩崩塌导致 1 人死亡，两侧山体多处出现裂缝，严重威胁大川镇老庄村 1916 名群众的生命财产安全。境内其他各地泥石流灾害也相当严重，据县志记载：“1966 年 8 月 8 日暴雨，城关镇庙儿沟发生泥石流，冲失 4 辆解放牌运料车，3 名驾驶员落难。1984 年 7 月 21 日～8 月 4 日，连降大雨、暴雨，全县各处出现泥石流和滑坡灾害”。

---

① 1 斤＝0.5kg。

2. 泥石流灾害空间分布规律

（1）泥石流沿较大河谷两岸集中分布

研究区内的白龙江、拱坝河流域两岸，泥石流分布于各个支沟流域，形成两大不规则的带状集中分布区，地质灾害的分布密度变化较大，总体自西而东由稀变密，白龙江河谷曲瓦—峰迭段相对稀少，城关—两河口段密集，拱坝河流域沙滩林场—拱坝相对稀疏，拱坝以下曲告纳地段较为密集。

（2）泥石流的类型分布因区域岩土体类型不同而略显差异

工作区西北部、中东部和中北部地区，地层多以软硬相间的岩石为主，因而多发育泥石流；西南部山区以硬岩为主，且植被覆盖率较高，因而多发育水石流。

（3）泥石流发育与区内地质构造存在明显的相关性

岩土体类型基本相似的区域，构造和新构运动相对强烈的沟域，沟口泥石流堆积扇明显大于构造形迹稀疏的沟谷，这与构造运动造成的地形陡峻及岩体破碎有着直接关系。

（4）滑坡、崩塌、塌岸等重力堆积严重的流域，泥石流发生的频率高

从遥感解译成果图地质灾害分布图可以看出，凡流域内滑坡发育的沟谷，沟口都有较大的泥石流堆扇。野外调查时也发现，在滑坡、崩塌发育的沟谷，沟口基本都有泥石流近期活动的痕迹。

（5）泥石流的分布与人类活动的趋向密切相关

人口密集、人类各种活动强度大的地段，也是泥石流密集分布地段，而且随着人类经济活动的扩展，泥石流的分布区域也呈扩展之势。例如，峰迭乡的瓜咱沟、城关镇的三眼峪沟在植被未破坏之前以洪水为主，后因植被破坏及采石堆弃了大量的废弃物，导致1981年暴发泥石流，造成了数百间房屋被冲毁，数百亩农田被掩埋，无人员伤亡，经济损失约300万元的严重后果，教训十分深刻。

三、崩　　塌

区内的崩塌主要基岩崩塌，其特征具有一次性崩塌规模较小，以少量块石崩塌形式发生，发育于坡度大于50°的基岩陡坡、陡崖。诱发因素主要有地震、人类工程活动和风化作用。崩塌时岩石降落块，事发突然，人们难以察觉，往往酿成惨剧。崩塌灾害分布规律与滑坡基本相似。

四、地面塌陷

舟曲县坪定乡境内分布地面塌陷灾害，由于矿山长期无序采矿，人为破坏地质环境，目前形成了冒落性塌陷，采空区周围地面和房屋多处变形，部分群众已搬迁，危害性较大。

总之，受地形地貌、地质构造、岩土体工程地质性质、植被、人口分布情况、人类工程活动强度等因素影响，区内地质灾害分布具明显的区域性差异，具体分布特征如下：

1）集中分布在白龙江及其较大支流河谷区，其中泥石流分布在大小支流口，形成两

大不规则的带状集中分布区。两河流域各支沟地质灾害点较主河谷要少，零星分布，大部分规模较小。

2）滑坡、崩塌灾害与其隐患点主要分布于坪定—化马断裂带、洋布—大年断裂带、大峪坪—朱家山断裂带等几大断裂构造带内及其次级断层的周围。在这些断裂带内地质灾害点密布，多为大型或巨型滑坡。全县重要的地质灾害点如锁儿头滑坡、泄流坡滑坡等多分布于这些区域，这些不良地质现象又为泥石流形成提供了丰富的固体物质，因此也是区内泥石流主要形成区。

3）地质灾害密布于软岩、层状软硬相间的岩层和黄土区，白龙江河谷县城北岸海拔2300 m以下就属于此类工程地质岩组，滑坡、泥石流灾害数量多，规模大，具群发性。

4）地质灾害发育区多为人口密度大、社会生产活动频繁、植被严重破坏的地区。受地形条件的限制，舟曲县大部分人口居住在大河流及其支流的河谷阶地上，居民住房部分直接建筑在泥石流堆积扇前缘，锁儿头滑坡等巨型老滑坡也居住数千人口。

第三节　地质灾害稳定性与易发性

依据《县（市）地质灾害调查与区划基本要求》实施细则之"滑坡稳定性野外判别表"对滑坡稳定性的评价标准，经过野外对滑坡、泥石流形成条件、影响因素及现今变形破坏迹象进行调查分析，区内目前处于不稳定或高易发的滑坡、不稳定斜坡、泥石流灾害共15处，占灾害总数的40.5%；处于基本稳定或中易发的滑坡、泥石流灾害共29处，占滑坡灾害总数的59.5%。各类型灾害点稳定性状况见表3-1和表3-2（赵成和贾贵义，2010）。

表3-1　舟曲县监测预警区灾害稳定性与易发性汇总表

灾害稳定状与易发性	不稳定斜坡	滑坡	泥石流	总计	百分比/%
不稳定或高易发	2	9	4	15	40.5
基本稳定或中易发		4	18	22	59.5
总计	2	13	22	37	100

表3-2　舟曲县监测预警区地质灾害一览表

序号	名称	地理位置	经度	纬度	灾害规模	目前稳定状	今后变化趋势	威胁人口/人	威胁财产/万元	险情级别
1	龙庙沟泥石流	城关镇三眼村	104°22′20″	33°47′56″	中型	中易发	中易发	42	20	中型
2	三眼峪沟泥石流	城关镇三眼峪村	104°22′25″	33°47′38″	大型	中易发	中易发	12000	5050	特大型
3	硝水沟泥石流	城关镇西关村	104°21′56″	33°47′14″	中型	高易发	高易发	4290	2000	特大型
4	寨子沟泥石流	城关镇寨子沟村	104°21′23″	33°47′09″	大型	高易发	高易发	920	200	大型
5	罗家峪沟泥石流	城关镇罗家峪村	104°22′44″	33°47′18″	中型	中易发	中易发	4000	1680	特大型
6	南峪沟泥石流	南峪乡南峪村	104°24′48″	33°43′26″	大型	中易发	中易发	1675	600	特大型
7	石门沟泥石流	峰迭乡杜坝川村	104°17′55″	33°46′34″	中型	中易发	中易发	49	30	中型

续表

序号	名称	地理位置	经度	纬度	灾害规模	目前稳定状态	今后变化趋势	威胁人口/人	威胁财产/万元	险情级别
8	庙儿沟泥石流	城关镇沙川村	104°18′52″	33°46′24″	大型	中易发	中易发	442	100	大型
9	磨沟泥石流	峰迭乡狼岔坝村	104°17′24″	33°47′22″	大型	中易发	中易发	67	200	中型
10	武都关沟泥石流	峰迭乡武都关村	104°17′04″	33°47′57″	大型	高易发	高易发	936	400	大型
11	台子沟泥石流	峰迭乡台子村	104°15′04″	33°47′31″	中型	中易发	中易发	108	30	大型
12	南桥滑坡	江盘乡桥头村	104°22′02″	33°46′53″	大型	不稳定	不稳定	210	105	大型
13	龙江新村滑坡	江盘乡南桥村	104°22′08″	33°46′43″	大型	不稳定	不稳定	20	10	中型
14	锁儿头滑坡	城关镇锁儿头村	104°19′41″	33°48′15″	巨型	不稳定	不稳定	1478	2500	特大型
15	泄流坡滑坡	大川乡泄流坡村	104°25′23″	33°44′33″	巨型	不稳定	不稳定	5000	25000	大型
16	沙川东沟泥石流	城关镇沙川村	104°19′20″	33°46′37″	中型	中易发	中易发	9	20	小型
17	水泉沟泥石流	峰迭乡水泉村	104°15′27″	33°47′30″	小型	中易发	中易发	18	3	中型
18	瓜咱沟泥石流	峰迭乡瓜咱村	104°14′48″	33°48′07″	巨型	中易发	中易发	32	18	中型
19	阴山沟泥石流泥石流	峰迭乡阴山村	104°14′43″	33°47′38″	小型	中易发	中易发	1500	4500	大型
20	坝子沟泥石流2#泥石流	峰迭乡坝子村	140°14′22″	33°37′51″	小型	中易发	中易发	1000	3000	大型
21	瓜咱沟1#滑坡	峰迭乡瓜咱村	104°14′22″	33°48′05″	小型	不稳定	不稳定	500	2000	大型
22	瓜咱沟2#滑坡	峰迭乡瓜咱村	104°14′20″	33°47′32″	小型	不稳定	不稳定	500	2000	大型
23	瓜咱沟3#滑坡	峰迭乡瓜咱村	140°14′51″	33°47′23″	小型	不稳定	不稳定	500	2000	大型
24	水泉村东南不稳定斜坡	峰迭乡水泉村	104°15′44″	33°47′35″	—	不稳定	不稳定	800	3000	大型
25	水泉村西南滑坡	峰迭乡水泉村	104°15′21″	33°47′25″	小型	不稳定	不稳定	500	2000	大型
26	水泉村东泥石流	峰迭乡水泉村	104°15′47″	33°47′35″	小型	中易发	中易发	300	1500	大型
27	河南大沟泥石流	江盘乡河南村河南社	104°22′25″	33°46′25″	中型	中易发	中易发	47	50	中型
28	阳山沟泥石流	峰迭乡瓜咱坝村坝子社	104°14′50″	33°48′35″	小型	中易发	中易发	90	50	中型
29	南山滑坡	江盘乡南山村	104°21′42″	33°46′29″	小型	不稳定	不稳定	107	100	大型
30	瓦厂滑坡	城关镇瓦厂村	104°23′16″	33°46′53″	大型	基本稳定	不稳定	40	300	中型
31	河南滑坡	江盘乡河南村	104°22′04″	33°46′33″	大型	基本稳定	不稳定	180	111	大型
32	云台滑坡	江盘乡云台村	104°22′39″	33°45′46″	中型	基本稳定	不稳定	58	18	中型
33	虎头崖滑坡	大川乡虎斗崖村	104°24′43″	33°44′19″	大型	基本稳定	不稳定	130	30	大型
34	真亚头不稳定斜坡	城关镇真亚头村	104°20′47″	47°33′47″	大型	不稳定	不稳定	307	180	大型
35	双沟泥石流	城关镇瓦厂村	104°23′24″	33°46′01″	小型	中易发	中易发	0	30	小型
36	早圆村西沟泥石流	南峪乡早圆村	104°24′31″	33°43′36″	小型	中易发	中易发	52	40	中型
37	涧子沟泥石流	城关镇瓦厂村	104°22′58″	33°46′28″	小型	高易发	高易发	0	50	小型

第四节　地质灾害危害特征

滑坡和泥石流是工作区内的主要地质灾害类型，给当地人民生命财产和经济建设构成了严重威胁，危害特征表现在以下几个方面（Wang，2013；Dijkstra et al.，2012）。

1. 危害和威胁城镇、村寨、造成人员伤亡和房屋毁坏

由于受地形、地貌条件的限制，区内大部分城镇、企事业单位、学校及重要的基础设施都分布在地质灾害分布密集的地带，滑坡、泥石流直接或间接地威胁区内人民生命财产安全。例如，泄流坡滑坡1981年4月9日的滑动堵江淹没民房800多间；锁儿头滑坡多年蠕动致使居住在滑坡体上4个村643户房屋严重变形，平均3～4年就要重建一次，由于房屋倒塌已造成2人死亡；三眼峪沟泥石流仅1978年、1989年和1992年三次暴发就造成城区842间房屋毁坏，死2人，伤194人次，毁坏重要基础设施88处，受损学校、医院等单位48个。2010年三眼峪沟、罗家峪沟暴发的特大泥石流灾害更是震惊全球。

2. 毁坏公路、桥梁，阻断交通

县内最重要的交通干线S313公路沿白龙江贯穿整个工作区，泥石流、滑坡等地质灾害经常毁坏公路、桥梁，阻断交通，如泄流坡滑坡自1904年、1981年发生过8次大规模快速滑动，江顶崖滑坡自1985～1991年三次滑动，每一次滑坡都是完全摧毁公路数百米。泥石流冲毁公路、桥梁每年都有发生，三眼峪沟泥石流1992年就冲毁公路桥1座，县城内桥梁3座。

3. 毁坏农田、破坏耕地

区内有相当数量的耕地是当地农民从老泥石流堆积扇上开垦出来的，由于缺乏科学指导，开垦行为未能完全预见泥石流的危害程度，排导沟为群众自主修建，多不能满足泥石流排导要求，一旦暴发泥石流，冲毁农田，破坏耕地就势不可免；滑坡破坏耕地也相当严重。

第五节　地质灾害形成条件及影响因素

工作区内地质灾害数目多，分布广，其形成受众多因素影响，是各种内外营力共同作用的结果。区内影响地质灾害形成的主要因素包括地形、地貌、地质构造、地震、岩土体工程地质性质、气候、植被、地下水、地表水及人类工程活动等，对于不同的灾害类型其影响的主导因素有所不同。

一、地形地貌

地形地貌是影响区内地质灾害的主要因素之一。舟曲县山大沟深，地形破碎，谷峰相对高差多在 1000m 以上，沟壑平均密度为 2km/km² 左右，沟坡坡度多大于 35°，为滑坡、泥石流的形成提供了有利的地形条件。

调查资料统计显示，区内发生滑坡的原始斜坡坡度在 30°以上，坡形多为凸型坡，此类坡体在河谷区广泛分布，为滑坡、崩塌的形成提供了有利的临空条件。

陡峻的地形是泥石流形成的三大基本条件之一。区内沟谷狭窄陡峻，各支沟切割强烈，极有利于降雨迅速汇集流通，有利的地形地貌为泥石流提供了形成和运动场所，为各重要泥石流沟形成条件。

二、地质构造及新构造运动

地质构造控制着山地的总体格局、地貌形态，新构造活动的强弱反映了地壳的活动性。构造活动是诱发地表物质失稳，产生滑坡、崩塌和泥石流灾害的内在因素。多数情况下，滑坡、崩塌、泥石流的形成与断裂构造之间存在着密切的关系，断裂的性质、破碎带宽度、节理裂隙的发育程度及其组合特征等都是影响崩滑流灾害的重要因素。新构造活动（主要是地震活动）是崩滑流灾害的重要触发因素。突然的震动可在瞬间增加岩土体的剪切应力而导致斜坡失稳；震动还可能引起松散沉积物中孔隙水压力的增加，导致砂土液化。

区内地质构造复杂，褶皱、断裂分布广，并且呈现出多期活动特征，次一级褶皱、断层非常发育，不同方向的断裂及褶皱裂隙相互交切，使区内岩体严重破碎，为地质灾害发育提供了良好条件。地质灾害尤其是滑坡的分布及发育规模明显受构造的控制，沿断层带滑坡成群发育，规模大、数量多，泥石流灾害也明显较其他地区发育，如坪定—化马断裂带发育的锁儿头—泄流坡—中牌滑坡群、县城—周边泥石流群等。新构造运动对地质灾害的影响一般是通过改造地貌而实现，最终归结为地形的影响。

1. 地质构造

舟曲县位于甘肃省南部，位于两个不同大地构造单元内。以洋布梁子—大年一线为界，南部属松潘—甘孜褶皱系的东北部分，活动性小，褶皱、断裂均不甚发育。北部属秦岭东西褶皱带，活动强烈，走向断层发育。在长期地质构造发展过程中均表现出沿北西构造线方向形成大致互相平行的挤压带。在长期的构造运动中，形成了极为发育的断裂构造系统，这些复杂的断裂构造在该区构成了极其复杂的构造格架，强烈的新构造运动和断块的差异活动使该区斜坡地质灾害极为发育。

2. 新构造运动

区内新构造运动在本区十分活跃，受喜马拉雅山运动的影响，舟曲西部总体隆起，山体海拔高达 3500m 以上，其他地区以升降为主，主要表现为早期断裂复活，使洋布—大年断裂带沉积的白垩系遭到破坏，山地强烈隆升，流水急剧下切，形成典型的高山峡谷地貌。区内沟谷狭窄，沟床比降较大，白龙江河谷阶地发育。堆积于河谷区的老泥石流堆积体被切割，如三眼峪沟泥石流堆积体，形成阶梯状堆积台地，结果使老泥石流扇高出河床 25~30m。

三、地　震

　　地震对地质灾害的影响表现得最为直接，地震活动直接松动斜坡岩土体，破坏岩土体结构和稳定性，从而引发滑坡、崩塌等地质灾害。经过现场调查和史料记载，区内很多老滑坡是由地震直接造成的，这些滑坡的特征是：规模大，多为巨型、大型滑坡；滑面埋藏深，滑体破坏严重；成群发育；滑坡具崩滑特征。

　　地震也是区内老滑坡复活的主要因素之一，据舟曲县水土保持局对锁儿头、泄流坡两滑坡进行监测资料显示，在当地发生地震的时段，滑坡滑移速度有明显加快趋势。

四、地层岩性及岩体结构特征

　　岩土体是一切地质灾害体的母体，是地质灾害发育的物质基础，不同类型的岩土体所形成的地质灾害有所不同。本区岩土体可分为十组，根据各岩组的工程力学性质可归结为三类，即坚硬、较坚硬岩体，软硬相间岩体和松散岩类岩体。其中软硬相间岩体分布面积广，岩体工程地质性质差异性大，结构上软、硬相间，所夹的炭质千枚岩、炭质板岩、绢云母千枚岩等软岩抗剪强度低，遇水易软化、泥化，成为滑动带或滑动面的良好地层，而相间的灰岩、砂岩等硬岩又成为理想的滑床，受构造运动的影响，岩体多破碎，整体凝聚力差，一旦斜坡体局部滑动就很容易连带而发生大规模滑动或崩塌。从区内地质灾害分布来看，绝大多数灾害点分布于软岩及软硬相间的岩层区，而坚硬、较坚硬地层灾害较少。

　　地层岩性、岩体结构及其组合形式是形成滑坡、崩塌、泥石流的又一重要的内在条件。滑坡多发生在具有层状碎裂结构和散体结构的岩体内，较完整的岩体虽然亦可产生滑坡，但多为受构造条件控制的块体边坡或受软弱层面控制的层状结构边坡。岩体结构对斜坡地质灾害的影响还在于结构面，特别是软弱结构面，对边坡岩体稳定性的控制作用，它们构成滑坡体的滑动面及崩塌体的切割面。泥岩、页岩、片岩或断裂带中的糜棱岩、断层泥等构成的软弱面多为滑坡体的滑动面或崩塌体的分离结构面。土体滑坡一般发生在松散堆积层或特殊土体中存在透水或不透水层，或在滑坡体底部存在相对隔水的基岩下垫层的情况下，它们构成了滑体的滑床。

　　根据已有的遥感影像资料对区域内地层及岩土体结构的解译可能性较小，本次调查对该地层岩性及岩土体结构特征的了解，主要手段为通过已有的区域地质资料对该特征进行分析了解。

五、水文地质条件

　　（1）地下水作用

　　斜坡地带地下水状态对岩土体变形破坏的影响是显而易见的。地下水的浸润作用降低了岩土体特别是软弱面的强度；而地下水的静水压力一方面可以降低滑面上的有效法向应力，从而降低滑面上的抗滑力，另一方面又增加了滑体的下滑力，使斜坡岩土体的稳定性降低。当富含黏土的细粒沉积物饱水时，其内部孔隙水压力上升，从而变得不稳定而发生滑动。岩石块体同样受岩石空隙中水压的影响，如果两块岩石接触面上的空隙充满了承压水，就可能产生空隙水压力效应。空隙水压力的升高减小了岩块之间的有效应力和接触面上的摩擦阻力，从而导致岩体突然失稳破坏。

（2）地表水作用

地表水的作用主要表现在对坡体的侧蚀作用，区内沟谷狭窄，滑坡体直接压迫沟道，阻碍水流，沟谷常年受地表水及降雨引发的短暂洪流直接侧蚀、冲刷坡脚，滑坡前缘物质被不断带走，引发后部坡体失稳。此外，滑坡内部冲沟发育，地形破碎，降雨引发的地表水不断切蚀造成沟坡两侧坡体失稳，不断向冲沟内滑移。江顶崖滑坡是受地表水影响较大的滑坡之一。

六、降　雨

降雨是导致区内地质灾害频发的重要因素。在地质灾害密集的地带降雨量虽然较低，但由于区内降雨时段较为集中，多集中在夏秋两季，且降雨形式多以连阴雨和暴雨出现，连续降雨日数可达 14 天，这种集中式降雨为地质灾害形成提供了有利条件。

降雨形式的不同，对各种地质灾害的影响各异。连阴雨对滑坡的稳定性影响较大，降雨不断渗入坡体，使坡体含水量增加，甚至达到饱和，坡体自重及静水、动水压力增大，同时岩土体中的软弱夹层软化、泥化、抗剪强度降低，最终导致新滑坡的形成、老滑坡的复活。据舟曲县水土保持局对锁儿头和泄流坡两滑坡近十年的监测，降雨与滑坡的活动有明显的滞后相关性。

暴雨对滑坡的影响表现在对坡体冲刷、侵蚀上，一些老滑坡两侧多发育冲沟，暴雨形成洪水冲刷、掏蚀滑坡前缘两翼和坡脚，对滑坡稳定产生较大影响。

暴雨是泥石流形成的基本条件之一，也是区内泥石流发生的水动力来源。区内泥石流均属暴雨型，暴雨是泥石流形成的主要因素，但由于泥石流沟其他影响因素如流域面积、固体松散物质类型及地形等各不相同，形成泥石流灾害的降雨强度也不尽相同。引发坡面型泥石流的降雨强度较低，而沟谷型泥石流形成时的降雨强度则较高。

七、植被覆盖状况

植被对地质灾害特别是泥石流灾害的影响不可低估，从区内泥石流灾害分布特征和历史上与现阶段泥石流发生频率对比可以看出泥石流灾害与植被的密切关系。在森林覆盖较好的西南地区，泥石流易发程度远远低于植被覆盖差的地段。

地表覆盖类型受自然环境和人类条件双重因素控制。自然环境，如气候等，决定了地表植被的生长状况，同时人类活动也可导致植被覆盖程度降低，从而诱发地质灾害的产生。植被是固着地表土壤、防治水土流失、减少斜坡滑动的重要介质，因此，地表覆盖类型和覆盖程度也是地质灾害的重要背景条件之一。另外，人类的非规范性活动也是诱发地质灾害的一种不可忽视的因素。人工开挖边坡或在斜坡上部加载，改变了斜坡的外形和应力状态，增大了滑体的下滑力，减小了斜坡的支撑力，从而引发滑坡。铁路、公路沿线发生的滑坡多与人工开挖边坡有关。人为破坏斜坡表面的植被和覆盖层等人类活动均可诱发滑坡或加剧已有滑坡的发展。修建铁路或公路、采石、露天开矿等人类大型工程开挖常使自然边坡的坡度变陡，从而诱发崩塌。

据史料记载，舟曲县林木采伐开始于明清时期，但真正造成破坏的是近50年来，从1952年8月成立舟曲林业局开始到1990年累计采伐森林189.75万亩，许多地方的森林成为残败的次生林，如巴藏、立节、大峪、憨班、城关、南峪、八楞等乡镇，面积约有10余万亩。另外，经长期破坏，次生演替形成残败的疏林和灌木林面积有120万亩。时至今日，群众烧柴多年消耗近10万 m^3，加上民用木材和乱砍滥伐、盗卖盗运木材，使全县森林资源每年以10万 m^3 的速度减少，生态环境超限度破坏，已带来越来越多的泥石流、滑坡等一系列地质灾害。

八、人 类 活 动

人类活动对三眼峪的地质环境产生了极大的影响。主要表现为以下两方面：一方面是，历史上该沟内林木茂盛，植被良好，使舟曲县主要木材区之一，后由于人为掠夺式砍伐，建筑采薪，挖坡种地，使植被覆盖面积不断减少，导致大面积山体裸露，崩塌、滑坡等地质灾害频发，泥石流规模也随之不断增大。另一方面是，人类在沟口开拓农田，以及在沟两侧修建了密集的民房，这些人类活动使得三眼峪沟的沟道被挤占，过流断面不足，使得"8·8"泥石流给舟曲人民带来了不可估量的损失。

第六节　地质灾害发展趋势及危险性区划

一、地质灾害发展趋势

1. 滑坡发展趋势分析

初步分析，区内滑坡大部分仍处于不稳定状态，以差-较差稳定为主，近年来，受地震、强降雨影响，以及人类工程活动的影响，造成滑坡岩土体强度降低，并改变滑坡周边地形地貌等条件，使区内滑坡的稳定性不断降低，部分老滑坡复活，区内滑坡的稳定性在变差。

2. 泥石流沟发展趋势分析

松散土体受沟谷地形条件的限制，绝大部分堆积于狭窄的沟道内，为泥石流的形成提供了源源不断的物源，使泥石流不断发生。区内生态环境较脆弱，植被退化严重，持水能力低，积水速度快，使泥石流发生的速度、频率不断提高。随着人口的不断增长，工程活动增加，泥石流的危害程度在逐步增大。

二、地质灾害易发性分区

1. 地质灾害高易发区

包括舟曲江盘乡、城关镇、大川镇、立节乡、南峪乡，以上乡镇地质环境条件极差，地质灾害十分发育，地质灾害隐患点数量 15 处，以巨型、大型地质灾害为主，且威胁人口多、危险性大、危害性大。

2. 地质灾害中易发区

包括舟曲巴藏乡，该乡镇地质环境条件较差，地质灾害较发育，规模以中小型滑坡、泥石流为主，属地质灾害中易发区。

3. 地质灾害低易发区

该地段地质灾害一般不发育，地质灾害隐患点数量占工作区总数的少数，属地质灾害低易发区。

三、地质灾害危险性分区

通过对各重要地质灾害点的危险性评价，根据地质灾害危险性分区原则依据和方法，可将全区划分为以下三个区。

1. 地质灾害高度危险区

包括舟曲江盘乡、城关镇、大川镇、立节乡、南峪乡，以上乡镇地质环境条件极差，地质灾害十分发育，地质灾害隐患点数量 15 处，其中泥石流 6 处，地质灾害隐患点数量占工作区总数的 40.5%，规模以巨型、大型为主，且威胁人口多，危害性巨大。

2. 地质灾害中度危险区

包括舟曲巴藏乡、峰迭乡、憨班乡，以上乡镇地质环境条件较差，地质灾害较发育，共发育地质灾害隐患点 8 处，其中滑坡 1 处，泥石流沟 7 条，地质灾害隐患点数量占工作区总数的 21.6%，规模以中型滑坡、泥石流为主，现状危害程度较低。

3. 地质灾害一般危险区

其他乡镇地质环境条件一般，地质灾害一般发育，共发育地质灾害隐患点 14 处，其中滑坡 7 处，泥石流沟 7 条，地质灾害隐患点数量占工作区总数的 37.8%。规模以小型滑坡、泥石流为主，现状危害程度较低。

第七节　重点城镇典型地质灾害特征

通过对白龙江舟曲段七个重点城镇的调查，发现共发育地质灾害点 50 处，其中滑坡 13 处，泥石流 34 处，不稳定斜坡 3 处，灾害点均对重点城镇存在威胁，具体特征如下。

1. 灾害点规模较大

通过地质灾害详细调查及重点城镇地面调查，发现规模较大灾害点大部分位于重点城镇中心及周边地区，调查中滑坡规模为大型、特大型的有 34 处，位于重点城镇的有 8 处，其中包括 3 处特大型滑坡；调查中泥石流规模为大型、巨型的灾害点有 21 处，位于重点城镇的有 6 处，其中巨型的 5 处。一系列大型灾害点对重点城镇的人员及财产构成极大威胁，但这些灾害点大部分已于"8·8"泥石流后开展了治理工作，目前只有少数灾害点未进行治理。

2. 灾害点威胁范围广，威胁财产多

由于舟曲山大沟深，地形起伏较大，侵蚀切割现象明显，居民对建筑物选址的要求相对较低，建筑物大部分位于老滑坡前缘平摊处、泥石流堆积扇形地处及河流阶地处。这就使得居民受到来自灾害点的威胁，由于灾害点大多规模较大，故对居民的威胁也较深。例如，立节乡北山滑坡（图 3-7），该灾害点规模为特大型滑坡，同时该滑坡为悬挂于立节乡后部山坡上的一黄土滑坡，悬挂高度约 200 米，若该滑坡发生滑动，则悬挂的 200 米高度将为其滑坡体提供巨大势能，威胁范围几乎为立节乡整个乡政府所在地，威胁财产不言而喻。具有此类威胁的灾害点几乎每个重点乡镇都存在，如舟曲县城的三眼峪泥石流、罗

图 3-7　舟曲县立节乡北山滑坡及其威胁范围

家峪泥石流、寨子沟泥石流、锁儿头滑坡等，南峪乡的南峪沟（图3-8）、门头坪滑坡、江顶崖滑坡，大川乡的峪子沟泥石流，憨班乡的黑峪沟泥石流，峰迭乡的瓜咱坝泥石流，巴藏乡的巴藏沟泥石流等。几乎是对乡镇所在地存在巨大的威胁。

图3-8 舟曲县南峪乡南峪沟及其威胁范围

参 考 文 献

赵成，贾贵义. 2010. 甘肃省白龙江流域主要城镇环境工程地质勘查可行性研究. 兰州：甘肃省地质环境监测院.

Dijkstra T A，Chandler J，Wackrow R，et al. 2012. Geomorphic controls and debris flows—the 2010 Zhouqu disaster，China. Proceedings of the 11th international symposium on landslides（ISL）and the 2nd North American Symposium on Landslides，June 2-8，Banff，Alberta，Canada.

Wang G L. 2013. Lessons learned from protective measures associated with the 2010 Zhouqu debris flow disaster in China. Nat Hazards，69：1835-1847.

第四章　泥石流成灾特征和致灾因素模式

天有不测风云，人有旦夕祸福。2010年8月7日22时许，甘肃省甘南藏族自治州舟曲县突降强降雨，2010年8月8日凌晨，县城北侧的三眼峪沟和罗家峪沟同时暴发特大山洪泥石流，泥石流所经区域被夷为平地，月圆村、椿场村两村被全部淤埋、摧毁，三眼村、北门村、罗家峪村、瓦场村大部被毁，泥石流直穿县城堵塞白龙江，形成堰塞湖，造成白龙江水位上涨10m，舟曲县城城区1/3被淹，大量民房及城区建筑浸泡于水中。县城道路交通、供电、通信系统陷入瘫痪，县城供水水源地及供水系统被严重破坏，居民和抢险救灾人员的生活用水陷入极端困难。据统计，此次山洪泥石流共造成1492人死亡，273人失踪，72人受伤，受灾人数20227人，毁埋农村居民房屋5508间、农田0.94km^2，毁坏机关事业单位办公楼21栋，是我国有历史记载以来造成损失最大的一次泥石流灾害，世界罕见（Tang et al.，2011；Wang，2013；Dijkstra et al.，2012；余斌等，2010）。

舟曲县自建制以来，曾多次遭受泥石流、滑坡地质灾害侵扰，自清朝以来，仅三眼峪就记载发生严重泥石流灾害有9次之多（Xiao et al.，2013）。2003年开展的"县（市）地质灾害调查与区划"工作和2008年开展的"5·12"汶川地震灾区地质灾害应急排查工作，都将三眼峪确定为泥石流灾害隐患点，并编制了防灾预案。早在1999年，在三眼峪就实施了泥石流防治工程，"5·12"汶川地震灾区灾后重建工作中再度投资，于2009～2010年对三眼峪泥石流沟内再次布设了防治工程措施。正当这次防治工程接近尾声时，灾难再次发生。虽然说地质灾害具有隐蔽性，但两次调查都将三眼峪确定为泥石流灾害隐患点，可见此次灾害依然严重。

通过对舟曲"8·8"特大泥石流灾害的现场调查和研究，本研究从泥石流暴发时间、降雨历时、规模以及破坏方式等方面，对舟曲"8·8"特大泥石流灾害成灾特点进行了分析，并对泥石流的形成条件和致灾因素进行了总结与建议。

第一节　泥石流成灾特征分析

舟曲地处长江水系的西北支流白龙江流域，该流域属于西秦岭侵蚀—剥蚀构造山地，受区域构造控制，沟谷发育、切割强烈、地形起伏、山势陡峻、相对高差大、沟坡坡度大，滑坡、泥石流等地质灾害发育，特别是近年来滑坡和泥石流地质灾害呈现多发趋势。舟曲"8·8"特大泥石流为什么能造成如此罕见的灾难，经现场调查和研究、认真总结，认为此次泥石流成灾具有以下几个特点。

1. 深夜暴发，损失惨重

泥石流灾难的大小，既取决于泥石流本身的规模，同时也取决于承灾体的时空概率。本次泥石流深夜暴发，造成的人员生命财产损失特别惨重，其原因有二：一是这次泥石流发生在 8 月 7 日晚 23 时 40 分左右，持续时间 30~40min，时值深夜，舟曲县城的大部分居民都在家里，甚至已经睡觉。当泥石流突然来袭，绝大部分人员来不及逃生，都被泥石流掩埋在自家房屋里。二是少数跑出自家房屋的居民在逃生的过程中，由于天黑而且泥石流暴发时县城全部停电，更让慌乱中的人们无法辨别正确的逃生路线。

2. 突发降雨，致灾迅速

2010 年 8 月 7 日晚 23 时 30 分左右，舟曲县城北侧三眼峪沟、罗家峪沟流域突降暴雨，据东山雨量站观测数据得知在 8 月 7 日 23 时之前观测到的降雨量仅为 1.5mm，而在 8 日 0 时观测到的降雨量即达峰值 77.3mm，至 1 时则快速衰减至 10.9mm，2 时以后至 1~2mm（Wang，2013；Tang et al.，2011；Xiao et al.，2013）。表明此次强降雨过程突发性强，历时较短。突发强降雨因汇流区由灰岩组成的谷坡渗透能力弱，且谷坡地形陡峻，从而能够快速产流，雨洪汇集后洪流暴涨随即携裹沟道内的松散堆积物引发泥石流，泥石流借助平均达 24.1% 的沟道纵比降产生极大的势能和运移速度，仅在降雨开始后约 20min 时间内泥石流即迅速冲出峪口致灾。

3. 山外小雨，没有预警

据当地气象台数据显示，8 月 7 日夜强降雨出现在舟曲县城以北地区，而同时段舟曲县城却降雨较小。舟曲县城气象站（图 4-1）测得降雨记录是从 7 日 22 时 57 分开始，至 0 时降雨量为 2.4mm，最大降雨量 0 时至 1 时为 6.8mm，而整个持续 6 h 的降雨过程仅为 12.8mm；而位于县城以北的东山乡区域气象站监测到 7 日 22 时至 23 时一小时降雨量为 77.3mm，整个降雨过程时间为 9 h，降雨量为 96.3mm。根据灾后对三眼峪沟流域汇水区进行调查，激发"8·8"特大型泥石流的特大暴雨区域集中于该沟中上游峪支沟—罐子坪以上的区域，面积 17.27km²，占流域面积的 71.6%，占汇流区总面积（21.19km²）的 81.5%。暴雨区域内坡面冲蚀及沟道汇流印痕明显，而在峪支沟—罐子坪下游坡面汇流现象不明显，两侧沟坡陡坡地段及凹形汇流负地形未形成明显的地表径流冲刷迹象，对坡下堆积的细粒松散物质也未见冲蚀。可见激发"8·8"三眼峪沟特大型泥石流灾害的暴雨局地性强，降雨区域集中，分界比较明显，流域中上游暴雨强度大，而其下游多为小到中雨。

正是流域下游及舟曲县城降雨较小，使人们对北侧山上的强降雨没有引起足够的重视，因而没有很好的预警，才造成此次泥石流灾害损失如此惨重。

4. 规模特大，破坏力强

泥石流的规模越大，其影响范围就越大，造成的损失也就越多，两者具有正相关性（Tie，2009；Rickenmann，1999）。经计算分析，三眼峪沟泥石流最大流量位于小眼峪沟与大眼峪沟两沟交汇处下游主沟 2# 断面处，流量为 1830.36m³/s；三眼峪沟泥石流一次固体物质堆积总量为 110.58×10⁴ m³。根据《泥石流灾害防治工程勘查规范》可以判定舟曲"8·8"泥石流的规模为特大型。如此特大型的泥石流的整体冲压力与其携带的巨石的冲击力是相当惊人的，经计算三眼峪沟泥石流冲击力最大为小眼峪沟沟口 1# 断面处，冲击力为 45.08t/m²，主沟段冲击力为 15.23~18.87t/m²。如此之大的冲击力是造成三眼峪沟内

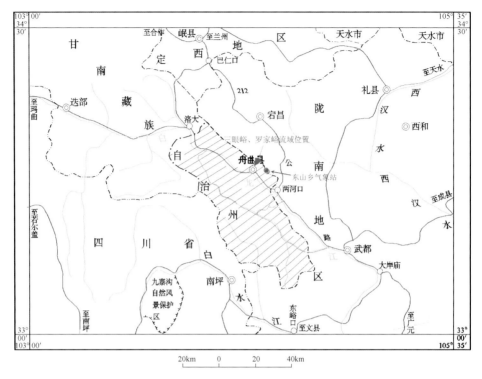

图 4-1   三眼峪、罗家峪及东山乡气象站位置图

拦挡坝破坏和沟口村庄及建筑物摧毁的主要原因（图 4-2）。据灾后现场调查，三眼峪沟流域先前修建的 9 座拦挡坝已被全部毁坏，截至 2010 年年底三眼峪沟流域内已无任何泥石流防治工程。

图 4-2   灾后三眼峪沟内的巨石

5. 中部冲蚀，外侧淤埋

根据灾后对"8·8"泥石流的调查，三眼峪沟泥石流在沟内经历了一个不断冲蚀—泥沙汇入—容重增大—冲蚀增强的过程，沿程松散物质被不断冲蚀汇入，水流含砂量急剧增高，泥石流能量迅速壮大，沿狭窄陡深的沟谷直泄而下，冲出沟口。由于沟口堆积

区地形宽阔，泥石流出沟后迅速扩散，并迅速向前推进，形成宽 120～290 m 的冲蚀、淤埋区，沿主流线底蚀作用强烈，将耕地农作物及表层松散土壤层卷起而汇入泥石流，沿主流线许多村民房屋连同地基往前推移 3～10m，部分达 20 m（余斌等，2010）。因此，三眼峪沟泥石流具有中部以冲击、推移、毁埋为主，外侧以淤埋为主的泥石流成灾特征。

6. 链生效应，加重损失

舟曲"8·8"泥石流冲出峪口后直穿县城淤塞堵断白龙江河道，造成白龙江水位上涨 10m，形成长约 3km，宽 100m，蓄水量约 150 万 m³ 的堰塞湖，使舟曲县城 1/3 被淹，沿江大量民房及城区建筑浸泡于水中，县城道路交通、供电、通信系统陷入瘫痪，县城供水水源地及供水系统被严重破坏，给舟曲社会经济造成了重大损失（Tang et al.，2011）。据灾后统计舟曲县城进水房屋共 4189 户、20945 间；机关事业单位办公楼水毁 21 栋，损坏车辆 18 辆。

短时强降雨诱发泥石流灾害，泥石流堵塞、壅高白龙江河道形成堰塞湖，由此引发舟曲县城内的次生洪涝灾害。正是泥石流灾害的链生效应才加重了此次泥石流的灾害损失。

第二节　泥石流致灾自然因素分析

舟曲县自建制以来，便频繁遭受泥石流、滑坡地质灾害侵扰。自 1823 年以来的 187 年间，三眼峪沟内共暴发过 11 次较大规模的泥石流灾害。地质灾害的发生有其自有规律，三眼峪沟发生特大泥石流灾害自然也有其固有特性，流域内陡峻的地形、丰富的松散固体物质使该沟本身即具备形成泥石流的良好条件，另外受地震和前期持续干旱等的影响，最终在极端强降雨条件下激发了特大型泥石流（Ma and Qi，1997）。

一、泥石流形成的自然条件分析

地形地貌对泥石流的发生、发展主要有两方面的作用：① 通过沟床地势条件为泥石流提供势能，赋予泥石流一定的侵蚀、搬运和堆积的能力。② 在坡度或沟槽的一定演变阶段内，提供足够的水体和碎屑物质。沟谷的流域面积、沟床平均比降、流域内山坡平均坡度以及植被覆盖情况等都对泥石流的形成和发展起着重要作用。

流域面积的大小，是确定沟谷水动力条件的主要参数。流域面积越大，水动力条件越好，对泥石流活动，当沟谷流域面积在某一范围内最为有利。沟床比降是沟床径流的坡度，是影响沟谷水动力条件的重要参数之一，当沟床比降较小时，流域水动力条件太差，沟床中的松散固体物质很难启动；当比降大于松散物的休止角时，难以积累大量的储备物质，也不易形成泥石流。流域山坡平均坡度直接影响到泥石流的活动。从作用上分析，具有双重性：① 山坡坡度的大小，影响地表汇流时间，坡度越大，地表汇流时间越少，洪水峰值大而历时短，极有利于泥石流形成；而坡度越小，其情况就完全相反。② 对于滑坡、崩塌以及残坡积物参与泥石流活动的可能性，坡度越大，地表坡面的松散物质的移动就越强，越有利于泥石流活动。沟谷流域的平面形状千姿百态，主要有梨形、叶形、羽形、树枝形、长条形等，但对于泥石流活动或洪水汇流，最有利的流域形态为圆形或似圆形，有利于泥石流发育。地形起伏度是指在所指定的分析区域内所有栅格中最大高程与最小高程的差。地形起伏度是反映地形起伏的宏观地形因子，在区域性研究中，利用 DEM 数据提取地形起伏度能够直观地反映地形起伏特征，同时能够反映水土流失的土壤侵蚀特征，是比较适合区域水土流失评价的地形指标。

本研究应用 HEC-GEOHMS 模型首先对三眼峪 DEM 进行填洼处理，利用填洼后的无沉降点 DEM 进行空间分析，计算水流方向，通过水流方向图制作集水能力图，从而划分集水区，利用试误法设置河网阈值，最终提取流域边界，生成数字流域图。采用 ArcGIS 空间分析功能对该流域高程、坡度以及地形起伏度进行提取、分析计算，各地形地貌因子专题图如图 4-3 所示，各因子统计特征计算结果如表 4-1 ～ 表 4-3 所示。

舟曲县特大泥石流灾害由三眼峪及罗家峪沟两条沟的泥石流组成。三眼峪流域面积为 24.08km²，沟谷总体上呈南北向展布，地势北高南低，呈"瓢"状，主沟长 9.7km，流域最高点海拔 3823m，流域最低点海拔 1313m，流域相对高差 2510m，主沟平均比降为 24.1%；沟道流域内支沟发育，其中长度大于 1km 的支沟 12 条，沟谷总长 48.3km，主沟长 5.1km。平均沟壑密度 1.87km/km²。主沟、支沟及次级支沟间呈树枝状交汇，大、小眼峪沟在峪门口处交汇，水系平面上均呈"树枝"状；三眼峪沟内有长流水。由于沟谷强烈侵蚀下切，横断面呈"V"字形或窄深的"U"字形。

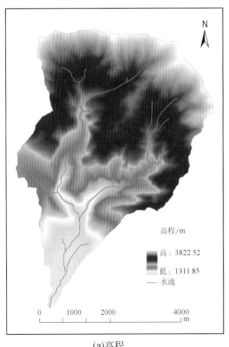 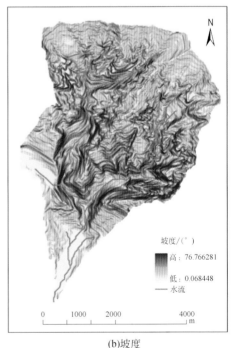

(a)高程　　　　　　　　　　(b)坡度

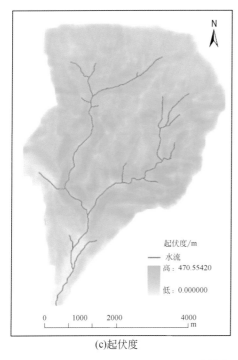
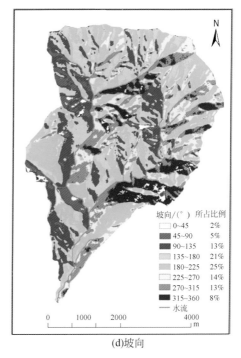

(c)起伏度　　　　　　　　　　　　　　　　(d)坡向

图4-3　三眼峪流域各地形地貌因子特征专题图

三眼峪流域土地主要集中分布在海拔2000~3500m的高程范围内，占总面积的74%，其中海拔≥2500m的面积占总面积的64%，所以高差≥500m以上的占总面积的64%，该流域地表高程分布详见表4-1。三眼峪流域地势陡峻，以陡坡地为主，≥30°的陡坡地和≥40°的急陡坡地面积分别占流域面积的77%和50%，各类坡度的山坡面积分级结果见表4-2。按照徐汉明和刘振东（1991）的中国地势起伏度级别系列，将三眼峪地形起伏度划分为四个级别，其中低平起伏和和缓起伏仅占流域面积的11.77%，中等起伏和山地起伏占流域面积的88.23%，说明流域以中等起伏和山地起伏为主，详见表4-3。因此以上各点都说明，三眼峪为泥石流的发生提供了良好的地形条件。

表4-1　三眼峪流域地表面积高程分级统计

项目	海拔/m					合计
	<2000	2000~2500	2500~3000	3000~3500	3500~3800	
地表面积/km²	3.85	4.82	6.50	6.50	2.41	24.08
所占比例/%	16	20	27	27	10	100

表4-2　三眼峪流域地表面积坡度分级统计

项目	山坡坡度/（°）				合计
	<30	30~40	40~50	50~77	
地表面积/km²	5.54	6.50	5.78	6.26	24.08
所占比例/%	23	27	24	26	100

表 4-3   三眼峪流域地表面地形起伏度分级统计

项目	地形起伏度/m				合计
	低平起伏 0~20	和缓起伏 20~75	中等起伏 75~200	山地起伏 400~470	
地表面积 km²	0.79	2.05	15.63	5.62	24.08
所占比例/%	3.26	8.51	64.89	23.34	100

根据三眼峪流域各沟的沟谷形态、固体松散物质的分布规律，将三眼峪泥石流沟划分为形成区、流通区和堆积区三部分。各区面积大小、发育特征随沟谷形态不同而异，三眼峪流域分区界线明显如图 4-4 所示。

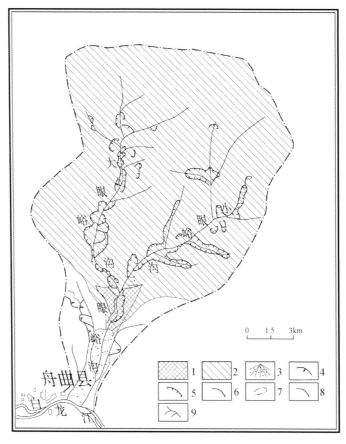

1.形成区；2.流通区；3.堆积区；4.滑坡；5.崩塌；6.滑塌；7.流域界线；8.分区界线；9.冲沟

图 4-4   三眼峪泥石流流域分区图

在整体地形地貌特征的研究基础上，对泥石流三区地形地貌作了进一步研究，分析结果如图 4-5 和表 4-4 所示。从表 4-4 可知，三眼峪泥石流形成区基本涵盖了流域的大部分区域，成似圆形，面积 22.64km²，占流域总面积的 93.9%。形成区山高坡陡，沟壑密集，松散物质丰富。平均高程为 2848m，覆盖率在 50%以上，沟坡重力侵蚀及面状侵蚀一般较弱，碎屑物质相对较少，坡形、沟形极利于降雨汇集。中下游沟床平均比降34.5%，各沟坡平均坡度为42°，平均起伏度为163.15m，植被覆盖率较低，岩体破碎，松散物质丰富。形成区松散物质补给量占流域总补量的95%以上。峪门口沟段为泥石流流通区，面积为0.59km²，长550m，平均高程为1807m，沟道平均比降12%，平均坡度为39°，平均起伏度122.12m，较形成区沟床比降明显减缓。沟谷地形呈窄"U"形，宽20~36m，沟道顺直。泥石流流通区以过流为主，间有侵蚀搬运与堆积作用。三眼峪泥石流堆积区呈长条状展布，平均高程1 404m，长1.95km，中前部宽437m，面积0.87km²，平均比降9%，平均坡度11°，平均起伏度27.92m，为老泥石流堆积形成，较流通区其地形地貌已明显变缓。

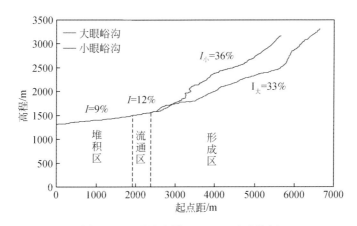

图4-5 三眼峪流域"三区"比降特征

表4-4 三眼峪流域"三区"地形特征统计

项目	形成区	流通区	堆积区
面积/km²	22.64	0.59	0.87
主沟平均比降/%	34.5	12	9
高程范围/m	1571~3823	1457~2431	1312~1488
平均坡度/(°)	42	39	11
平均地形起伏度/m	163.15	122.12	27.92

综合以上对流域沟谷地形地貌特征分析可知，三眼峪流域巨大的落差、陡峭的沟谷地形、"瓢"状流域形态及密集发育的沟壑系统极利于降雨迅速汇集产洪以及泥石流的形成和发展，为泥石流的形成和流动提供了足够的势能，较短的沟道、较小的流域面积以及沟口开阔扇形地，又为泥石流物质及径流快速汇集提供了有利条件。

从地形条件上看，三眼峪沟流域山高沟深，地势陡峻，沟壑密集，沟床纵比降大。三眼峪沟位于白龙江左岸舟曲县城北侧，流域面积达24.1km²，流域内共发育大小沟谷50条，主沟、支沟及次级支沟间呈树枝状交汇。流域平面形态呈"勺"状，上、中游段狭窄、陡深，谷底宽10~20m，呈"V"形；下游段谷坡陡立，谷底宽20~60m，谷型呈窄深"U"形；沟口呈扇状，扇形地中前部宽437m，长1875m，面积0.87km²。在舟曲县城三眼峪沟汇入白龙江一带，高程为 1340m，但在三眼峪沟后缘山顶最高点海拔为 3828m，从发源处至沟口仅 6km，高差达 2488m，虽然在沟口出山后相对宽缓，坡降仅为 11%，但沟谷坡降平均为 24.1%，特别是在后缘坡降最大达 60% 以上，地形极为陡峭，这种高山峡谷的地形地貌，极利于降雨在短期内汇集，使坡面水流和支沟汇流迅速获得能量在主沟道集中，导致泥石流速度加快，常常具有短径流、大洪峰特点，容易形成特大型泥石流。

二、物源特征分析

（一）物源形成的地质环境背景

受白龙江断裂带控制，三眼峪沟流域内断裂发育，岩体破碎，残坡积物质广布，大量崩塌、滑坡在流域内成群分布，数量庞大。舟曲还属地震多发区，地震活动频繁，尤其是 2008 年的 "5·12" 汶川大地震波及舟曲，使舟曲成为重灾区之一。地震的强烈活动，直接破坏了区内岩体结构和坡体稳定性，导致舟曲县城周边山体松动、岩层破碎、岩石裂隙增加，造成沟内多处滑坡、崩塌，为泥石流提供了丰富的松散固体物质。另外，舟曲 "8·8" 泥石流发生前期，舟曲地区历经六个月干旱，月降雨量在 15~35mm（图 4-6）。持续干旱导致岩土体干缩，裂隙扩展，特别是松散堆积碎石土表层干裂，裂隙发育，极利于降雨快速入渗，浅表层松散物质易被坡面径流侵蚀而汇入主沟道，成为泥石流的主要物源之一（Xiao et al.，2013）。

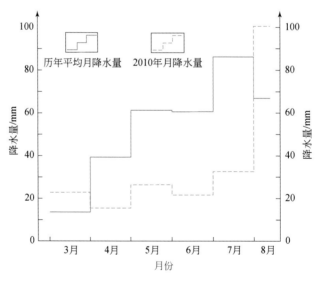

图 4-6　舟曲县 2010 年 3~8 月与历年同期降雨量对比图

根据本次勘查，三眼峪沟泥石流松散固体物质补给源主要有崩塌、滑坡、危岩体、沟道堆积物、坡面残坡积物五类物质，其中大、中型崩塌 50 个，总体积 2799.4 万 m^3；滑坡体共 4 处，扰动土石方量达 94.9 万 m^3；危岩松动体共 13 处，体积 64.1 万 m^3；沟道堆积物 840 万 m^3；坡面残坡积物总量 315 万 m^3，三眼峪沟松散固体物质总量达 4113.4 万 m^3，流域内可转化为泥石流的松散固体物质总量为 2693.84 万 m^3，单位面积可补给量达 111.78 万 m^3，可见流域内的松散固体物质十分丰富。

（二）物源类型及发育特征

1. 崩塌堆积物

崩塌体主要分布于三眼峪沟主沟及部分支沟内（表4-5）。现已查明三眼峪沟流域内大、小崩塌体50处，总体积2829.4×10⁴m³，分布面积1.3km²。崩塌是三眼峪沟流域内泥石流补给物质的主要来源，规模最大的为大眼峪沟罐子坪崩塌群，该处崩塌接连成群，总体积612.4×10⁴m³。流域内崩塌体均为基岩崩塌，岩性为各种特征的灰岩（图4-7）。一般发生在坡度50°~81°以上、坡高大于50 m的陡坡段。依规模大小，各类崩塌的分布、发育特征如下。

表4-5　流域内崩塌调查统计表

沟名	1×10⁴~10×10⁴m³		10×10⁴~100×10⁴m³		>100×10⁴m³	
	数量/个	体积/10⁴m³	数量/个	体积/10⁴m³	数量/个	体积/10⁴m³
大眼峪沟	6	53.2	15	506.8	2	803.6
小眼峪沟	4	26.4	19	735.5	2	472.9
峪门口					2	270.0

图4-7　三眼峪沟内的崩塌堆积体

（1）特大型崩塌

主要分布于罐子坪、崖脚里及大峪口。单个体积大于100×10⁴m³，最大单体体积122×10⁴m³，厚度20~45m，堆积体坡度28°~38°，碎、块石粒径一般10cm以上，最大可达12~14m。崩塌体堆积于沟道内及两侧，部分堵塞沟道，形成4道80~280m高的天然堆石坝，由于崩塌规模大，块石粒径大（1~10m），泥石流对前缘形成侧蚀，前缘局部地段形成坍塌，成为泥石流固体物质的主要来源，受本次特大泥石流的影响，所以前缘稳定性差，整体处于基本稳定状态。

（2）大型崩塌

成群分布于大峪口、峪门口及峪支沟等部分支沟内。个体体积10×10⁴~100×10⁴m³，锥高15~40m，坡度25°~34°，碎块石一般小于0.5m，最大2~3 m。峪门口崩塌多堆积于早期泥石流堆积台地上，部分堆积于沟道内，支沟内崩塌直接堵塞沟道，其中干岔沟沟口歪脖子崩塌（图4-8）最为典型。

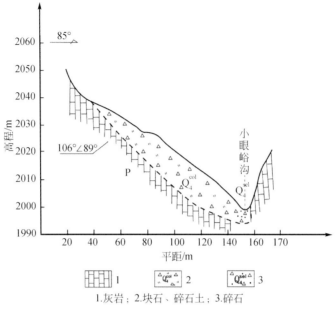

图4-8 歪脖子崩塌实测剖面图

歪脖子崩塌发育于基岩山坡坡脚，地层岩体结构为灰色灰岩，产状为106°∠89°，节理裂隙发育，发育组数为3条/m²，节理多顺坡发育，崩塌所处微地貌为陡坡，坡体上部基岩出露，下部为崩塌堆积物，结构松散，多灌木丛覆盖，崩塌灾害点高35m，宽100m，平均坡度45°，上部及两侧基岩山体较陡，近直立，剖面形态呈"凹"形，坡向185°，坡脚已崩积物平均长度约55m，平均宽度约110m，平均厚约18m，体积14.6×10⁴m³，规模为大型。该崩塌堵塞沟道形成堆石坝，该沟段呈狭沟地形，宽2.6～4.0m，沟床呈跌水陡坎，坎高8～10m，其上游沟道被淤积抬高。受本次泥石流冲蚀，堆积体前缘大量物质被带入沟道，崩塌体已处于不稳定状态。

（3）中小型崩塌

主要分布于大眼峪沟罐子坪上游主沟段及主沟内，以及小眼峪沟主沟中段及水泉流沟等支沟内。单个体积小于10×10⁴m³，崩积物在坡脚下连接成群，形成线状堆积群，厚度3～15m，坡度15°～32°，碎、块石粒径1～50cm，最大1.5m左右。

2. 滑坡堆积物

三眼峪沟流域内共有4个滑坡（表4-6），总面积0.11km²，总体积94.9×10⁴m³，主要分布在生地头坡、桥子梁等地，以生地头坡滑坡、桥子梁滑坡发育特征最典型。

表4-6 评估区滑坡特征值表

沟名	1×10⁴～10×10⁴m³		10×10⁴～100×10⁴m³		>100×10⁴m³	
	数量/个	体积/10⁴m³	数量/个	体积/10⁴m³	数量/个	体积/10⁴m³
大眼峪沟	1	3.3	1	50.0		
小眼峪沟	1	2.7	1	38.9		

（1）生地头坡滑坡

生地头坡滑坡位于大眼峪沟中游左岸，长216m，前缘宽312m，平均厚度20m，整体呈扇状，由两个滑坡体组成，总体积$50 \times 10^4 m^3$。滑坡后壁坡度43°～50°，坡高大于40m，侧缘呈凹槽状负地形。滑体坡度约26°，前缘坡度35°，整个坡体植被较发育，以灌木、草本为主，覆盖率30%（图4-9）。

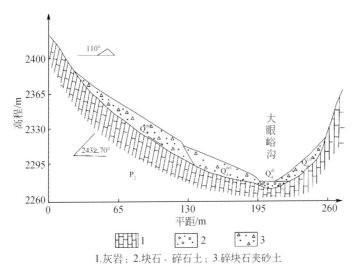

1.灰岩；2.块石、碎石土；3.碎块石夹砂土

图4-9　生地头坡滑坡实测剖面图

该滑坡为崩坡积物组成的碎石层滑坡，碎石岩性为灰岩、白云质灰岩等，上部碎石松散，颗粒较细，呈砂粒、角砾状，部分夹有大块石，下部为块石、碎石堆积，松散、多孔隙；滑带处岩石呈岩屑、角砾化，有一定胶结。生地头坡滑坡整体稳定，但前缘及表层不稳定，前缘坡度较陡，总体呈凸形坡，滑塌、坍塌严重。

（2）桥子梁滑坡

桥子梁滑坡位于小眼峪沟上游右岸为一浅层碎石层滑坡，呈长舌状，长360m，宽90m，平均厚度12m，体积$38.9 \times 10^4 m^3$。后壁坡度40°左右，坡高30余米，坡体物质为松散的碎石、块石，受降雨冲刷作用，坡体中部发育纵向切沟，松散物质在坡脚堆积，形成坡面型泥石流（图4-10）。由于自然冲刷减载及后期坡脚泥石流堆积物的侧向支撑，该滑坡处于稳定状态。

（3）残、坡积物

流域内残、坡积物主要分布于主、支沟沟脑及两侧缓坡地带。由于流域内构造断裂发育，岩体破碎，残坡积物质在坡面形成堆积，厚度较大，相互间黏结力较低，质地松散，细粒物质多，较易被水流冲蚀、搬运。加之流域下游局部地段为黄土覆盖，沟壑密集，原有森林被过度砍伐，植被覆盖率低，坡面松散固体物质比较丰富，在暴雨条件下，这些物质被面状冲蚀汇入支沟和主沟道，成为泥石流的主要物源之一。根据当地水保资料和调查分析统计，三眼峪沟流域内坡面水土流失面积占到坡面面积的近50%。考虑坡面松散层厚度、密实固结程度、植被覆盖程度及人类作用强度等因素，经实际测量和估算，流域内沟坡松散物质储量约$315 \times 10^4 m^3$（表4-7）。

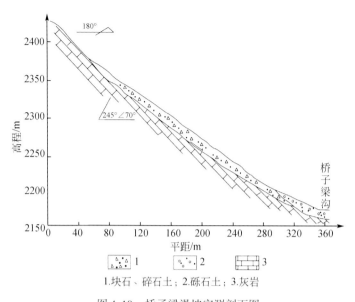

1.块石、碎石土；2.砾石土；3.灰岩

图 4-10　桥子梁滑坡实测剖面图

表 4-7　坡面松散物质储量计算表

沟谷名称	坡面补给区面积/km²	沟坡松散固体物质储量/10⁴m³
大眼峪沟	4.07	122.1
小眼峪沟	5.38	192.9

（4）冲、洪积物

流域内较开阔沟段，如大眼峪口、罐子坪、双崖脚里等地和一些支沟沟口，早期泥石流物质在搬运过程中沿沟道停积，为后期泥石流发生提供物质来源。"8·8"特大泥石流灾害发生后，流域内大眼峪沟、小眼峪沟主沟道内及部分支沟沟口，泥石流物质在搬运过程中形成大量堆积。根据调查及地震物探解译，三眼峪沟泥石流冲、洪积物约为 $840 \times 10^4 m^3$（表 4-8）。

表 4-8　三眼峪沟流域沟道堆积物体估算表

沟名	沟段名	堆积厚度/m	沟程（包括支沟）/m	体积/10⁴m³	补给泥石流特征
大眼峪沟	竹塔沟上游段	8~9	4366.00	23.58	大部分补给
	罐子坪至竹塔沟段	8~9	3058.00	77.06	大部分补给
	罐子坪段	6~20	1133.57	3.40	全部补给
	崖脚下段	22~17	1046.23	156.93	部分补给
小眼峪沟	滴水崖上游段	7~9	5835.00	69.14	大部分补给
	峪支沟沟口至滴水崖段	8~9	4002.01	144.07	大部分补给
	小峪口至峪支沟沟口段	12~20	1143.11	332.69	部分补给
	峪门口沟段	26~48	491.70	33.24	部分补给
合计				840.11	

（三）物源储量及其转化方式

1. 物源总量

三眼峪沟松散固体物质包括崩塌堆积物、滑坡堆积物、冲洪积物、残坡积物，总量 $4079.38 \times 10^4 \text{m}^3$，计算结果见表4-9。

表4-9　松散固体物质储量汇总表　　　　　　（单位：10^4m^3）

沟谷名称	大眼峪沟	小眼峪沟	峪门口
崩塌堆积物储量	1343.60	1195.80	290.0
滑坡堆积物储量	53.30	41.60	0.0
冲、洪积物储量	260.97	545.91	33.2
残、坡积物储量	192.90	122.10	0.0
合计	1850.77	1905.41	323.2

2. 物源转化为泥石流的方式

经实地调查，三眼峪沟流域固体松散物质转化为泥石流组成部分的主要方式有：

1）崩塌、滑坡直接堆积或堵塞沟道，被水流冲蚀、搬运。这是固体松散物质转化为泥石流的主要方式，尤其是"8·8"舟曲特大泥石流发生后，流域内崩塌、滑坡前缘在地表径流侵蚀作用下局部失稳，形成次级滑坡或局部崩塌，大量的滑坡、崩塌堆积物直接进入沟道，转化为泥石流物质。

2）沟坡崩塌、滑坡前缘物质在雨水面蚀及侧蚀作用下向沟底滑塌、坍塌后，转化为泥石流物质。流域内多数崩塌体和生地头坡滑坡即以此种方式补给泥石流。

3）坡面松散的崩塌体、滑坡体在坡面径流冲蚀作用下，形成坡面泥石流，直接汇入沟内，成为泥石流的一部分。流域内桥子梁滑坡、罐子坪崩塌以及沿主沟两岸的部分崩塌等也是以此种方式转化为泥石流物质。

4）沟坡上的残坡积物、滑坡体、崩塌体表层在雨水面蚀作用下，细粒物质流入沟道，补给泥石流，增加了泥石流的黏度。

5）沟道内的早期泥石流停积物直接被冲蚀、搬运，构成泥石流固体物质。

3. 可转化为泥石流的物源储量

根据三眼峪沟流域内松散物质的堆积位置、发育特征、松散稳定程度、向泥石流的转化方式，沟坡侵蚀强度及沟坡植被覆盖率，经实际测量计算，流域内可转化为泥石流的固体物质总量为 $2644.54 \times 10^4 \text{m}^3$，其中崩塌堆积物补给量 $1926.64 \times 10^4 \text{m}^3$，占总量的73%；滑坡堆积物补给量达 $52.6 \times 10^4 \text{m}^3$，占总量的2%；冲洪积物补给量 $523.8 \times 10^4 \text{m}^3$，占总量的20%；残坡积物补给量达 $141.5 \times 10^4 \text{m}^3$，占总量的5%。

综合分析可知，三眼峪流域新构造运动十分活跃，且属于地震多发和较强活动区，加之广泛分布的灰岩受地表降雨、流水侵蚀和地下水溶蚀作用，导致三眼峪沟谷岩体较为破碎，为泥石流物源提供了地质环境条件。根据调查，三眼峪泥石流的物源类型主要有崩塌堆积物、滑坡堆积物、残坡积物和沟道堆积物。三眼峪物源总量约为 $4079.38 \times 10^4 \mathrm{m}^3$，流域内可转化为泥石流的松散固体物质总量为 $2644.54 \times 10^4 \mathrm{m}^3$，占总量的 64.8%。三眼峪沟流域固体松散物质转化为泥石流组成部分的主要方式包括崩塌、滑坡直接堆积或堵塞沟道，被水流冲蚀、搬运；沟坡崩塌、滑坡前缘物质在雨水面蚀及侧蚀作用下向沟底滑塌、坍塌；坡面松散的崩塌体、滑坡体在坡面径流冲蚀作用下，形成坡面泥石流，直接汇入沟内；沟坡上的残坡积物、滑坡体、崩塌体表层在雨水面蚀作用下，细粒物质流入沟道，补给泥石流，增加了泥石流的黏度；沟道内的早期泥石流停积物直接被冲蚀、搬运，构成泥石流固体物质。

三、降雨特征分析

三眼峪沟泥石流属典型的降雨型泥石流。2010 年 8 月 7 日晚 23 时 30 分左右，舟曲县城北侧三眼峪沟、罗家峪沟流域突降暴雨，根据气象部门资料，本次形成山洪泥石流灾害的过程降雨量达到 96.3mm，40min 内降雨达 77.3mm，降雨频率达到 200 年一遇。据统计测算，在舟曲地区降雨量达到 37~47mm 时容易形成泥石流，此次降雨量为临界降雨量的 2 倍以上，其强度远大于三眼峪沟历史上激发泥石流的小时雨强（表 4-10）。

表 4-10　近年来泥石流发生时间及当时降雨特征

泥石流发生时间	降雨量/mm	降雨时段
1978 年 7 月	37.4	1h
1982 年 6 月 18 日 23 时	46.8	1h
1989 年 5 月 10 日 21 时	47	1h
1992 年 6 月 4 日 18 时	38.4	45min
1994 年 8 月 7 日 19 时	63.3	2h
2010 年 8 月 7 日 23 时	77.3	40min

（一）降雨历时特征

赵玉春、曲晓波等根据气象监测数据分析了激发 "8·8" 泥石流形成的强降雨气象成因，认为大气环流背景和强对流天气是造成此次突发性强降雨的主要原因。本次降雨过程是在高空冷空气东移南下的背景下，由低层切变线上产生的中尺度强对流暴雨云团造成的短时强降雨。舟曲县城所处峡谷内因白天地面辐射增温，导致低层不稳定能量积蓄较为集中，而 8 月 7 日午后到夜间高空槽过境后形成的冷空气东移南下，加剧了层结的位势不稳定，引发了局部地区中尺度强对流的突发性短时强暴雨（赵玉春和崔春光，2010；曲晓波等，2010）。本次降雨过程历时短，强度大，沟道汇流迅速集中，直接启动、冲蚀沟道内堆聚的大量松散堆积物，从而形成特大山洪泥石流。

1. 降雨过程呈单峰型，短历时强度大

该区属高山峡谷区，地形复杂，高低悬殊，气候垂直变化明显：海拔较低的河川地带，气候温和湿润，高山地带则较为寒冷，随海拔升高，沟谷气候由亚热带逐步转变为温带，降雨量也明显增大。据舟曲县气象局统计资料，区内多年平均降雨量为 435.8mm，年最大降雨量 579.1mm，年最小降雨量 253mm，降雨主要集中在 5~10 月，且多以暴雨形式降落。此次特大山洪泥石流之前记录的日最大降雨量为 62.9mm，1h 最大降雨量为 40.7mm，30min 最大降雨量 38.1mm，10min 最大降雨量 24.0mm（Wang，2013；Tang et al.，2011；Xiao et al.，2013）。

据东山雨量站（图 4-11）数据，2010 年 8 月 7 日 22 时至 8 日 5 时的累积降雨量 96.3mm，1h 最大降雨量为 77.3mm（2010 年 8 月 8 日 0 时）。本次降雨过程线呈单峰型，但雨强达到此前当地有气象记录以来最大峰值记录的 1.9 倍，重现周期达到 1/200。同时，据魏新功等（2008）研究，舟曲县地质灾害临界雨量指标为：坡面型泥石流 10mm/h，沟谷型泥石流 12mm/h；冯军等（2006）研究认为，陇南地区泥石流临界雨量为 20mm/h；1h 降雨超过 8~15mm 可造成陇南各县发生滑坡、泥石流；由此可知，诱发本次特大山洪泥石流的降雨过程强度大，不仅改写舟曲县降雨强度最高纪录，而且远远超过陇南地区泥石流临界雨强。

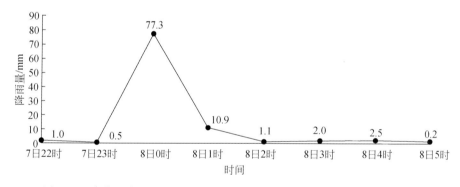

图 4-11　舟曲县东山镇雨量站 8 月 7 日 22 时至 8 日 5 时降雨量历时曲线图

2. 降雨过程突发性强，历时短，雨洪产流汇流迅速

据调查，"8·8"泥石流致灾时间约在当晚 23 时 40 分，持续时间 30~40 min。由图 4-11 可知，东山雨量站在 7 日 23 时之前观测到的 1h 降雨量仅为 1.5mm，而在 8 日 0 时观测到的降雨量即激增达峰值 77.3mm，至 1 时则快速衰减至 10.9mm，2 时以后维持在 1~2mm，表明此次降雨过程突发性强，但历时较短。本次降雨始于 23 时 20 分，也仅在降雨开始后约 20 min 时间内泥石流即迅速冲出峪口致灾。由此可知，突发强降雨因汇流区由灰岩组成的谷坡渗透能力弱，且谷坡地形陡峻，从而快速产流，雨洪汇集后洪流暴涨随即携裹沟道内堆聚的松散堆积物引发泥石流，泥石流借助平均达 241‰ 的沟道纵比降产生极大势能和运移速度，并因堆积扇中前部城区建筑挤占过洪断面，致宣泄通道不畅而酿成此次惨剧（胡凯衡等，2010）。

（二）降雨空间分布特征

本次强降雨是强对流天气引发的局地强暴雨。最大降雨量出现在舟曲县城东南侧约1km的东山镇，其观测到的 7 日 22 时至 8 日 5 时降雨量为 96.77mm，最大小时降雨量达 77.3mm（8 日 0 时），舟曲西北方向上游的迭部县代古寺为 93.8mm，最大小时降雨量达 55.4mm（7 日 22 时）。除此以外，同一时间段内，陇南地区的其他测站均未观测到强降雨，降雨量多在 5～30mm（魏新功等，2008），西北方向白龙江上游迭部县降雨量 4.8mm，下游东南约 6km 的泄流坡降雨量 5.6mm。由此可见，激发"8·8"三眼峪沟特大型泥石流灾害的特大暴雨在陇南地区较大地域尺度内空间分布极不均一，局地性较强。

本次强降雨即使在三眼峪流域小尺度之内，降雨也呈现出较强的局地性，同时间段内舟曲县气象站观测到的降雨量仅为 12.8mm，且无强降雨记录，最大小时降雨量仅 6.8mm（8 日 1 时）。经对三眼峪沟流域降雨范围进行实地调查，降雨区域主要集中于小眼峪峪支沟及大眼峪罐子坪之间连线以上的沟道中上游（图 4-12）。从泥石流沟道沿程冲淤变幅及汇流区坡面冲蚀痕迹来看，流域汇流界限较为明显，暴雨区域内坡面冲蚀及沟道汇流印痕明显（图 4-13，图 4-14），大眼峪沟内罐子坪以上及小眼峪峪支沟以上的沟段支沟沟口多见泥石流堆积物，斜坡中下部及坡面低洼处可见到坡面汇流冲刷植被倾向下游的方向性倾倒冲刷迹象（Wang，2013；Tang et al.，2011；Dijkstra et al.，2012）。加之，因流域下垫面以入渗能力差的灰岩为主，坡面汇流在植被盖度较高的坡面冲蚀携裹表层薄层强风化物后仅形成岩石线状裸露，坡脚也可见到泥沙堆积，沟道内可见明显的降雨汇集后洪流或稀性泥石流冲刷印痕。而在峪支沟—罐子坪下游沟道两侧坡面冲刷现象不明显，两侧沟坡陡坡地段及坡面低洼处易汇流的负地形未见明显的地表径流冲刷迹象，坡脚未见新鲜坡面冲蚀堆积，对坡脚原有堆积崩残积倒石堆表面的细粒松散物质也几无冲蚀。据此推断，本次降雨区域面积约 17.27km^2，占整个三眼峪泥石流汇流区面积的 81.5%，占三眼峪流域总面积的 71.6%。

三眼峪流域巨大的落差、陡峭的地形、"倒葫芦"状流域形态及密集发育的沟壑系统极利于降雨迅速汇集产洪，灰岩组成的谷坡渗透能力差，植被涵养能力差，强降雨条件下坡面径流迅速产流并汇集转化为沟道洪流，为泥石流启动创造了良好的水动力条件。同时，较大的沟道纵比降利于泥石流启动，并使其具有更高的动能、较快的运移速度及较强的冲蚀性。

总之，极端强降雨是导致舟曲"8·8"特大山洪泥石流的直接诱发因素，为泥石流的形成提供了强大的水动力条件，强化了地表径流速度，使坡面、主沟汇流迅速集中，主沟流量迅速加大。据当地气象台数据显示，8 月 7 日夜强降雨出现在舟曲县城以北地区，而同时段舟曲县城却降雨较小。舟曲县城气象站测得降雨记录是从 7 日 22 时 57 分开始，至 0 时降雨量为 2.4mm，最大降雨量 0 时至 1 时为 6.8mm，而整个持续 6h 的降雨过程仅为 12.8mm；而位于县城以北的东山乡区域气象站监测到 7 日 22 时至 23 时 1h 降雨量为 77.3mm，整个降雨过程时间为 9h，降雨量为 96.3mm。根据灾后对三眼峪沟流域汇水区进行调查，此次特大暴雨区域集中于该沟中上游峪支沟—罐子坪以上的区域，面积 17.27km^2，占流域面积的 71.6%，占汇流区总面积（21.19km^2）的 81.5%。暴雨区域内

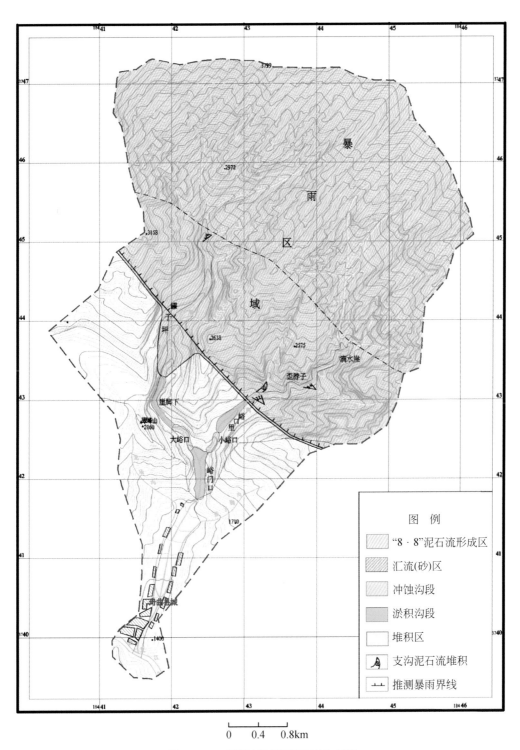

图 4-12 三眼峪流域降雨区域分布图

图 4-13　大眼峪沟脑雨洪汇集沟道冲刷

图 4-14　小眼峪沟道上游强降雨坡面冲蚀浅沟

坡面冲蚀及沟道汇流印痕明显,而在峪支沟—罐子坪下游坡面汇流现象不明显,两侧沟坡陡坡地段及凹形汇流负地形未形成明显的地表径流冲刷迹象,对坡下堆积的细粒松散物质也未见冲蚀。

综合以上分析可知,激发"8·8"特大型泥石流灾害的暴雨具有局地性强、降雨区域集中、突发性强,历时短,雨洪产流汇流迅速,分界比较明显、空间分布极不均一的特点,加之灰岩组成的谷坡渗透能力差,植被涵养能力差,强降雨条件下坡面径流迅速产流并汇集转化为沟道洪流,为泥石流启动创造了良好的水动力条件,成为此次泥石流灾害的直接诱因。极端强降雨强化了地表径流速度,使坡面汇流及主沟汇流迅速集中,主沟流量迅速加大。它能够直接启动、冲蚀流域上游植被覆盖良好(植被覆盖率 30% ~ 60%)的残坡积层松散物质,同时直接冲蚀陡壁地段部分危岩松动体,使沟脑地带泥沙汇入量迅速增高,沿程冲蚀主沟道两侧大量堆积的崩塌体和沟道松散物质,使主沟道泥石流的规模和峰值快速升级,从而形成大规模泥石流冲出沟外。

第三节　泥石流致灾人为因素分析

一、城镇建设挤占泥石流排泄通道

舟曲人多地狭,城区人口近 5 万人,而县城可利用土地面积仅为 1.47km²,人口密度居甘肃省县级市之首,人地矛盾十分突出。由于过去人口较少,城区主要分布在泥石流危害较轻的白龙江两岸。随着人口的增长,县城的范围迅速扩大,三眼峪沟口至白龙江岸边的老泥石流堆积区已基本被人类开发利用,成为舟曲县城主要的城建区之一,舟曲县城及城关乡的 10 个自然村分别坐落于三眼峪沟堆积扇的中、前部和中后部。

由于泥石流泄洪通道被民房及城区大量建筑所挤占,加之居民在泄洪沟道中不断倾倒建筑、生活垃圾,使沟道不断萎缩(图 4-15),严重改变了沟道的自然排导条件,造成沟道过流断面严重不足,这正是"8·8"泥石流造成重大人员伤亡和财产损失的主要原因。据现场测定,泥石流从沟谷中冲出时,流量为 1500 ~ 2000m³/s,而到县城城区时,由于泄洪通道被过度挤占,行洪能力不足 300m³/s,泥石流受阻形成短暂的汇流聚集,洪峰高度达 18m,浪头飞溅高度 4m 多,其后在强大能量的推动下,剪楼毁房,直冲白龙江。

图 4-15 泥石流排导沟的断面过小

二、治理工程设计标准不足

由于现有的泥石流防治工程大多按 50 年一遇的防洪标准进行设计，对泥石流裹挟的块石产生的冲击力考虑相对较弱，因此，当遭遇块石或者巨石冲击时，防护工程往往达不到预期的效果，甚至形成"多米诺骨牌效应"式的毁坏。现场调查表明，舟曲泥石流携带的块石体积可达 500～800 m³，带来的冲击力可达 1000 吨以上，因此，浆砌块石构筑的谷坊等拦挡工程很难抵御如此巨大的冲击力（图 4-16～图 4-21）。

图 4-16 三眼峪主 1# 坝体   图 4-17 三眼峪主 3# 坝体

图 4-18 大眼峪 2# 坝体   图 4-19 大眼峪 3# 坝体

图 4-20　小眼峪 1# 坝体　　　　　　　　　　图 4-21　小眼峪 3# 坝体

　　另外，汶川地震灾后重建期间，为进一步减轻三眼峪沟泥石流对县城的威胁，舟曲县启动"三眼峪水源地保护生态修复项目"，在该沟内关键位置处修建了拦挡坝、拦石墙等工程（图 4-22），"8·8"特大型泥石流发生时该项工程仍在实施之中。但工程建设中的一些不合理行为对本次泥石流灾害起到了负面作用，据调查，在该沟灾后重建生态修复项目工程建设中，搬运沟口崩塌体堆积大石块作为建筑石料，松动堆积物质，降低了崩塌堆积体的稳定性；工程在汛期施工，近千方建筑石料在沟道内堆积，被泥石流冲蚀带走，加大了泥石流固体物质量。这些不合理的工程行为在一定程度上加重了本次特大型泥石流灾害。

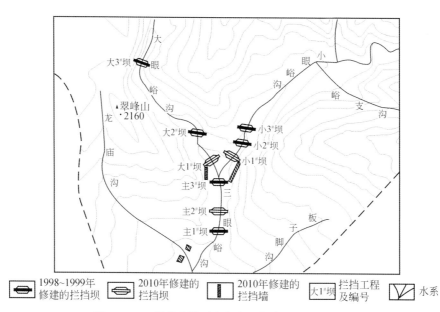

图 4-22　三眼峪沟泥石流灾害以往治理工程示意图

　　以主 1# 坝体为例，通过离散元软件（UDEC）模拟浆砌块石重力拦挡坝受泥石流冲压破坏的状态（图 4-23）。离散元数值计算分两步进行，先模拟泥石流发生前（不施加泥石流冲压力）的浆砌块石拦挡坝稳定性，程序运行 12750 次时步后模型停止计算，结果表明在天然状态下拦挡坝处于稳定状态；然后施加水平向泥石流整体冲压力（三眼峪泥石流沟

口位置整体冲压力 $P=85\text{kPa}$），拦挡坝逐渐发生变形破坏，其破坏过程如下（图4-24）。

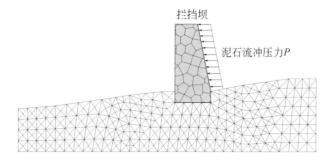

图 4-23 浆砌块石重力坝受泥石流冲压离散元模型

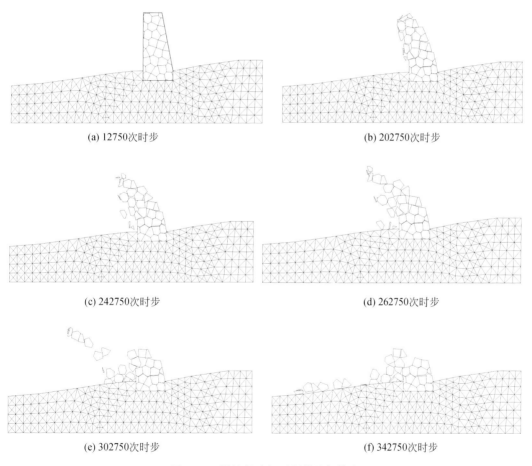

(a) 12750次时步

(b) 202750次时步

(c) 242750次时步

(d) 262750次时步

(e) 302750次时步

(f) 342750次时步

图 4-24 拦挡坝破坏过程的几何状态

1）局部破坏阶段（倾斜变形，局部脱落）。受泥石流整体冲压力作用，坝体向沟谷下游方向发生整体倾斜变形现象，坝顶和面坡局部产生砂浆和块石脱落破坏。

2）上部破坏阶段（拉裂张开，上部塌落）。沿块石与砂浆黏和部位产生应力集中现象，当拉应力超过砂浆抗拉强度时，块石间产生拉裂张开，并首先导致坝体上部破坏。

3）整体破坏阶段（裂隙扩展，倒塌解体）。拉裂张开变形破坏向坝体中部和下部扩展，在冲压力作用下，拦挡坝产生倾倒塌落，并最终发生整体破坏。

4）破坏后阶段（携带搬运，扇面堆积）。坝体解体破坏后，块石与砂浆被泥石流介质携带向下游搬运，最后堆积在沟口外的堆积扇（带），搬运距离可达 1～2km。

浆砌块石重力式拦挡坝受泥石流整体冲压破坏过程可以总结为：倾斜变形，局部脱落→拉裂张开，上部塌落→裂隙扩展，倒塌解体→携带搬运，扇面堆积。

灾后治理中，从治理工程的安全性、稳定性及保护舟曲县城的安全考虑，采用浆砌块石重力坝难以抵御泥石流流体和巨大石块的冲击作用。因此，建议采用抗剪切、抗冲击力强的钢筋混凝土类型的拦挡坝，如钢筋混凝土重力坝、钢筋混凝土格栅坝等，以增加其安全可靠程度（段庆伟等，2007）。

现有泥石流的防治标准沿用的是防洪标准，而山洪和泥石流完全不一样，泥石流密度很大，夹杂着大量的石块，冲击力强。所以，不能完全套用防洪标准来防范泥石流，防治工程的关键部位标准要提高（费祥俊和舒安平，2003；吴积善等，1993）。从本次防治工程的彻底失败来看，泥石流防治工程设计不仅要考虑其行洪能力，而且要充分考虑其抗冲击的能力；各级拦挡工程能够协同发挥作用，共担风险。

三、毁林垦荒、破坏生态环境

新中国成立初，舟曲县还是一个林木繁茂，生态环境良好的地区，但由于计划经济时期不合理的经济建设行为及人口的快速增长，森林资源遭受过度砍伐，使当地植被覆盖率大大降低，导致大面积山体裸露，水分涵养变差，降雨条件下洪峰汇流迅速，为泥石流的启动创造了有利条件。据调查，三眼峪沟流域内植被自1958年开始锐减，现有林草地覆盖面积约2.51万亩，乔灌林大部分已缩减到海拔2100m以上的主沟沟头及中高山区，针叶林带分布在海拔2600～3500m，针、阔叶混交林带分布在2600m以下。另外由于当地群众开垦坡地、开山炸石、挖沙取土等行为，加剧了流域的水土流失和生态环境恶化，使三眼峪沟输沙量不断增加，泥质含量不断增高，造成本地区的泥石流暴发频率和规模也不断增大。

四、水利设施工程设计不当

经计算分析和校核，三眼峪沟泥石流最大流量位于小眼峪沟与大眼峪沟两沟交汇处下游主沟断面处，流量为1830.4m³/s，流速5.9m/s；大眼峪沟最大流量位于大眼峪沟罐子坪段断面处，流量为1591.2m³/s，流速8.9m/s；小眼峪峪沟最大流量位于小眼峪峪支沟沟口下游断面处，流量为1528.3m³/s，流速6.7m/s。

将流量与流速相比，可以计算出过流断面的面积。表4-11给出了三眼峪沟沟口上游、大眼峪沟罐子坪段、小眼峪峪支沟沟口三处的过流断面面积。可见泥石流从沟谷中冲出时，流量约为1800m³/s，所需过流断面面积约为310 m²。灾后治理中，若排导沟断面为梯形，排导沟深度按5m计，排导堤内侧坡比取1：0.75，底宽25m，顶宽40m，对应的断面面积为162.5 m²<310 m²。如此宽大的排导沟仍不满足百年一遇暴雨型泥石流对过流断

面的要求，更何况灾前由于建筑物的挤占和排导沟设计过窄，所以导致了泥石流流量与过流断面的严重不匹配。

表 4-11　三眼峪泥石流流量、流速与排导沟断面面积计算表

沟谷名称	流量 $Q_c/(m^3/s)$	流速 $V_c/(m/s)$	断面面积 S/m^2
三眼峪沟沟口上游	1830.4	5.9	310
大眼峪沟罐子坪段	1591.2	8.9	180
小眼峪峪支沟沟口	1528.3	6.7	227

考虑县城的防灾需要，灾后治理中，排导沟断面应采用复式断面，在排导沟两侧各预留 25m 宽、2m 高的缓冲带，缓冲带向排导堤侧缓倾，比降不小于 2%。缓冲区内严禁城镇居民及单位建房，可作为城市绿化、休闲娱乐、健身用地。

三眼峪泥石流从山中流出后变为面状泥石流，当到达舟曲城区，由于沟道被建筑物严重挤占，行洪能力大大减小，再次变为沟谷型泥石流，形成"盲肠状"通道。据现场测定，泥石流从沟谷中冲出时，流量为 1800m³/s，而到县城城区时，由于人工改道，行洪能力不足 300m³/s，所以必然摧毁挤占行洪通道的建筑物。舟曲泥石流灾害不仅仅是天灾，也是人为因素对排导沟挤占造成行洪能力严重不足引发的人祸。

排导沟弯道多，曲率较大，排导欠顺畅（图 4-25）。由于泥石流携带了大量固体物质，且流速快，惯性大，在流途中遇转弯处或障碍物，受阻而将部分物质堆积下来，使沟道迅速抬高，产生弯道超过或冲起爬高，猛烈冲击而越过沟岸或摧毁障碍物，甚至截弯取直，冲出新道而向下游奔泻。由于泥石流在弯道处爬高造成的严重危害，建议灾后治理中，堆积区的排导沟应截弯取直，以顺畅排导为原则。

图 4-25　三眼峪泥石流排导沟的弯曲状况

　　总之，浆砌块石重力式拦挡坝强度不足，在遭受较高泥石流冲压和巨石冲击时，拦挡坝发生了逐级破坏，形成"多米诺骨牌效应"式的毁坏。泥石流防治工程设计不仅要考虑其行洪能力，而且要充分考虑其抗冲击的能力，各级拦挡工程能够协同发挥作用，共担风险。三眼峪泥石流流量与过流断面严重不匹配，灾后治理中，排导沟断面应采用复式断面，最大限度满足百年一遇泥石流流量对断面的要求。三眼峪排导沟被建筑物严重挤占，导致行洪能力不足，破坏力极强的泥石流必然摧毁挤占行洪通道的建筑物。三眼峪排导沟弯道多，曲率较大，排导欠顺畅，建议在灾后治理中将排导沟截弯取直，以顺畅排导为原则。

第四节　泥石流致灾模式

　　综合以上分析可知，舟曲"8·8"特大泥石流灾害是新中国成立以来造成人员伤亡和经济损失最大的一次泥石流灾害，具有深夜暴发、损失惨重，突发降雨、致灾迅速，山外小雨、没有预警，规模特大、破坏力强，中部冲蚀、外侧淤埋，链生效应、加重损失等特点。在致灾因素方面，从自然条件上看，流域内陡峻的地形和丰富的松散固体物质是三眼峪沟和罗家峪沟本身即具备形成泥石流的良好条件，而极端强降雨则直接激发了本次特大型泥石流；从人为因素上看，毁林垦荒、破坏生态环境，城镇建设挤占泥石流排泄通道，泥石流防治工程设计标准过低等不合理人类活动是导致损失惨重的主要原因。

　　同样，罗家峪沟和三眼峪沟两处泥石流虽然在规模上、形态上有差异，但却存在着共同的成因特征：暴雨诱发、物源充足、谷坡陡峻、沟道狭窄且坡降大、堆石坝和拦挡坝溃决等特点。在堆积区致灾模式上也有共同的特点：建筑物密集、排导沟挤占、过流断面小、淤埋面积大、冲击破坏强、堰塞湖淹没等特点。在总结已有泥石流成灾模式的基础上，将以上特点综合表示为图4-26。

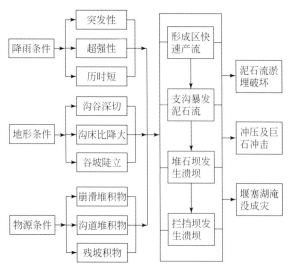

图 4-26　舟曲泥石流成灾模式图

　　为了有效防止泥石流灾害，避免或减少此类事件的再次发生，应该采取以下几个方面的措施：

　　1）进行重建区域地质环境适宜性评价和地质灾害危险性评估，科学划定泥石流危险区域，为泥石流的下泄预留足够通道；做好植被恢复和水土保持工作，改善流域的生态环境。

　　2）采用主沟拦挡和堆积区疏排相结合的泥石流防治措施，减少泥沙输出量，减轻县城防洪压力；根据其泥石流发育特征、成灾特征及其危害程度，提高泥石流灾害防洪标准和防治级别。

　　3）加强地质、地震、气象、洪涝灾害等专业监测系统建设，加强预测预警装备配备，提高地质灾害监测预报预警能力。

　　4）充分发挥地质灾害群测群防的作用，形成群专结合的山洪、泥石流等地质灾害预防体系；提升社会公众对防灾减灾的参与程度，增强全民自防自救和互救能力。

参 考 文 献

段庆伟，陈祖煜，王玉杰，等.2007. 重力坝抗滑稳定的强度折减法探讨及应用. 岩石力学与工程学报，26（增 2）：4510-4517.

费祥俊，舒安平.2003. 泥石流运动机制与灾害防治. 北京：清华大学出版社.

冯军，尚学军，樊明，等.2006. 陇南地质灾害降雨区划及临界雨量研究. 干旱气象，24（4）：20-24.

胡凯衡，葛永刚，崔鹏，等.2010. 对甘肃舟曲特大泥石流灾害的初步认识. 山地学报，28（5）：628-634.

曲晓波，张涛，刘鑫华，等.2010. 舟曲"8·8"特大山洪泥石流灾害气象成因分析. 气象，36（10）：102-105.

徐汉明，刘振东.1991. 中国地势起伏度研究. 测绘学报，20（4）：311-319.

魏新功，王振国，包红霞.2008. 降雨原因造成的舟曲县地质灾害分析. 甘肃科技，24（21）：84-88.

吴积善，田连权，康志成，等.1993. 泥石流及其综合治理. 北京：科学出版社.

余斌，杨永红，苏永超，等.2010. 甘肃省舟曲 8.7 特大泥石流调查研究. 工程地质学报，18（4）：437-444.

赵玉春，崔春光.2010.2010 年 8 月 8 日舟曲特大泥石流暴雨天气过程成因分析. 暴雨灾害，29（3）：289-295.

Dijkstra T A, Chandler J, Wackrow R, et al, 2012. Geomorphic controls and debris flows—the 2010 Zhouqu disaster, China. Proceedings of the 11th international symposium on landslides（ISL）and the 2nd North American Symposium on Landslides, June 2-8, Banff, Alberta, Canada.

Ma D T, Qi L. 1997. Study on comprehensive controlling of debris flow hazard in Sanyanyu Gully. Bulletin of soil and water conservation, 17（4）：26-31.

Rickenmann D. 1999. Empirical relationships for debris flows. Nat Hazards, 19：47-77.

Tang C, Rengers N, van Asch Th W J, et al. 2011. Triggering conditions and depositional characteristics of a disastrous debris flow event in Zhouqu city, Gansu Province northwestern China. Nat Hazards Earth Syst Sci, 11：2903-2912.

Tie Y B. 2009. The methodology and framework study of urban debris flow risk assessment. Chengdu：Chengdu University of Technology.

Wang G L. 2013. Lessons learned from protective measures associated with the 2010 Zhouqu debris flow disaster in China. Nat Hazards, 69：1835-1847.

Xiao H J, Luo Z D, Niu Q G, et al. 2013. The 2010 Zhouqu debris flow disaster：possible causes, human contributions, and lessons learned. Nat Hazards, 67：611-625.

第五章　地质灾害成灾机理研究

第一节　基于 ArcGIS+DEM 的三眼峪小流域泥石流水动力条件研究

一、泥石流容重特征

泥石流的静力学和动力学特征是泥石流的重要特征参数。泥石流的运动速度、流量和总量是衡量泥石流危险程度和防治泥石流的重要参数。根据对泥石流流通区和堆积区的沉积物调查，泥石流的沉积特征为混杂沉积。根据调查时的取样（小样），采用体积比法、固体物质储量法、中值粒径法对大眼峪、小眼峪以及三眼峪泥石流容重进行综合比较，最终确定三眼峪主沟泥石流容重为 2.09t/m³，大眼峪沟泥石流容重 1.97t/m³，小眼峪沟泥石流容重为 2.13 t/m³（表 5-1）。容重计算结果表明三眼峪泥石流属于黏性泥石流。

表 5-1　三眼峪泥石流容重计算表　　　　　　（单位：t／m³）

沟谷名称	固体物质储量法容重	中值粒径法容重	体积比法容重	容重	推荐设计容重
大眼峪沟	1.95	2.07	1.90	1.97	2.00
小眼峪沟	1.99	2.26	2.13	2.13	2.15
三眼峪	1.97	2.25	2.05	2.09	2.10

二、泥石流流速、流量特征

地震造成的大量滑坡、崩塌物质堵塞在沟道上，形成坝体，若降雨大、流量大，坝体迅速溃决，导致泥石流流量增加。为了了解泥石流的流量、流速特征，通过现场的泥痕调查和测量及泥石流颗粒分析参数，分别在降雨汇流区：大眼峪沟罐子坪段 4# 断面处、小眼峪沟支沟下游 3# 断面处，泥石流流通区：主沟 2# 断面处选取典型断面，在调查过程中对拟选断面泥位、沟道形态、断面面积进行了详细的调查和测量（图 5-1），考虑到泥石流实际发生与下垫面河道顺直情况，采用形态调查法与雨洪法来综合计算泥石流参数。采用形态调查法，泥石流流速采用下式计算（周必凡等，1991）：

$$V_c = (R_c^{2/3} \times I_c^{1/2}) / n_c \tag{5-1}$$

式中，V_c 为泥石流断面平均流速（m/s）；n_c 为泥石流沟床粗糙率；R_c 为计算断面水力半径

（m）；I_c为泥石流水力坡降，可用沟床坡降代替（根据黏性泥石流糙率表，结合三眼峪的实际情况，采用内插法查得三眼峪的泥石流沟床糙率系数取0.27）。

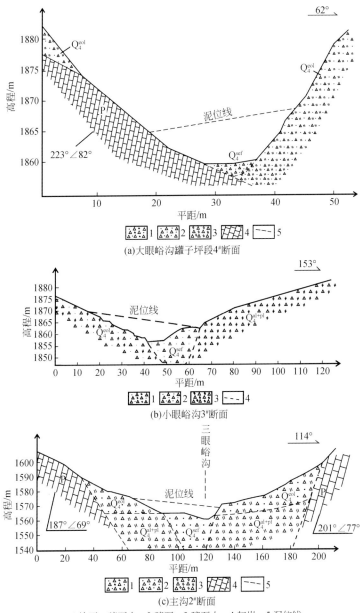

1.块石、碎石土；2.碎石；3.碎石土；4.灰岩；5.泥位线

图5-1　三眼峪泥石流实测断面图

泥石流的流量采用下式计算

$$Q_c = W_c / V_c \qquad (5-2)$$

式中，W_c为泥石流过流断面面积（m²）。

形态调查法得到三条支沟断面处泥石流的流速、流量（表5-2）。

表 5-2 形态调查法计算泥石流典型断面的流速及流量

断面	断面面积/m²	水力半径/m	比降	流速/(m/s)	流量/(m³/s)
罐子坪段 4#断面	185	7.49	0.40	8.97	1 659
小眼峪沟 3#断面	220	8.80	0.20	7.06	1 553
主沟 2#断面	315	10.16	0.12	6.02	1 896

为了比较，又采用目前常用的雨洪法计算泥石流的峰值流量，先按水文方法计算出断面不同频率下的小流域暴雨洪峰流量，然后选用堵塞系数，按下式计算泥石流流量：

$$Q_c = (1+\phi)Q_p \cdot D_c \tag{5-3}$$

式中，Q_c 为频率为 p 的泥石流峰值流量（m³/s）；Q_p 为频率为 p 的暴雨洪水流量（m³/s），此时 $Q_p = 11.2F^{0.84}$，F 为流域面积；Φ 为泥石流泥沙修正系数，$\Phi = (\gamma_c - \gamma_w)/(\gamma_h - \gamma_c)$；$\gamma_c$ 为泥石流重度（t/m³）；γ_w 为清水的重度（t/m³）；γ_h 为泥石流中固体物质比重（t/m³）；D_c 为泥石流堵塞系数。2 个典型断面泥石流沟的流量计算结果见表 5-3。

表 5-3 雨洪法计算泥石流流量

断面	频率 p/%	洪水流量 Q_p/(m³/s)	修正系数/Φ	泥石流堵塞系数/D_c	泥石流峰值流量 Q_c/(m³/s)
罐子坪段 4#断面	1	74.94	1.13	2	319.24
小眼峪沟 3#断面	1	75.13	1.13	2	320.08
主沟 2#断面	1	144.50	1.13	2	615.59

通过对形态调查法和雨洪法计算泥石流流量的对比分析，雨洪法计算的结果明显偏小于形态调查法计算的流量。即使将河道视为最严重堵塞，按周必凡等（1991）取 D_c 为最大值，计算结果仍然如此。由此可知，强震后，沟道内的崩塌、滑坡，使泥石流松散物质的补给量剧增，沟道内的崩塌、滑坡多级堵塞沟道，使得相同频率条件下实际泥石流的规模可能要远大于雨洪法计算结果。主要是由于地震造成地表植被破坏，植被拦截降雨的作用减弱，雨洪法计算中的径流、汇流参数与震前有变化，但目前仍未修正；汶川地震诱发的大量崩塌、滑坡为泥石流提供了大量的松散固体物质，震前很多仅是山洪的沟转变成泥石流沟，其性质的变化加之充足的松散固体物质，使泥石流规模增大；震后沟道堵塞不仅仅只是沟道弯曲及局部堵塞情况，而是多级的堵塞，多级溃决后的级联效应，增大了泥石流的规模。因此，震后计算泥石流流量时，应采用雨洪法、形态调查法相结合综合分析。

综合分析，本次泥石流流量采用形态调查法计算流量，即流通区处小眼峪沟与大眼峪沟两沟交汇处下游主沟 2#断面处，流量为 1896m³/s。汇流区处大眼峪沟 4#断面处流量为 1659m³/s，小眼峪沟 3#断面处流量为 1553m³/s，经过实地勘测，小眼峪沟与大眼峪沟的泥石流洪峰未形成叠加，说明对这两条沟的泥石流运动速度、流量和总量的计算比较合理。

三、泥石流屈服力特征

泥石流的屈服应力是反映泥石流，特别是黏性泥石流特征的重要参数，根据实地调查可以得到黏性泥石流的屈服应力（余斌，2008）：

$$\tau_B = \gamma' gh\sin\theta \tag{5-4}$$

式中，τ_B 为泥石流体屈服应力（Pa）；γ' 为 $(\gamma_c - \gamma_0)$，泥石流相对容重（kg/m³）；γ_c 为泥石流容重，γ_0 为环境容重，在陆面 $\gamma_0 \approx 0$，在水中 $\gamma_0 = 1000$kg/m³；g 为重力加速度 9.81m/s²；θ 为坡度 8°；h 为泥石流的最大堆积厚度 3m。

由式（5-4）得到大眼峪、小眼峪屈服应力分别为 8193Pa 和 8808Pa，都具有很大的屈服应力，具有很强的抵御洪水冲刷能力，这是泥石流能堵塞白龙江的原因之一。此外，具有 7000Pa 以上的屈服应力可以使泥石流在白龙江内堆积很高，如白龙江河底坡度为 1°时，在水下的堆积厚度可达 35m，即使在陆地上的堆积也可以达 19m，远大于现在在白龙江内 10m 的堰塞坝高度，这使得泥石流可以在白龙江内淤积足够的高度形成堰塞湖，这也是"8·8"特大泥石流能堵塞白龙江的原因之一。

四、泥石流冲击力特征

泥石流的冲击力，特别是泥石流中巨石的冲击力是造成建筑物毁坏的主要原因，"8·8"特大泥石流中巨石冲击力计算如下（余斌，2010）：

$$F = \rho_d C_1 V_d A_d \tag{5-5}$$

式中，C_1 为纵波波速（m/s）；A_d 为石块与被撞物体的接触面积（m²）；F 为石块冲击力（N）；V_d 为石块运动速度，通常和流体等速（m/s）；ρ_d 为石块密度（kg/m³），分别计算上述三处典型断面冲击力，其结果如表 5-4 所示。

表 5-4 泥石流冲击力计算

断面	$C_1/(\text{m/s})$	A_d/m^2	$V_d/(\text{m/s})$	$\rho/(\text{kg/m}^3)$	F/tf[①]
罐子坪段 4# 断面	4500	4.20	8.97	2700	**46676**
小眼峪沟 3# 断面	4500	4.60	7.06	2700	**40236**
主沟 2# 断面	4500	2.84	6.02	2700	**21182**

从计算结果可以看出，在降雨汇流区，由于沟床纵比降较大，沟道堆积物较少，由于受两侧山体限制，大眼峪和小眼峪泥石流冲击力较大，分别为 46676tf 和 40236tf，泥石流以切蚀为主，可见其破坏力巨大；到三眼峪出口处，已至泥石流流通区，地形突然变得平缓、开阔，泥石流沿压力坡方向的分力迅速减小，流体的运动能量迅速降低；地形变开阔，流体两侧失去边壁的约束，横向环流获得发展，于是流体展宽变薄，摩擦阻力急剧增大；由于运动能量迅速降低和运动阻力急剧增大，导致泥石流流速迅速减小，冲击力明显减小，减小到 21182tf，泥石流发生堆积，这一结果也与实地勘测与堆积物颗分结果一致。

第二节 泥石流和滑坡形成机理的
数值模型研究思路

参考历史洪水、气象资料，结合流域 DEM，研究流域地形地貌特征和洪水演进规律，分析洪水与泥石流动态响应关系，揭示泥石流发生的水动力条件。

---

① 1tf = 9.80665×10³N。

在此基础上，结合野外勘察和土工试验，获取岩土体水土力学参数，首先进行失稳前的稳定性分析。根据获取的水土体力学参数，结合复杂地形空间三维建模技术，建立典型泥石流、滑坡概化模型，采用 FLAC^{3D}有限差分计算方法，分析在重力和降雨渗流不同工况条件下，边坡应力场、位移场、塑性屈服区、剪切应变增量、孔隙水压力等指标的分布特征，确定潜在滑动面，阐明典型边坡侵蚀部位与破坏机理。

在稳定性分析的基础上，进行失稳后的运动性分析。结合水土力学参数测试和降雨试验结果，基于流变学和连续介质力学理论，构建欧拉形式的方程组和拉格朗日形式的方程组。根据质量、动量守恒原理，推导三维连续方程和运动方程，结合 C++编程语言，采用有限元求解编译连续介质模型代码程序，对多种流变本构模型（Plastic Model、Bingham Model、Friction Model、Voellmy Model）进行编码，确定泥石流、滑坡发生的初始条件与边界条件，求解平均流速、最大流速、体积、前端面积、最大深度、平均深度、总势能和总动能；结果均以 ASCⅡ 形式输出，采用 Tecplot 进行后处理。求解结果可以再现泥石流、滑坡发生过程中，各个时刻的物理量变化过程，完成泥石流、滑坡准三维动态数值模型程序的研发，技术路线如图5-2所示。

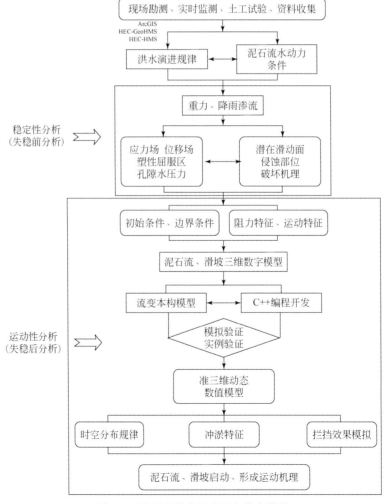

图 5-2　泥石流形成机理研究技术路线

第三节　小流域地质灾害稳定性分析

一、小流域数值分析原理及建模方法

1. FLAC³ᴰ数值模拟基本原理

FLAC³ᴰ（Fast Lagrangian Analysis of Continua in 3 Dimensions）是由美国 Itasca Consulting Group Inc 开发的三维显式有限差分法程序。它可以模拟岩土或其他材料的三维力学行为。FLAC³ᴰ将计算区域划分为若干六面体单元，每个单元在给定的边界条件下遵循指定的线性或非线性本构关系，如果单元应力使得材料屈服或产生塑性流动，则单元网格可以随着材料的变形而变形，这就是拉格朗日算法。FLAC³ᴰ采用了显式有限差分格式来求解场的控制微分方程，并应用了混合离散单元模型，可以准确地模拟材料的屈服、塑性流动、软化直至大变形，尤其在材料的弹塑性分析、大变形分析以及模拟施工过程等领域具有其独到的优点。FLAC³ᴰ的求解采用如下 3 种计算方法（Mellah et al，2001；Itasca Consuliting Group，Inc，2005；Dawson et al.，1999）：

1）离散模型方法连续介质被离散为若干互相连接的六面体单元，作用力均集中在节点上；

2）有限差分方法变量关于空间和时间的一阶导数均用有限差分来近似；

3）动态松弛方法应用质点运动方程求解，通过阻尼使系统运动衰减至平衡状态。

在 FLAC³ᴰ中采用了混合离散方法，区域被划分为常应变六面体单元的集合体，而在计算过程中，程序内部又将每个六面体分为以六面体角点为角点的常应变四面体的集合体，变量均在四面体上进行计算，六面体单元的应力、应变取值为其内四面体的体积加权平均。如一四面体，第 n 面表示与节点 n 相对的面，设其内任一点的速率分量为 V_i，则可由高斯公式得

$$\int_V v_{i,j}\mathrm{d}V = \int_S v_i\, n_j\mathrm{d}S \tag{5-6}$$

式中，V 为四面体的体积；S 为四面体的外表面；n_j 为外表面的单位法向向量分量。对于常应变单元，v_i 为线性分布，n_j 在每个面上为常量，由式可得

$$v_{i,j} = -\frac{1}{3V}\sum_{i=1}^{4} v_i^l\, n_j^{(l)}\, S^{(L)} \tag{5-7}$$

式中，上标 l 表示节点 l 的变量；(l) 表示面 l 的变量。

2. 复杂地形的 FLAC³ᴰ建模方法

尽管 FLAC³ᴰ软件为用户提供了 12 种初始单元模型（primitive mesh），这些初始单元模型对于建立规整的三维工程地质体模型具有快速、方便的功效；但由于其在建立计算模型时仍然采用键入数据、命令行文件方式，尤其在建立复杂模型时造成了一定的困难。为此本研究将地理信息系统可视化 Surfer 软件结合 FLAC³ᴰ内置的 FISH 语言在初始单元模型基

础上编写了前处理程序，实现了对复杂多层地形建模的二次开发。

　　首先采用 ArcGIS 将研究区小流域 DEM 提取出三维数据信息，在 Surfer 软件中读取三维数据，利用克里格差值拟合方法生成地层界面和边坡坡面并离散化；然后输出地层界面和边坡坡面的网格数据，该数据信息为存储了差值后规格网格点高程信息的 grd 文件。然后利用 FLAC^{3D} 内嵌 FISH 语言程序提取该 grd 文件的高程信息，使之转换为符合 FLAC^{3D} 要求的表格（table）数据；接着以这些表格数据为基础，固定单元在 X、Y 方向的尺寸大小，以两个楔形体为一组构成一个四棱柱，在这两个方向上循环生成一系列四棱质量块体，最终组合成边坡三维网格。在地形比较陡峭的情况下，只是增加了单元数，可以将三棱柱和四棱柱结合起来，用四个顶点的相差容许度来判断是否生成四棱柱。如果地形扭曲较大，则拆分成两个三棱柱，便可完成对多个地层（材料）模型的构建，效果良好。该办法较好地克服了 FLAC^{3D} 建立较复杂计算模型的困难，成功地实现了建模过程。由 Surfer 软件绘制的小流域地形地貌图 5-3 和由 FLAC^{3D} 生成的小流域概化模型图 5-4 对比表明，建立的三维模型可以真实地表现小流域地形、地貌，仿真效果良好，使模拟计算的精确度、可靠度得以大大提高。

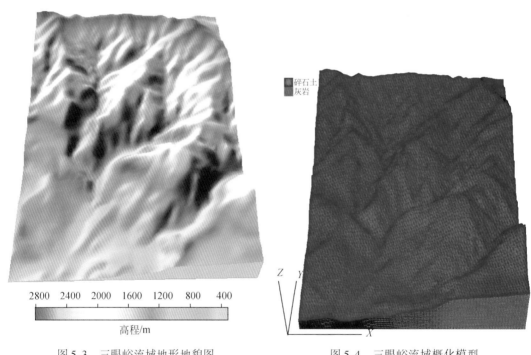

图 5-3　三眼峪流域地形地貌图　　　　　　　　图 5-4　三眼峪流域概化模型

二、三眼峪小流域稳定性分析

1. 三眼峪小流域概化模型及有限差分计算模型

　　图 5-3 为采用 Surfer 软件绘制的小流域地形地貌图，图 5-4 为 FLAC^{3D} 软件建立的小流域概化模型。计算模型除坡面设为自由边界外，模型底部（$Z=0$）设为固定约束边界，模

型四周设为单向边界。概化模型土层从上到下分别为灰岩和碎石土，其碎石土土层平均厚度概化为10m，灰岩层平均厚度概化为1400m，X方向长为5625m，Y方向长为7725m。该模型有限元网格共有节点252928个，单元478950个，每个单元长为75m。

2. 土体物理力学指标

根据边坡工程经验、现场资料分析以及三眼峪勘察报告，三眼峪小流域模型各土层材料物理力学参数的具体特征取值见表5-5。

表5-5 三眼峪小流域土体力学参数

土层类型	体积模量 K/MPa	剪切模量 G/MPa	黏聚力 c/kPa	内摩擦角 ϕ/(°)	密度 ρ/(kg/m³)
碎石土	31	20	15	30	1.9×10^3
灰岩	78×10^3	26×10^3	9×10^3	48	2.8×10^3

3. 小流域位移场分布模拟

系统达到平衡时，FLAC^{3D}自动计算出处于平衡状态时模型各个方向位移的大小及其分布规律，如图5-5~图5-8所示，图5-5为整体位移分布图，图5-6~图5-8依次为Z方向、X方向和Y方向位移分布图（方向如图中坐标指向所示）。计算结果表明，总体上，各方向位移较大，且位移高值区主要集中在大眼峪和小眼峪沟道两侧梁峁顶处，且以重力作用下的压缩变形为主，主要表现为竖向方向位移的分量较大，局部区域已经达到破坏。Z方向位移分布规律与总体位移分布规律大体一致，位移主要分布在两条主沟的梁峁顶和梁峁坡上部，X、Y方向位移基本成对称状分布于梁峁坡处，数值较Z方向位移稍小。从剖面上看，大位移变形主要集中在20m深度以内，主要分布在表层碎石土范围内，这与现场勘查结果一致。由于地震原因，山谷两侧存在大量的松散物质堆积体，呈倒石堆在两侧坡脚呈线状分布，多以碎石、块石为主，夹有大量泥沙，分选差，土石混杂，黏结力差，压缩性低，一般整体稳定，抗侵蚀能力差，一旦暴雨来临，为泥石流提供了充足的物源。

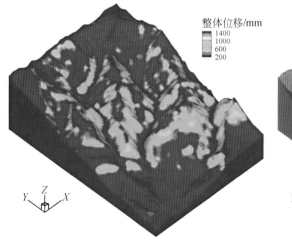

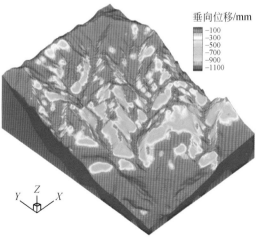

图5-5 小流域整体位移分布图   图5-6 小流域Z方向位移分布图

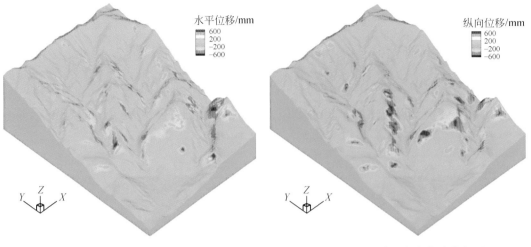

图 5-7　小流域 X 方向位移分布图　　　　　图 5-8　小流域 Y 方向位移分布图

4. 小流域应力场分布模拟

采用 FLAC³ᴰ 软件计算出流域模型达到平衡状态时的应力的大小及其分布规律，如图 5-9 和图 5-10 所示。图 5-9 和图 5-10 分别为小流域最大主应力和最小主应力分布图（FLAC³ᴰ 中以拉应力为正，压应力为负，故以绝对值的大小判定最大主应力和最小主应力）。从流域应力分布图来看，未出现拉应力区，基本上以压应力为主，即若发生破坏，是以"压—剪"破坏模式为主。主应力等值线平滑，几乎相互平行，很少出现突变。由于碎石土、灰岩分界面的存在，使得其附近区域的最大主应力方向要比其他区域最大主应力方向的变化大而且迅速得多，但并未影响主应力分布的总体走势。这些都表明流域深部土体主要受 Z 方向的压应力作用，体现为受压屈服。

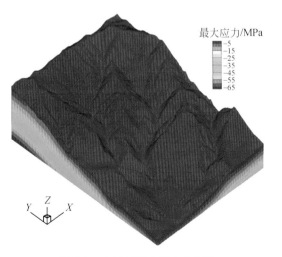
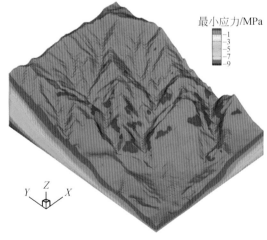

图 5-9　小流域最大应力分布图　　　　　图 5-10　小流域最小应力分布图

5. 小流域塑性区分布模拟

图 5-11 为三眼峪小流域的剪切屈服区域和张拉屈服区域分布图，在图中只获得平衡状态下，现在的（now）剪切屈服区域（shear-n）和现在的张拉屈服区域（tension-n），以观察屈服区域对流域的破坏程度。在计算循环里面，每个循环中，每个单元（zone）都依据屈服准则处于不同的状态，shear 和 tension 分别表示模型因受剪切和受张拉而处于塑性状态。在此塑性指示图中只获得平衡状态下，现在的（now）剪切屈服区域（shear-n）和现在的张拉屈服区域（tension-n），而没有获取 shear-p、tension-p 两种过去（past）的状态，就是只关注正处于塑性状态的区域，只有处于 now 状态的单元才会对模型起破坏作用。

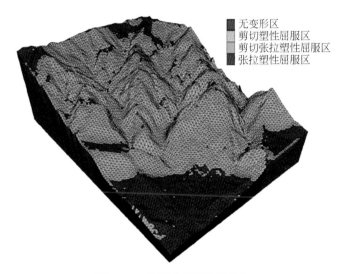

无变形区
剪切塑性屈服区
剪切张拉塑性屈服区
张拉塑性屈服区

图 5-11　小流域塑性状态分布

由图 5-11 可见，小流域的屈服区域中，剪切塑性屈服区主要分布于流域表层碎石土层梁峁坡以及坡面大部分区域，分布面积较大，已连成片，这些区域很容易发生水平方向的剪切变形；表层碎石土层梁峁顶和梁峁坡上部同时处于张拉塑性屈服区和剪切塑性屈服区，该区域与最大位移区域的分布基本重合，破坏程度较为严重；张拉塑性屈服区主要分布于岩土分界面处且与应力场变化最大区域重合。通过 FISH 语言编程，对模型塑性屈服区域体积进行计算，结果如表 5-6 所示。可以看出，流域内剪切塑性区稍多于张拉塑性区，占全部屈服区体积的 53.43%，张拉塑性屈服区占 46.57%，说明流域内以剪切、张拉并存的破坏的塑性屈服模式为主。

表5-6　小流域塑性区体积分布情况

塑性状态	剪切塑性屈服区	张拉塑性屈服区	合计
体积/$10^8 m^3$	6.78	5.91	12.69
所占比例/%	53.43	46.57	100.00

从塑性区分布来看，它们均处于流域坡面的浅层区域，在整个小流域中只有碎石土表层部分位置出现塑性区贯穿坡体的情况，这表明流域内部土体处于正常状态。但土体浅层区域的破坏也不容忽视，一旦出现塑性区贯穿坡体的情况，则会有发生浅层滑动的趋势，一旦受到外界条件的扰动，如暴雨地震等情况的发生，将会迅速加剧土体的破坏，导致灾害的发生。

第四节　三维动态数值模型构建

一、数　学　原　理

在该数值模型中，假定泥石流在运动过程中，泥石流颗粒紧密连接并且一起相对运动。数学模型在笛卡儿直角坐标系系统 $X=(x, y, z)^{\mathrm{T}}$ 下定义，z 方向向上与重力方向相反。认为泥石流质量块体在垂直方向的体积 V 和在水平投影的面积 A 都是时间 t 的函数。在拉格朗日参考系下，对泥石流运动轨迹 $X(t)$ 进行描述，其泥石流质量块体运动满足基本的质量和动量守恒原理（Chen and Lee，2000，2003；Chen et al.，2006；Crosta，2001；Dai et. al.，1999），其连续介质力学表达式如下：

$$\frac{\mathrm{d}}{\mathrm{d}t}\int_{V}\rho \mathrm{d}V = Q \tag{5-8}$$

$$\frac{\mathrm{d}}{\mathrm{d}t}\int_{V}\rho \boldsymbol{u}V = \int_{V}\boldsymbol{F}\mathrm{d}V + \int_{S}\boldsymbol{T}\mathrm{d}S \tag{5-9}$$

式中，$\mathrm{d}/\mathrm{d}t$ 代表速度矢量 $\boldsymbol{u}=(u, v, w)^{\mathrm{T}}$ 的随体导数；ρ 代表运动物质的容重，视为常数；$\boldsymbol{F}$ 代表体积力密度；$\boldsymbol{T}$ 代表作用在泥石流质量块体边界表面 $S(t)$ 的剪切牵引力；Q 代表沟床接触面侵蚀物质的质量流速（$Q=0$ 代表无侵蚀）。应当指出此积分式是针对同一泥石流质量块体才成立。

令 $b(x, y, t)-z=0$，$f(x, y, t)-z=0$ 分别作为泥石流基底和自由面高程函数，则泥石流垂直方向高度为 $h=f-b$。定义梯度算子 $\nabla=(\partial/\partial x, \partial/\partial y, -1)$，沟床单位方向量为

$$\boldsymbol{n}=\frac{\nabla b}{|\nabla b|}=\frac{1}{q}\left[\frac{\partial b}{\partial x}, \frac{\partial b}{\partial y}, -1\right]^{\mathrm{T}} \tag{5-10}$$

式中，模数 $q=[(\partial b/\partial x)^{2}+(\partial b/\partial y)^{2}+1]^{1/2}$ 是切面 b 和 x–y 水平面的几何倾角，依靠右手法则，$\boldsymbol{n}$ 指向运动物体外侧。应当指出由于基底物质的移动，泥石流基底高程随时间而变化。

随体导数 $\mathrm{d}/\mathrm{d}t$ 可以通过偏微分 $\mathrm{d}/\mathrm{d}t=\partial/\partial t+\boldsymbol{u}_R \cdot \nabla$ 大致估计出来，其中，$\boldsymbol{u}_R$ 代表流动颗粒与移动参考窗口之间的相对速度。在欧拉坐标参考系框架下，网格是固定的，此时 $\boldsymbol{u}_{\mathrm{R}}=\boldsymbol{u}$。在拉格朗日参考系框架下，特性曲线是完整的，此时 $\boldsymbol{u}_{\mathrm{R}}=0$，因此不存在对流项。在目前的研究中，网格转化在水平面方向上 $\boldsymbol{u}_{\mathrm{R}}=(0, 0, w)^{\mathrm{T}}$ 是受限制的。举例来说，因为自由面 f 是物质边界，并且假定没有任何物质通过自由面 f 转换，即守恒定律为 $\mathrm{d}f/\mathrm{d}t=0$。在空间梯度 $\nabla f=(\partial f/\partial x, \partial f/\partial y, -1)^{\mathrm{T}}$ 下，欧拉框架下的动力边界条件为 $\partial f/\partial t+\boldsymbol{u} \cdot \nabla=0$，而拉格朗日框架下的动力边界条件为 $\partial f/\partial t=w$。

动量守恒等式（5-9）中左边的随体导数可以分解为两部分：

$$\frac{d}{dt}\int_V \rho \boldsymbol{u} V = \int_V \frac{d(\rho \boldsymbol{u})}{dt}dV + \int_S \rho \boldsymbol{u}(\boldsymbol{u}_R \cdot \boldsymbol{n})dS \tag{5-11}$$

式中最后一项代表伴随着进入或离开初始系统的体积改变的动量通量。我们假定侵蚀/沉积仅通过与沟床相接触面积A_c的泥石流质量块体发生。接触面积A_c可以由水平投影面积A通过$A = (A_c\boldsymbol{n}) \cdot z = q^{-1}A_c$在$z$方向$z = (0, 0, -1)^T$投影立即计算出来。沟床降低/提升的质量变化的机制，将在下一部分论述。依靠$dS = dA_c = qdA$，式（5-11）转化为

$$\frac{d}{dt}\int_V \rho \boldsymbol{u} V = \int_V \frac{d(\rho \boldsymbol{u})}{dt}dV - \int_A \rho_b \boldsymbol{u}_b w_b dA \tag{5-12}$$

式中，$\boldsymbol{u}_b = (0, 0, w_b)$是沟床位置处的实际速度，$w_b = db/dt$代表了沟床在垂直方向上下降（$w_b < 0$）抬升（$w_b > 0$）的速率。还应注意到，通量项已经改变了符号并且流量q已经被取消。依靠b的定义所设定的非滑动边界条件，水平分量$\boldsymbol{u}_b$被消去了。ρ_b是沟床物质的容重。在目前的研究中，由于物质滑动，假定沟床物质具有相同的容重$\rho_b = \rho$。然而，进入初始系统的物质具有不同的流变特性是可能的。冲积物或斜坡泥石流具有高含水量的特点，因此如果它们能够保持在运动物体底部有新物质的进入，它们能够控制物质行为。此点对最终冲出量具有重大影响，但要以未来调查为准。

对于巨大的泥石流、滑坡以及岩体崩塌而言，它们共同的几何特征是横向扩展规模与深度相比更具优势，并且在运动中，其平移相比旋转更加明显。因此假定泥石流质量块体在运动过程中保持垂直，因此得出$dV = hdA$是合理的，而且最重要的是，任何平均深度变量（Chen and Lee，2000，2003；Chen et al.，2006；Crosta，2001；Dai et al.，1999），在表达式（5-13）的意义下：

$$\overline{\varPhi}h = \int_b^f \varPhi dz \tag{5-13}$$

可以简化沿垂直方向的变量$\varPhi = \{\rho \boldsymbol{u}; \boldsymbol{F}\}$是具有合理代表性的。使用莱布尼茨定理对深度进行积分，表达式（5-13）转化为

$$\frac{d(\overline{\varPhi}h)}{dt} = \frac{d}{dt}\int_b^f \varPhi dz = \int_b^f \frac{d\varPhi}{dt}dz + \varPhi_f \frac{df}{dt} - \varPhi_b \frac{db}{dt} \tag{5-14}$$

式中，$\varPhi_f$和$\varPhi_b$分别代表自由面和沟床的$\varPhi$值，然后将$\varPhi = \rho \boldsymbol{u}$代入式（5-12）中得出：

$$\frac{d}{dt}\int_V \rho \boldsymbol{u}dV = \int_A \int_b^f \frac{d(\rho \boldsymbol{u})}{dt}dzdA - \int_A \rho \boldsymbol{u}_b w_b dA$$

$$= \int_A \left(\frac{d(\rho \overline{\boldsymbol{u}}h)}{dt} - \rho \boldsymbol{u}_f \frac{df}{dt} + \rho \boldsymbol{u}_b \frac{db}{dt} - \rho \boldsymbol{u}_b w_b\right)dA \tag{5-15}$$

式中，$\boldsymbol{u}_f$为自由面的实际速度。由于我们不考虑自由面任何的质量交换，此时$df/dt = 0$。式（5-15）中，积分算式最后两项最终彼此消去，则$x-y$水平面的动量等式简化为

$$\int_A \frac{d(\rho \overline{\boldsymbol{u}}h)}{dt}dA = \int_A \overline{F}hdA + \int_A TdA \tag{5-16}$$

二、基底侵蚀机制和质量守恒

泥石流基底侵蚀能力非常依靠沟床的组成和结构（地层和结构）以及运动物体作用在

底部的基底剪切力。当运动物质侵蚀力的影响超过了土壤抗滑力的影响时，发生基底脱离。固定颗粒和/或基底材料依靠降低非滑动面基底表面而被卷入切线方向移动的泥石流中，在侵蚀发生的时刻，总体动量保持不变。由泥石流引起的基底侵蚀是一个非常复杂的动力过程。对于事后实地调研而言，可能运动的深度，主要是依靠猜测而不是直接测量。对于覆盖松散层和堤岸的河床侵蚀深度的估计是相当困难的。然而，松散的侵蚀物质的体积可以由工程地质学家进行详细记录，他们可以测量可能是受侵蚀影响的表面面积。因此，对于工程实践来说，尤其对于历史事件的反分析而言，本研究提出了侵蚀速率的概念。对于一个典型的泥石流质量块体，我们假设质量流速与受侵蚀影响的表面面积 A_c 和泥石流平均流速 $|\boldsymbol{u}|$ 大小成正比，因此得出下式：

$$Q = \int_S \rho (\boldsymbol{u}_R \cdot \boldsymbol{n}) \mathrm{d}S = \int_A E \rho |\boldsymbol{u}| q \mathrm{d}A \tag{5-17}$$

式中，E 代表侵蚀速率，沉积为负，携带为正。

E 是无量纲的，将 E 定义为泥石流移动单位长度时，通过单位接触面积的被侵蚀的单位体积物质。直观来说，E 可以解释为具有单位接触面积、移动单位长度的有限质量体，在滑动过程中会导致基底表面下降 E 单位高度（携带深度）。

根据所持有的非滑动面定义，在速度 $\boldsymbol{u}_b = (0, 0, w_b)^T$，$w_b = -Eq|\boldsymbol{u}|$ 时，由于侵蚀 $E>0$，式（5-17）中也就意味着沟床在垂直方向上会降低。在侵蚀时刻泥石流静态深度增加，这样会补偿基底高程的减少，此时接触面积和自由表面均改变。将沟床降低的速率在法向方向 $\boldsymbol{n}$ 上进行分解：

$$\boldsymbol{u}_b \cdot \boldsymbol{n} = -E|\boldsymbol{u}| \tag{5-18}$$

因此，侵蚀速率 E 可以解释为法向沟床下降/流失速率与平均切向滑动速率之间的比率，E 通常在 10^{-3} 取值。尽管沉积体积可以达到初始体积的多倍，由于侵蚀物质是从全部泥石流冲痕面积中收集而来，沟床地形的变化依然很小（Chen and Lee，2000，2003；Chen et al.，2006；Crosta，2001；Dai et al.，1999）。

由于异质性土壤理化性质和复杂的斜坡地形，总体/等效的侵蚀速率只能通过已知事件的后预报分析确定。然而，对于地质工程实践中的初步估计来说，可以使用如下的简化准则（Chen and Lee，2000，2003；Chen et al.，2006）：

$$E \approx \alpha \frac{V_{\mathrm{eroded}}}{A_{\mathrm{effect}} d_{\mathrm{center}}} \tag{5-19}$$

式中，V_{eroded} 是总侵蚀体积；A_{effect} 代表总体受影响的侵蚀面积；d_{center} 代表物质中心的移动距离，所有变量均可以通过野外考察大致确定。考虑系统的非线性，修正系数 α 的选取需要考虑流变模型和底部地形的影响。

三、受力分析和动量守恒

参考如图 5-12 所示的运动质量块体，式（5-9）中体积力 $\boldsymbol{F}$ 由三部分组成 $\boldsymbol{F} = \boldsymbol{N} + \boldsymbol{P} + \boldsymbol{G}$，基底法向应力 $\boldsymbol{N}$、净体积力 $\boldsymbol{P}$ 和重力 $\boldsymbol{G}$。剪切牵引力 $\boldsymbol{T}$ 是作用在接触面 A_c 的基底摩擦力。式（5-16）是针对水平分量（u，v），而垂直速度 w 依赖于延沟床法向方向滑动约束。令 $\boldsymbol{u}_f = (0, 0, w_f)^T$ 作为以平均速度 $(u, v)^T$ 移动的拉格朗日视窗下自由表面高程速度，

式中$w_f = \partial f / \partial t$。运动约束需要运动物体法向速度应当是有界限的，此界限依靠上部和下部表面的运动进行界定：

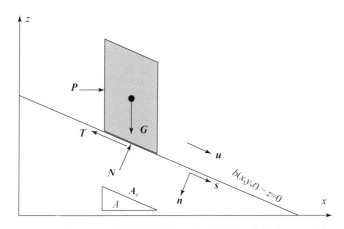

图5-12　典型泥石流质量块体作用力示意图（简化为x–z方向）

$$u \cdot n = \frac{1}{2}(u_b + u_f) \cdot n \qquad (5\text{-}20)$$

由于泥石流深度较薄，这里已经假定自由表面法向方向平行于沟床的法向方向n。应当指出，$u \cdot n = 0$是针对延非侵蚀斜坡面做相同运动的泥石流而言的。然后，式（5-20）推导出：

$$w = u\frac{\partial b}{\partial x} + v\frac{\partial b}{\partial y} + \frac{1}{2}(w_b + w_f) \qquad (5\text{-}21)$$

令重力$G = (0,\ 0,\ -\rho g)^{\mathrm{T}}$。直接延斜坡法向方向$n$运用牛顿第二定律，得到：

$$\left(\rho\frac{\mathrm{d}u}{\mathrm{d}t} \cdot n\right)n = N + (G \cdot n)n + (P \cdot n)n \qquad (5\text{-}22)$$

我们假定，净体积力法向分量与法向动量$(P \cdot n)n$变化有关，相对静态重量而言是可以忽略的。这种假设已经在所有的浅流理论里取得了一定的认可。因此，式（5-22）可以简化为

$$N \approx -(G \cdot n)n + \left(\rho\frac{\mathrm{d}u}{\mathrm{d}t} \cdot n\right)n = = (G^* \cdot n)n \qquad (5\text{-}23)$$

在此引入有效重力$G^* = (0,\ 0,\ -\rho g^*)^{\mathrm{T}}$，这里$g^* = g + \Delta g$，其中

$$\Delta g = -\frac{\mathrm{d}u}{\mathrm{d}t} \cdot n = \frac{\mathrm{d}w}{\mathrm{d}t} - \frac{\mathrm{d}u}{\mathrm{d}t}\frac{\partial b}{\partial x} - \frac{\mathrm{d}v}{\mathrm{d}t}\frac{\partial b}{\partial y} \qquad (5\text{-}24)$$

得出

$$\frac{\mathrm{d}u}{\mathrm{d}t} \cdot n = \frac{\mathrm{d}(u \cdot n)}{\mathrm{d}t} - u \cdot \frac{\mathrm{d}n}{\mathrm{d}t} \qquad (5\text{-}25)$$

Δg显然通过$u \cdot \mathrm{d}n/\mathrm{d}t$项解释了到当地地形的变化（向心力作用），并且通过$\mathrm{d}(u \cdot n)/\mathrm{d}t$解释了沟床的非均匀降低或泥石流深度的积累（重量影响的丢失或获取）。Δg用来构建基底法向应力。为了避免直接求解基底曲率二阶微分，Δg可以由式（5-24）通过加速度和基底梯度的数量积方便估计出来。

令运动方向 $\boldsymbol{\xi}=(\xi_x,\ \xi_y)^{\mathrm{T}}\parallel(u,\ v)^{\mathrm{T}}$ 和其横向方向 $\boldsymbol{\eta}=(\eta_x,\ \eta_y)^{\mathrm{T}}=(\xi_y,\ -\xi_x)^{\mathrm{T}}$ 投影在水平面。我们假定内部主应力与 $\boldsymbol{\xi}$ 和与 $\boldsymbol{\xi}$ 的主导变形 $\boldsymbol{\eta}$ 是紧密相关的（一致的），并且侧向正应力与表观单位面积重量成正比。净体积力近似为

$$\boldsymbol{P}=P_\xi\boldsymbol{\xi}+P_\eta\boldsymbol{\eta}=-k_\xi[\nabla(h\rho g^*)\cdot\boldsymbol{\xi}]\boldsymbol{\xi}-k_\eta[\nabla(h\rho g^*)\cdot\boldsymbol{\eta}]\boldsymbol{\eta} \tag{5-26}$$

式中，$(k_\xi,\ k_\eta)$ 为局部坐标 $(k_{\xi\eta}=k_{\eta\xi})$ 下的土压力系数，其取值由切换函数确定：

$$k_\xi=\begin{cases}k_\xi^{\mathrm{act}}\ (\varepsilon_\xi>0)\\ 1\ (\varepsilon_\xi=0)\\ k_\xi^{\mathrm{pas}}\ (\varepsilon_\xi>0)\end{cases},\quad k_\eta=\begin{cases}k_\eta^{\mathrm{act}}\ (\varepsilon_\eta>0)\\ 1\ (\varepsilon_\eta=0)\\ k_\eta^{\mathrm{pas}}\ (\varepsilon_\eta>0)\end{cases} \tag{5-27}$$

式中，$(\varepsilon_\xi,\ \varepsilon_\eta)$ 是延 $\boldsymbol{\xi}$ 和 $\boldsymbol{\eta}$ 方向的应变率，是依靠延假定正方向投影的应变率张量 $\varepsilon=\frac{1}{2}[\nabla u+(\nabla u)^{\mathrm{T}}]$ 转化而来的。如下式：

$$\varepsilon_\xi=\boldsymbol{\xi}^{\mathrm{T}}\cdot\varepsilon\cdot\boldsymbol{\xi}=\varepsilon_{xx}\xi_x^2+2\varepsilon_{xy}\xi_x\xi_y+\varepsilon_{yy}\xi_y^2$$
$$\varepsilon_\eta=\boldsymbol{\eta}^{\mathrm{T}}\cdot\varepsilon\cdot\boldsymbol{\eta}=\varepsilon_{xx}\xi_y^2-2\varepsilon_{xy}\xi_x\xi_y+\varepsilon_{yy}\xi_x^2 \tag{5-28}$$

依据总体坐标，式（5-26）中框架不变量写为

$$\boldsymbol{P}=-\boldsymbol{k}\cdot\nabla\cdot(h\rho g^*) \tag{5-29}$$

式中，$\boldsymbol{k}$ 以各向异性系数集 $(k_{xy}=k_{yx})$ 的形式体现：

$$\boldsymbol{k}=\begin{bmatrix}k_{xx}&k_{yx}\\ k_{xy}&k_{yy}\end{bmatrix}=\begin{bmatrix}k_\xi\xi_x^2+k_\eta\xi_y^2&(k_\xi-k_\eta)\xi_x\xi_y\\ (k_\xi-k_\eta)\xi_x\xi_y&k_\xi\xi_y^2+k_\eta\xi_x^2\end{bmatrix} \tag{5-30}$$

依靠标准摩尔图，出于对移动物质质量块体的剪胀或压缩行为的几何考虑，发展出主动或被动状态的侧向土压力系数 $k^{\mathrm{act/pas}}$。

$$k_\varepsilon^{\mathrm{pas/act}}=2\frac{1\pm[1-\cos^2\phi(1+u^2)]^{1/2}}{\cos^2\phi}-1 \tag{5-31}$$

$$k_\eta^{\mathrm{pas/act}}=\frac{1}{2}\{k_\xi+\boldsymbol{1}\pm[(k_\xi-\boldsymbol{1})^2+4\mu^2]^{1/2}\} \tag{5-32}$$

式中，μ 是基底剪切力和基底法向应力之间的比率；ϕ 代表内摩擦角。

剪切力 $\boldsymbol{T}$ 与物体移动方向 $s\parallel u$ 相反，是一个不同的流变本构关系的函数。在 Voellmy 流变模型中，剪切力 $\boldsymbol{T}$ 已经在模拟颗粒流和岩石崩塌被广泛使用，单位面积的剪切力 $\boldsymbol{T}$ 为

$$\boldsymbol{T}=-\left(\mu'|N|h+\gamma\frac{|\boldsymbol{u}|^2}{\xi}\right)s \tag{5-33}$$

式中，γ 为单位重量；ξ 为湍流系数（m/s²）。有效动态摩擦系数 $\mu'=(1-\gamma_u)\tan\delta$，在模拟强度从峰值至残余的衰减中，动态基底摩擦角 δ 是位移相关的。孔隙压力比 γ_u 的引入用来说明孔隙压力的影响。在快速而激烈的负荷下，它的值可以相对较高，并且在时空上变化。当湍流的影响不需考虑时 $(\xi\to\infty)$，Voellmy 流变将为摩擦（friction）流变。

遵照式（5-23）、式（5-29）和式（5-33），无量纲形式的水平面动量方程，式（5-16）转化为

$$\int_A\frac{\mathrm{d}(\boldsymbol{u}h)}{\mathrm{d}t}\mathrm{d}A=-\int_A\left[(g'\cdot\boldsymbol{n})(\boldsymbol{n}+\mu's)+\frac{|\boldsymbol{u}|^2}{h\xi'}s+\boldsymbol{k}\cdot\nabla(hg')\right]h\mathrm{d}A \tag{5-34}$$

式中变量已经由 L、$(gL)^{1/2}$、$(L/g)^{1/2}$ 作为参考长度进行了标度，速度和时间分别会产生

一个单一的弗劳德数。$g' = -(0,0,g')^T$ 是有效重量方向向量（$g' = 1 + \Delta g$）。无量纲湍流系数因此为 $\xi' = \xi/g$。关于 u、h、A 和 t 的质数已经被忽略了。

四、求解方案和数值方法实施

在目前的研究中，通常都是使用有限元法，活动的泥石流与滑坡体被分解为有限数量的相互接触的四边形单元（垂直质量块体），它们可以在拉格朗日移动框架下彼此自由变形。在级别 n 时期的变量指：

$$\Phi^n = \Phi(x^n) = \Phi(x(t^n)) ; \quad \Phi = \{u, h, b\} \tag{5-35}$$

泥石流的变形质量块体，遵循（$x-y$）水平面内单元顶点的特征路径：

$$x^{n+1} = x^n + \int_{t^n}^{t^{n+1}} u \mathrm{d}t \tag{5-36}$$

式中，速率 (u, v) 通过下式求解：

$$\int_A \frac{\mathrm{d}(uh)}{\mathrm{d}t}\mathrm{d}A = -\int_A \left[\frac{g'}{q^2}\frac{\partial b}{\partial x} + k_{xx}\frac{\partial(hg')}{\partial x} + k_{yx}\frac{\partial(hg')}{\partial y} + \frac{u}{|u|}\left(\frac{g'}{q}\mu' + \frac{|u|^2}{h\zeta'} \right) \right] h\mathrm{d}A$$

$$\int_A \frac{\mathrm{d}(vh)}{\mathrm{d}t}\mathrm{d}A = -\int_A \left[\frac{g'}{q^2}\frac{\partial b}{\partial y} + k_{xy}\frac{\partial(hg')}{\partial x} + k_{yy}\frac{\partial(hg')}{\partial y} + \frac{v}{|u|}\left(\frac{g'}{q}\mu' + \frac{|u|^2}{h\zeta'} \right) \right] h\mathrm{d}A$$

$$\tag{5-37}$$

泥石流深度 h，在泥石流边缘处消失，然后在最小二乘意义下，通过的真正的质量守恒方程（5-8），使用更新的单元体积，对 h 进行重新分配。

值得一提的是，本研究所进行的数值实施中，严格满足质量守恒定律，除非网格投影（重新分区）由内置的网格质量监控自动激活。在不同的网格光滑技术中，没有改变网格的连接程度，本研究发现边界拟合的偏微分方程转化在最初的高品质网中解决是最强大的。

在泥石流沉积阶段，当其前端动量完全消失时，而泥石流主体依然沿坡向下滑动，倾斜的尖面波在沉积中部形成并向后传播。

由于目前的模型是在拉格朗日移动网格中构建，此类冲击波直到出现数值不稳定前都很好地维持，然后由激活的重新分区网格掩盖。正如大多数滑坡运动模拟的动态模型，我们还未能实施任何方法来捕获冲击。在今后的研究中，我们要采纳最近发展的前端追踪技术。然而，在准三维问题上，尤其是在非结构化网格方面依然面临挑战。

第五节 泥石流动力特征研究

随着科学理论和计算技术的不断发展和完善，数值模拟方法成为研究自然界中复杂动力学问题的重要手段。利用数值模拟方法不但可以反演再现历史的力学过程还可以对未来的力学过程进行预测和预报，更重要的是数值模拟方法已经形成了一种新的研究手段，即数值试验。在数值试验中，通过改变力学的计算条件可以很方便、灵活地实现在不同条件下的动力过程模拟，尽管实验室试验的作用始终不能被替代，但数值模拟试验已经成为研究复杂动力学过程规律特征的重要方法。

　　本研究采用有限元求解方法，开发三维连续介质动态数值模型程序，对流变模型（摩擦模型、Voellmy 模型、Bingham 模型）进行编码，采用以上模型对泥石流形成机理展开研究。研究包括泥石流临界启动研究、泥石流侵蚀行为研究、泥石流动力特征研究、模型参数的敏感性研究以及拦挡坝对泥石流动力过程的影响分析研究。以下就其中的若干特征问题进行讨论（Chen and Lee，2000，2003；Chen et al.，2006；Crosta，2001；Dai et al.，1999）。

一、实验材料与方法

（一）实验设计与模型几何结构

　　为了评估泥石流的临界启动过程，泥石流侵蚀行为，不同坡型下泥石流的动力特征，模型参数的选取对试验结果的敏感性以及拦挡坝的拦挡效果，本研究建立了初步的数值模拟实验，该实验构建了不同的基础地形（无限制形坡和渠道坡），采用流变模型进行数值模拟计算。模型几何结构设计成一系列倾斜的坡面（5°~40°、$\Delta\alpha = 5°$ 为一间隔，共计 8 个坡面）和一个与水平冲出的 5°线性过渡区相连接，x–y 平面内的直角坐标系位于与原始初始物质质量中心投影一致的水平区域。x 轴与速度下降最快的斜坡面平行（图 5-13）。分别在此斜坡上考虑两种基础地形，一种是 A 系列：无限制倾斜坡 ［图 5-14（a）］，另外一种是 B 系列：具有浅渠道斜坡 ［图 5-14（b）］，该坡可以在侧向限制物质运动。所有模拟试验均是在斜坡上部同一位置、相同数量的物源开始。

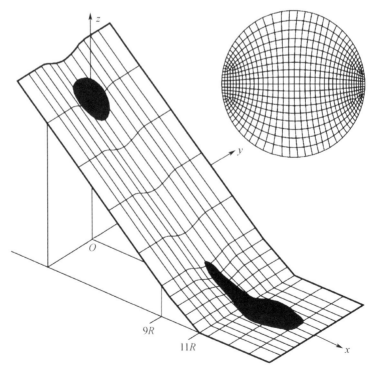

图 5-13　数值模拟实验结构示意图

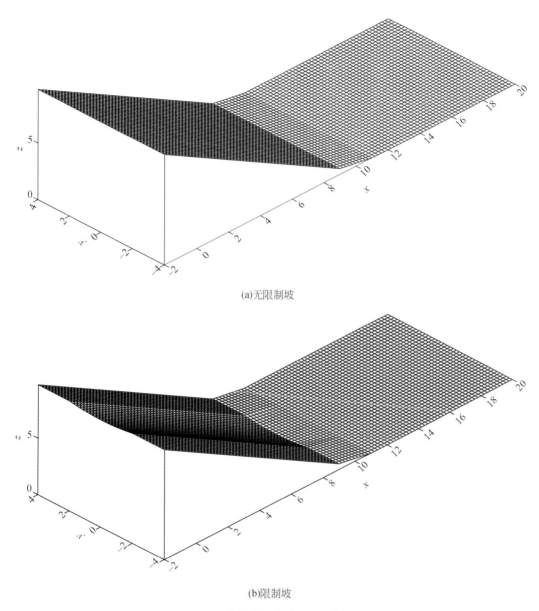

(a)无限制坡

(b)限制坡

图 5-14　数值模拟实验 40°两种坡型

　　整个斜坡在 y 轴方向宽度为 8m（y：$-4 \sim 4$），在 x 轴方向坡面长 11m（x：$-2 \sim 9m$），过渡区长 2m（x：$9 \sim 11m$），水平区域长 9m（x：$11 \sim 20m$）。限制坡下凹部分宽 4m（y：$-2 \sim 2$），最深部位位于 $x = 0$ 处，深度 $h = 0.25m$。物源区几何体为一球冠，在 x-y 平面投影的为圆，其投影半径 $R = 2m$，球冠高 $H = 0.25m$，因此该物源区体积为 $V_0 = \dfrac{1}{6}\pi H(3R^2 + H^2) = 1.58m^3$。材料在坡面上被突然释放，经过过渡区域运动到水平面上。

（二）动力分析模型选取

目前泥石流的动力分析模型（动态模型）通常包括集中质量模型和连续介质力学模型两类。前者是将整个滑体运动简化为重心处的质点运动，因此，该类模型既不能模拟碎屑流的内部变形，也不能模拟运动过程中前缘和尾缘的速度变化，而泥石流速度一直是泥石流的研究重点。目前在 CFX 软件平台下已加载此模型，并已有模拟案例。但由于使用该计算流体动力学软件对泥石流进行数值模拟时不能考虑泥石流的下垫面沟谷的地质条件（如地层岩性情况及沟床的粗糙程度等），而只能把沟谷坡面等地形条件视为光滑的壁面，所以无法计算泥石流流体流动过程中的能量损失对其流速的影响，并且不能考虑泥石流对下垫面侵蚀的影响，因而具有一定的局限性。连续介质模型则考虑了滑体运动过程内部变形情况，包括初始几何形态、运动过程中的变形特征及堆积特征，能够模拟整个滑体运动状态分布。因此本研究将描述流体运动状态的量表示为时间 t 和笛卡儿坐标（x，y，z）的函数来进行考虑，构建欧拉形式方程组，用以在任意固定位置来考察流体状态随时间 t 的变化规律；同时在任意固定（但在运动着的）流体质点上观察流体状态随时间 t 的变化规律，构建拉格朗日形式的方程组。采用有限元求解方法，编译连续介质模型代码程序，对多种流变模型（摩擦模型、Voellmy 模型、Bingham 模型）进行相应编码，对泥石流进行数值模拟和形成机理研究。

（三）流变模型选取

由于泥石流在运动过程中属于非牛顿流体，其在流动时不同高度的流体速度不同，因此层间会有摩擦所产生的剪应力。浆体的流变特性是指其受剪切变形时的剪应力与剪切率的关系。在描述这种非牛顿流变特性时，通常选取摩擦模型、Voellmy 模型和 Bingham 模型。

1）摩擦模型（friction model）：只考虑在泥石流底部正应力影响剪切力，经常应用于颗粒流和大块岩石崩塌、流动。

2）Voellmy 模型（Voellmy model）：模型同时考虑摩擦和湍流影响剪切力，适用于雪崩和流体物质流动；目前已在意大利、中国香港有成功的预测案例。

3）Bingham 模型（Bingham model）：适用于固体物质以土为主的黏性泥石流，属于均匀细颗粒物质占主体的泥石流流体。这种泥石流在流通区的前段往往具有很高的速度，随着坡度的减缓和沟道的摩擦，其速度会明显降低，遇到开阔平缓地形时则迅速淤积，所以Bingham 模型黏性泥石流流动时所携带的能量较小，沟口冲积扇面的面积也相对较小。

对于舟曲地区泥石流运动物质而言，主要以碎石为主，因此本研究选用两种流变模型：摩擦流变模型和 Voellmy 流变模型进行运动机理和数值模拟研究。

（1）摩擦模型

在细颗粒较少而粗颗粒较多的条件下，底面剪切阻力主要表现出摩擦的行为，摩擦阻力与地面有效正应力成正比，如下式所示：

$$\tau = \sigma_z(1-\gamma_u)\tan\delta \tag{5-38}$$

式中，σ_z 为底面有效正应力；孔隙水压力比率（γ_u）和动力底摩擦角（δ），作为流变参数引入摩擦模型中，孔隙水压力比率 γ_u 等于孔隙水压力 u 与底面应力 σ_z 的比值。根据太沙基理论，在底面总应力一定的条件下，孔隙水压力的存在将会减小有效正应力，从而减小底面摩擦阻力。孔隙水压力比率与动力摩擦角可以由单一变量体摩擦角（φ_b）统一表达，φ_b定义为

$$\varphi_b = \arctan(1-\gamma_u)\tan\delta \tag{5-39}$$

摩擦阻力对于泥石流运动而言是一种非常重要的阻力类型，对于底面剪切阻力主要由摩擦产生的泥石流而言，底面孔隙水压力的存在常常用来解释其高速和长距离的运动原因。

（2）Voellmy 模型

Voellmy 剪切阻力模型主要考虑了摩擦和湍流行为，已经被广泛应用于颗粒流和岩石崩塌、流动的模型之中，用下式表示：

$$\tau = \sigma\mu + \frac{\rho g\, v^2}{\xi} \tag{5-40}$$

式中，μ 为动力摩擦系数，与摩擦模型中的摩擦角 φ_b 类似，此时 $\mu=(1-\gamma_u)\tan\delta$，同样模型中引入孔隙水压力比率 γ_u 用以考虑孔隙水压的影响。在快速和强烈的载荷下，γ_u 可以达到一个很大的数值，可以随时间和空间变化；ξ 为湍流（紊流）系数，代表了流体流动过程中湍流的影响，许多泥石流在传递过程中都具备了湍流的性质；湍流是不稳定的结果，在运动中由于粒子结构而发展。湍流运动在统计意义上可以归纳为平均数量部分，如将速度场和压力场分为平均部分和波动部分，其具体的物理意义将在下节详细阐明。当模型中未考虑湍流项（$\xi\to\infty$）时，Voellmy 模型则简化为摩擦模型。式（5-40）右端第一项表示摩擦阻力，第二项则具有湍流阻力的形式，在泥石流动力分析中，经验性地用于表示与速度有关的项。尽管该阻力模型具有经验的性质，但是该阻力在许多学者的研究模拟中都取得了成功。

（四）流变模型参数选取

泥石流流变特性参数选取直接影响数值模拟结果的稳定性和准确性，其参数的确定主要取决于泥石流物质材料的特性。根据舟曲泥石流主要岩性成分以及三轴试验结果，最终确定各流变模型的参数以及内摩擦角 ϕ。其中，摩擦流变模型只与动力底摩擦角 δ 一个未知参数有关，其值与岩土体的含水量有关；Voellmy 流变模型包括动力摩擦系数 μ 和湍流系数 ξ 两个未知参数（表 5-7）。

表 5-7 流变模型参数选取

流变模型	流变参数
摩擦模型	$\delta=20°$，$\phi=30°$
Voellmy 模型	$\mu=0.1$，$\xi=1000\,\mathrm{m/s^2}$，$\phi=30°$

（五）侵蚀率计算与选取

侵蚀是泥石流动力过程中常见的现象，也是一个非常重要而又极其复杂的课题。由于异质性土壤理化性质和复杂的斜坡地形，总体/等效的侵蚀速率只能通过已知事件的后预报反分析来确定（Chen and Lee，2000，2003；Chen et al.，2006）。对于地质工程实践中初步评估来说，可以使用式（5-19）简化准则。

为了使最初的侵蚀率估计更为容易，我们通过拟合数值模拟实验计算 A_{effect} 和 d_{center}，获

得了相关系数。显然需要不断修正来真实反映地形和流变模型的可靠性。对于摩擦模型，对于限制坡和无限制坡，我们均采用 $\alpha = 2.0$；对于 Voellmy 模型，此时非线性更强，对于无限制坡面，我们采用 $\alpha = 2.2$，对于限制坡面，我们在此采用 $\alpha = 2.5$。

二、泥石流临界启动分析

本研究分别采用两种流变模型（摩擦模型、Voellmy 模型），两种坡型（无限制坡、限制坡），三种侵蚀率（$E = 0$、0.003、0.007），八种角度坡面（5°~40°、$\Delta\alpha = 5°$）进行了 92 种工况条件下数值模拟计算。图 5-15 列出了摩擦流变模型下，无限制坡和限制坡，在侵蚀率 $E = 0.003$ 情况下，八种坡度下，泥石流整个运动过程在 $x-y$ 平面内的运动轮廓投影和运动物质深度情况。图中虚线代表运动物质不同时刻轮廓线，时间间隔 0.5 s，等值线云图代表运动物质堆积区深度分布情况。同样在 Voellmy 流变模型，其他侵蚀率下也出现了相似的情况。

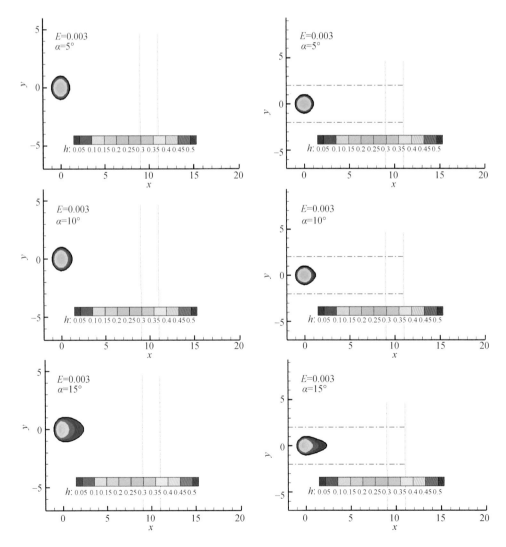

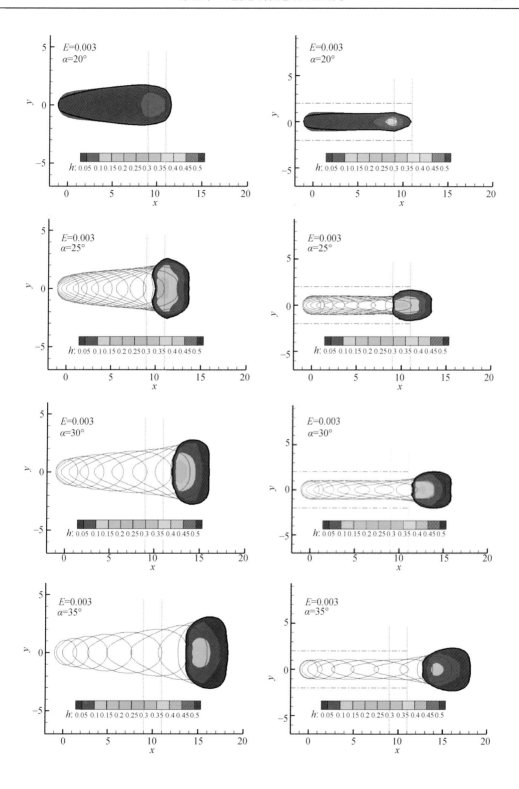

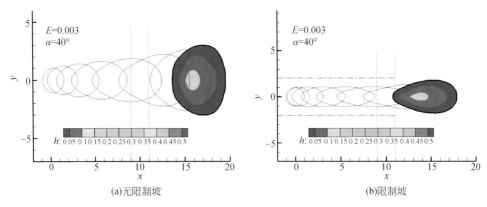

图 5-15　泥石流运动轮廓模拟结果

　　从图 5-16 可以看出，不论是无限制坡面或限制坡面，泥石流的启动规律大体一致，随着坡度的增加，运动距离逐渐增加。当 $\alpha \leqslant 15°$ 时，泥石流均未启动，只在其斜坡坡面运动了很小的一段距离便停止，说明在坡度较小的情况下，坡面不足以提供给泥石流足够的能量，令其启动。当 $20° \leqslant \alpha \leqslant 25°$ 时，情况开始发生变化，运动物质运动距离有所增大，堆积区前缘已经停留在过渡区或少部分停留在水平区，但堆积区大部分位于斜坡区或过渡区范围内。当 $\alpha = 30°$ 时，泥石流的运动距离明显增大，堆积区前缘已经越过过渡区，运动至水平区域，但堆积区最深处仍然停留在过渡区范围内。当 $\alpha \geqslant 35°$ 时，运动距离进一步增大，虽然后缘仍有部分停留在过渡区，但堆积区最深处已经进入水平区域，说明堆积物质大部分已经运动至水平区域。

　　同样从泥石流运动过程中的动力参数变化过程曲线（图 5-16）可以看出，当 $\alpha \leqslant 15°$ 时，整个运动过程持续时间很短，速度和总动能很小，最长运动时间和最大速度（前端速度）与动能仅出现在 $\alpha = 15°$ 时，此时整个过程仅持续 2.4s，最大速度（前端速度）仅为 0.896m/s，总动能最大值仅为 0.007 J，说明坡度较小不能提供泥石流足够的能量，泥石流尚不能启动。当 $20° \leqslant \alpha \leqslant 25°$ 时，各动力参数虽然较 $\alpha \leqslant 15°$ 时有所增大，但未能像 $\alpha \geqslant$

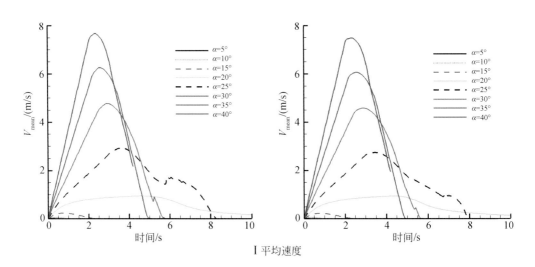

I 平均速度

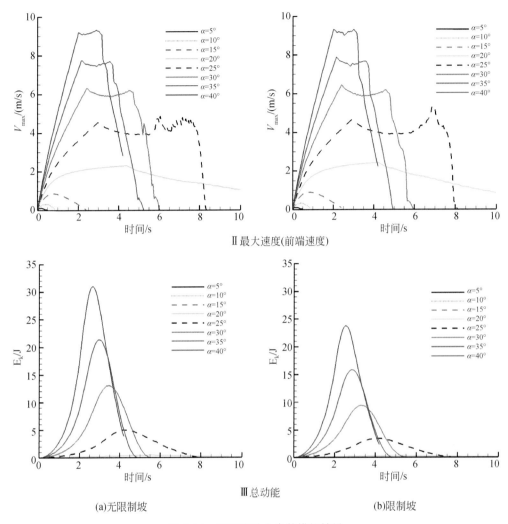

(a)无限制坡　　　　　　　　　　　　　(b)限制坡

图 5-16　泥石流动力参数模拟结果

30°出现明显峰值，整个运动过程的动力参数都较为平缓，且运动时间在整个坡度区间内达到最长为 10 s，说明此时泥石流处于从尚未启动到正式启动的一个临界状态，是一个缓慢的"蠕变"过程。当 α≥30°时，平均速度、最大速度（前端速度）以及总动能的动力参数指标均明显增大，出现了明显的峰值，然后迅速下降，说明该区间坡度能够提供给运动物质足够的能量。随着坡度的继续增大，各动力参数峰值逐渐增大，下降速度越快，运动时间越短。

综合以上分析表明，不论是沟谷型（限制坡面）还是无限制坡面，不论采用何种流变模型和侵蚀率，随着坡度逐渐增加，地形所提供给运动物质的能量进一步增大，运动物质的运动距离进一步增加，其相应的平均速度、最大速度（前端速度）和总动能也会进一步增加。根据不同坡度的泥石流启动运动规律和堆积区情况以及各坡度动力参数延程变化过程，可以将舟曲地区泥石流的临界启动坡度设定为 25°～30°，该临界启动坡度的设定可为舟曲防治措施和监测预警提供一定的技术参考。

三、动力过程分析

本研究分别采用两种流变模型（摩擦模型、Voellmy 模型），两种坡型（无限制坡、限制坡），三种侵蚀率（$E=0$、0.003、0.007），35°坡面工况条件下数值模拟计算。泥石流整个运动过程在 x–y 平面内的运动轮廓投影和运动物质深度情况。图 5-17 中虚线代表运动物质不同时刻轮廓线，时间间隔 0.5s，等值线云图代表运动物质堆积区深度分布情况。

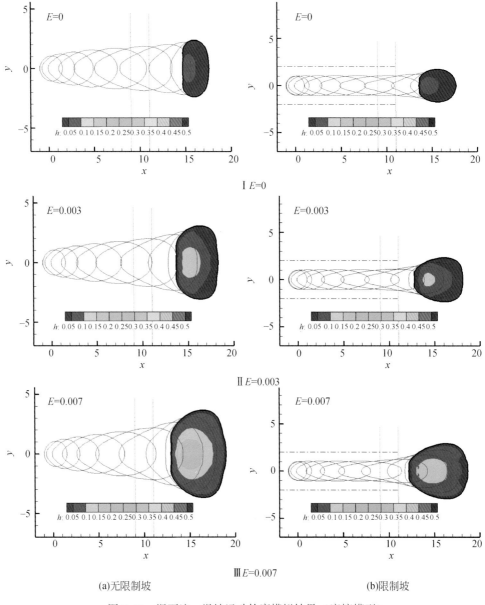

(a)无限制坡　　　　　　　　　　　　　　　(b)限制坡

图 5-17　泥石流、滑坡运动轮廓模拟结果（摩擦模型）

　　为了使最初的侵蚀率估计更为容易，我们通过拟合数值模拟实验计算总体受影响的侵蚀面积A_{effect}和物质中心的移动距离d_{center}，获得了相关系数。显然需要不断修正来真实反映地形和流变模型的可靠性。对于摩擦模型，对于限制坡和无限制坡，我们均采用$\alpha = 2.0$；对于 Voellmy 模型，此时非线性更强，对于无限制坡面，我们采用$\alpha = 2.2$，对于限制坡面，我们采用$\alpha = 2.5$。

　　图 5-17 （a） 展示了摩擦模型下无限制坡面 （系列 A） 在不同的侵蚀速率情况下，运动物质轮廓边界在 $x–y$ 平面的投影。从图中可以看出，帽子形状的运动物质一旦释放，它会延斜坡迅速加速下滑；在运动过程中，由于没有边界限制，物质会向两侧扩散。物质轮廓从圆形变为前端较钝尾部较尖的泪珠形状。当物质前缘越过过渡区进入水平区域时，前端迅速减速，而尾部依然向前推进。当物质最终静止时，物质轮廓呈现马蹄形。非侵蚀结果图 5-17 （a） 的上方图，计算结果非常典型，同 Koch 等 （1994） 采用内摩擦角 39°，底摩擦角 29°的石英颗粒的试验结果定性相关。

　　相同数量的物质在有限制的渠道中加速下滑，其运动情况如图 5-17 （b） 所示。图中呈现了指示时间时刻的水平面内投影云图。物质初始形状是圆形，物质轮廓沿着渠道拉长，逐渐形成蝌蚪状，横向扩展在整个运动过程中很小。尽管侵蚀速率不同，沿着倾斜渠道的运动模式没有明显的改变。当进入水平区域，尽管没有边界限制，纵向延伸依然明显；并且侵蚀速率越大，横向扩展越大。值得指出的是，非侵蚀结果图 5-17 （b） 的上方图表明，其沉积物轮廓呈子弹状，其结果与 Gray 等 （1999） 采用内摩擦角 40°，底摩擦角 30°的石英碎片 （平均粒径 2 ~ 4mm） 的渠道颗粒流实验结果极其相似。

　　从图 5-17 堆积区厚度等值线图中可以看出，在各种情况下，堆积区深度分布基本均呈现出尾部较厚而前端较薄。且挟带作用非常影响堆积区轮廓，在运动过程中，如果大量的物质被挟带，无限制坡 （系列 A） 的堆积区形状前端为凹形，相反在限制坡 （渠道坡系列 B） 其堆积区前端呈现钝形，显然，底部地形同样也影响着堆积区轮廓。对于相同系列的运动情况，其侵蚀速率越大，运动距离越大。有意思的是，堆积区中心并不在最大深度位置处，而是在最大深度位置处前侧。所有的例子中，与无限制坡相比，尽管限制坡坡面流可以运动更远距离，但物质中心 （反映了整体运动特性） 位置都很类似。这是由于泥石流与滑坡的前缘比其堆积区中心研究意义更为重大。

　　堆积区深度分布情况如图 5-17 等值线云图所示。可以看出在运动初始阶段，运动物质尾部相对厚前端较薄。随着沿坡下降，尽管有额外的物质不断卷入，其平均深度仍然逐渐降低。当物质在堆积区不断沉积，随着累计体积不断增加，物质深度逐渐增加，物质最终形成了一个主体相对较厚，前端相对较薄的形态。

　　在运动过程中，其动力参数的变化过程如图 5-18 所示。从图中可以看出，对于限制坡和无限制坡流动，平均速度的变化几乎不受侵蚀速率的影响。也就是说采用摩擦模型时，即使有大量的物质被卷入，也并未明显改变整体下滑的运动性。同样在图中也可以看出，无限制坡流动的整体运动性只是轻微高于限制坡流动时的情况。体积随时间的变化展示了物质积累过程，如图 5-18 所示。在相同的地形条件下，在更大的侵蚀速率下，坡面流会卷走更多的物质，同样也具有更大的动能。在相同的侵蚀速率下，无限制坡坡面流与限制坡坡面流相比，会卷走更多的物质，这点表明底部地形条件在侵蚀过程中起到关键性作用 （图 5-21）。不考虑侵蚀速率的区别或运动路径的几何条件，前端速率 （最大速率）

的变化模式非常相似；在物质进入过渡区之前，前端速率快速达到峰值，进入过渡区之后平稳下降。

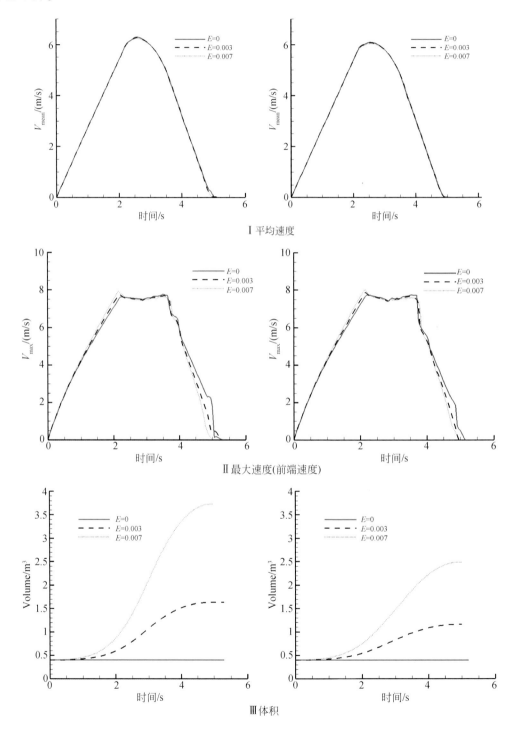

I 平均速度

II 最大速度(前端速度)

III 体积

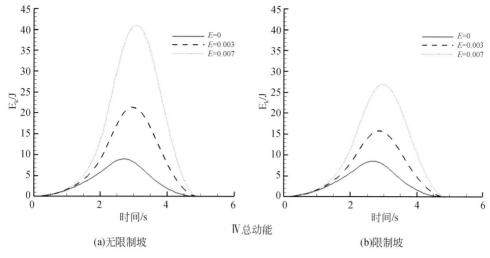

(a)无限制坡　　　　　　　　　　　　　　　　(b)限制坡

图 5-18　泥石流动力参数模拟结果（摩擦模型）

图 5-19（a）展示了在 Voellmy 模型下，无限制坡坡面流边缘随时间的变化情况。受 Voellmy 流变特性中的湍流影响，物质边缘从最初的圆形变化成为泪珠状，其前端更宽更钝，尾端呈窄凹形。侧面扩展十分显著，且更大的侵蚀速率会导致更平的后部。对于有限制的渠道流而言，纵向延伸依然是主要的，由于侧向的限制，横向扩展则显得微不足道，结果如图 5-19（b）所示。由于受地形的部分限制，沉积区前端停留在水平区域内，呈凸型，而后端依然滞留于过渡区内，呈窄凹形。由于更大的侵蚀速率所产生的携带物质使沉积区前端更钝而少尖。

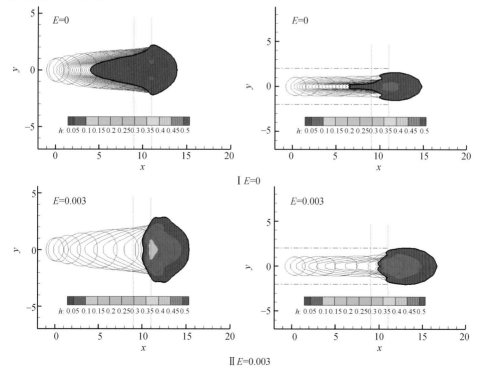

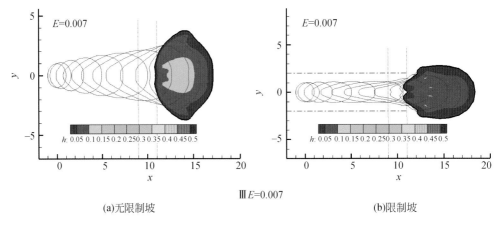

(a)无限制坡　　　　　　　　　　　　　　(b)限制坡

图 5-19　泥石流、滑坡动力参数模拟结果（Voellmy 模型）

　　沉积物剖面和厚度分布情况也可在图 5-19 中体现出来。从图中可以看出，无限制坡的坡面流动，其堆积区前端呈钝形，限制坡渠道流，其堆积区前端呈舌形。更大的侵蚀速率往往与更宽的堆积区前端和更远的传播距离有关。对于相同的侵蚀速率，限制坡渠道流的传播距离比无限制流坡面流更远。研究还指出，尽管堆积物前端和尾部较薄，最大堆积物厚度大部分位于堆积区中段，或者轻微朝向前端；堆积区物质的中心基本在最大深处位置附近。从图中还可以看出，移动物体轮廓从最初启动时的尾部较厚、前端较薄变化为堆积区内主体较厚、近尾端较薄的形状。侵蚀速率越大沉积层厚度越大。

　　比较图 5-19（a）上方的图和图 5-19（b）上方的图可以看出，夹带作用和坡面几何形态比较影响平均速度的变化情况。总的来说，由于侵蚀作用而导致的系统惯性增加，泥石流与滑坡整体运动得越快，停止的也就越快。在相同侵蚀速率下，限制坡渠道流平均速度与无限制坡坡面流相比，有一个更高的峰值，但下降速度也更快。体积随时间的变化情况如图 5-20 所示，从图中可以看出，对于相同的侵蚀速率，无限制坡坡面流与渠道流相比，在运动过程中可以卷走更多的沟床物质。最大速度（前端速度）的变化过程如图 5-20 所示，从图中可以看出，在各个侵蚀速率和地形条件下，它的变化趋势基本一致。在相同的地形条件下，较大的前端速度往往与较高的侵蚀速率相对应；在相同的侵蚀速率情况下，运动相同的距离，无限制坡坡面流相比渠道流而言，前端速度更慢。

　　对比图 5-19 中三种侵蚀速率下的等值线分布情况可以看出泥石流动力过程中的底面侵蚀的作用。侵蚀的主要作用是增加了运动的体积，当运动到坡脚时，由于运行高度和速度的增加使得泥石流体积得到了快速的增加，这可能是大多数坡脚侵蚀严重的一个主要原因，但在堆积区域由于速度降低侵蚀并不严重，侵蚀速率很低。同时，在侵蚀过程中，由于在运动和侵蚀质量间动量传递的过程中出现了能量的损耗，运动的整体速度减慢了。在较高的侵蚀增长率条件下，泥石流通过侵蚀更多的体积，最终的堆积范围更大，高度也更高。因此，侵蚀作用是泥石流运动中非常重要的不可忽视的一个重要的因素，它使得泥石流的质量增加，具有更强的破坏性。

　　摩擦模型和 Voellmy 模型都广泛应用于描述颗粒流、崩塌以及高速远程滑坡。值得注意的是，采用摩擦模型（图 5-17 和图 5-18），底部侵蚀作用的存在只少量影响了两种坡型平均流速的变化模式。6种情况下的物质中心基本都在同一位置，这表明在摩擦流变模型下，尽管有大量的侵蚀物质卷入到运动系统中，但运动物质的纵向变形与整体下滑的运动性并未发生本质的变化。这项观察与 Hungr 和 Evans（1997）所做的分析实例完全一致，他们猜测是由于离心力抵消了与携带物质有关的最初潜在能量。而我们的推断与此不同，我们认为造成这种现象的原因与主要下降方向的凹形地形有关。我们通过监测在整个运动过程中的所有作用力的变化，表明作用于斜坡的剪切力 T 和在运动方向的重力 G 的数量级大约是净体积力的 2 倍，并且了解到物质的改变对运动系统的影响是直接通过净体积力 P 实现的。沿下坡方向的变形比横向扩展更加明显，因此，当净体积力 P 项在技术上忽略时，沿斜坡方向的整体运动性不受夹带作用的明显影响。在水平区域内，重力 G 对系统运动没有贡献，此时通过净体积力 P 来调整物质的局部深度，使其很慢地达到土压力平衡状态。此时尽管 P 和 T 基本是同一数量级，但在堆积阶段没有发生明显的夹带作用。然而，值得注意的是，以上观测结果并不适用于 Voellmy 流变模型，这是由于在 Voellmy 流变模型中，随着携带物质的增加使堆积物深度逐渐增加能够明显减小剪切力 T。因此，整体运动性会逐渐增加，并且推动物质中心移动更远。

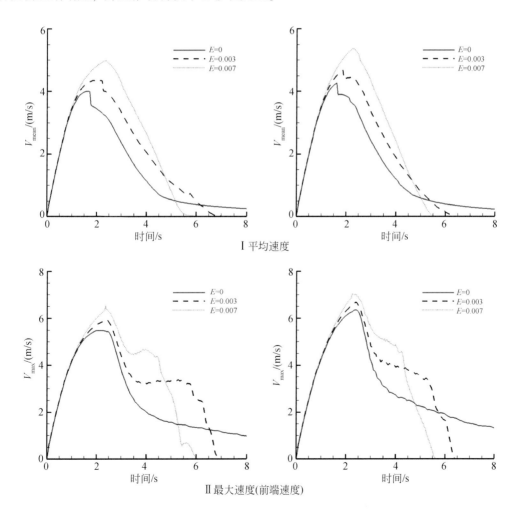

Ⅰ 平均速度

Ⅱ 最大速度(前端速度)

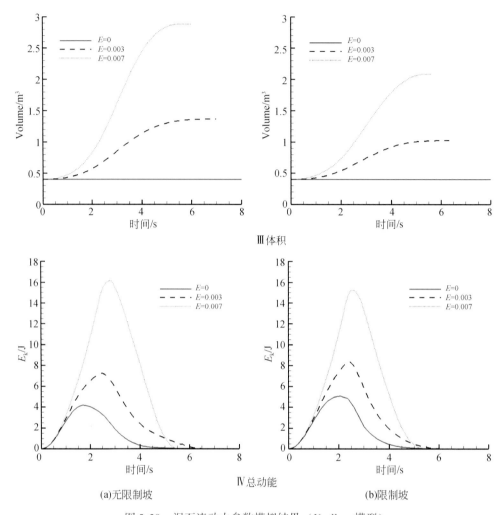

Ⅲ体积

Ⅳ总动能

(a)无限制坡　　　　　　　　　　　(b)限制坡

图 5-20　泥石流动力参数模拟结果（Voellmy 模型）

图 5-21 展现了在两种流变模型、两种坡型条件下，侵蚀速率 $E=0.003$ 时各动力参数的变化情况，其他情况下也出现类似的现象。从图中可以看出，在数值模拟试验中，在同一流变模型和同一侵蚀速率情况下，渠道流相比无限制坡坡面流，前端可以传播更远（图5-17 和图 5-19），且同时具有更高的平均速度和前端速度以及更大的总动能；这点与渠道的影响可以加强运动距离这一现象相一致，并且非限制坡与渠道坡相比可以会卷走更多的物质，这是因为限制坡强烈影响了运动物质的整体位移和堆积区厚度分布。在实际应用中，对于泥石流和高速远程滑坡的灾害减缓措施而言，如堤坝和线形渠道一些技术都会部署用以限制和转移物体流动，使得物体以可控的方式运动。而且，通过图 5-18 和 5-20展示的体积积累过程表明，由于横向扩展作用，无限制坡坡面流与渠道流相比，可以侵蚀掉更多的沟道与坡面物质。野外观测到无限制坡坡面流动典型地呈现出宽范围的携带和沉积体积，相反限制流会产生比较平稳的携带物体积和较小的堆积体积（Fannin and Wise，2001），这点与计算结果相一致。计算结果同样表明，下垫面地形条件是一项影响泥石流、

滑坡运动和沉积过程的重要因子。

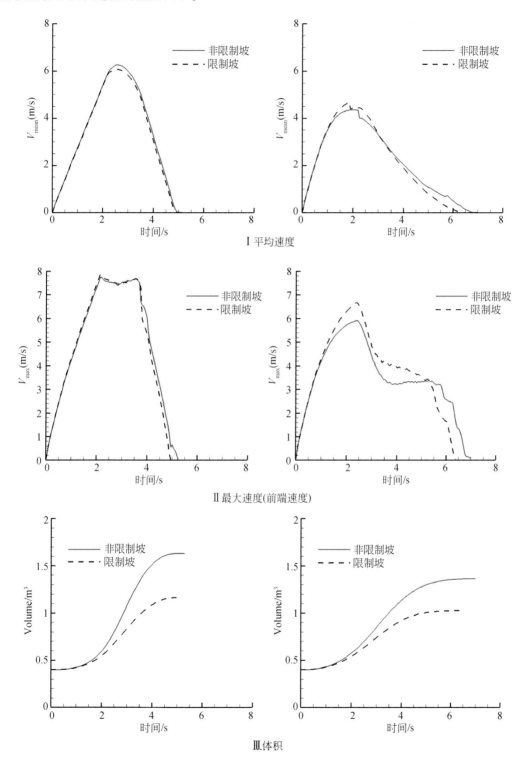

Ⅰ 平均速度

Ⅱ 最大速度(前端速度)

Ⅲ 体积

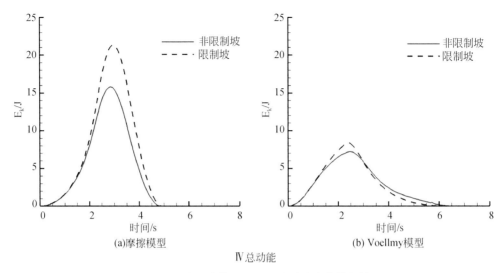

IV总动能

图 5-21　两种流变模型下泥石流动力参数模拟结果

　　在侵蚀过程中，运动质量与侵蚀质量间进行了动量传递，运动速度减小，能量出现损耗，由于侵蚀作用使质量增加，在随后的加速运动中将产生更强的破坏力。在坡角位置由于运动速度快，侵蚀严重，这可能是多数坡脚侵蚀严重的一个主要原因。当侵蚀带处在较高位置时，侵蚀作用发生较早，侵蚀后的加速过程更加明显，增加的质量将会扩大泥石流的致灾范围。

四、流变参数敏感性分析

（一）不同流变参数下运动过程分析

　　为了讨论流变参数对模拟结果的影响，选用40°限制坡面，侵蚀率为0.007工况下进行模拟。选用 Voellmy 流变模型，同时考虑动力底摩擦角 δ 和湍流系数 ξ 对结果的影响。其中动力底摩擦角 δ 包括 6 种角度（6°~16°、$\Delta\delta=2°$ 为一间隔），湍流系数 ξ 包括 9 类工况（500~1300m/s² 、$\Delta\xi=100$m/s² 为一间隔），共模拟 54 种工况。采用 Surfer 8.0 绘制的在各种工况条件下，各指标的三维表面图，如图 5-22 所示，该图呈现了在不同动力底摩擦角 δ 和不同湍流系数 ξ 下，泥石流最大速度（前端速度）以及堆积区面积和体积的对比情况。

　　从图 5-22（a）可以看出，在各个工况条件下泥石流最大速度（前端速度）的变化趋势同泥石流移动距离、堆积区面积、体积变化趋势基本一致，但变化趋势更为线性，三维表面近似平面。在湍流系数 ξ 一定的情况下，随着动力底摩擦角 δ 的逐渐增加，最大速度（前端速度）成线性减小趋势，在不同的湍流系数 ξ 下，其下降趋势与程度基本一致；在动力底摩擦角 δ 一定的情况下，随湍流系数 ξ 的逐渐增加，最大速度（前端速度）基本成线性逐渐增加，在不同的动力底摩擦角 δ 下，其增加趋势和幅度基本一致。

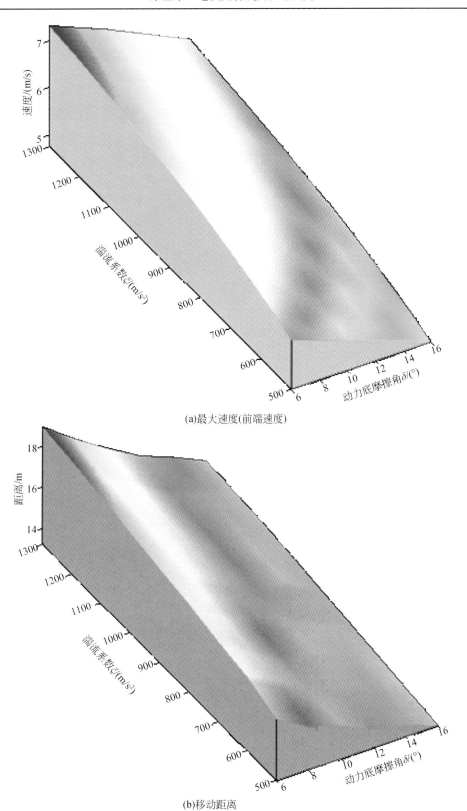

(a)最大速度(前端速度)

(b)移动距离

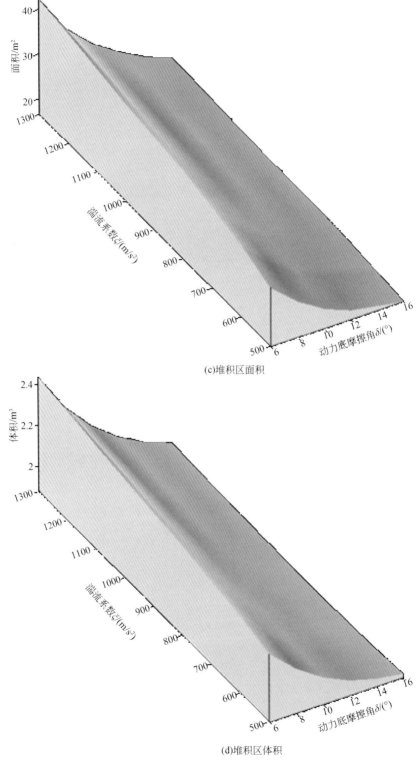

(c)堆积区面积

(d)堆积区体积

图 5-22　各指标三维表面图

从图 5-22（b）~（d）同样也可以看出与最大速度（前端速度）相类似的情况，在各个工况条件下泥石流移动距离、泥石流堆积区面积、体积变化趋势一致，三维表面成曲面形状。在湍流系数 ξ 一定的情况下，随着动力底摩擦角 δ 的逐渐增加，泥石流移动距离、堆积区面积和体积呈下凹型减小趋势，在不同的湍流系数 ξ 下，其下降趋势一致，但下降程度随着湍流系数 ξ 的增加稍有增加；在动力底摩擦角 δ 一定的情况下，随湍流系数 ξ 的逐渐增加，泥石流移动距离、堆积区面积和体积基本呈线性逐渐增加趋势，增加幅度不大，随动力底摩擦角 δ 的逐渐增加，其增加幅度逐渐减小。

图 5-23 呈现了在湍流系数 ξ 为 $500m/s^2$，动力底摩擦角 δ 分别为 6°和 16°下的运动情

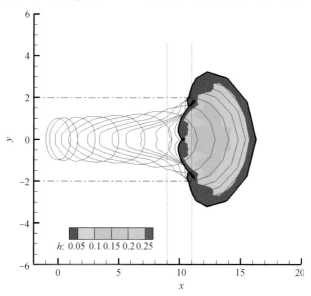

(a)动力底摩擦角$\delta=6°$,湍流系数$\zeta=500m/s^2$

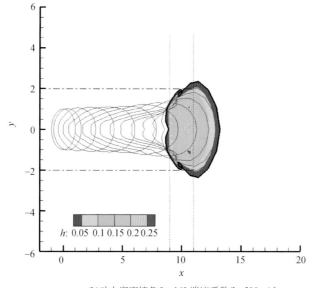

(b)动力底摩擦角$\delta=16°$,湍流系数$\zeta=500m/s^2$

图 5-23 不同动力底摩擦角下泥石流运动模拟结果

况。可以看出，在相同的内摩擦角、相同的湍流系数，但不同的动力底摩擦角条件下，运动表现出了类似的动力过程：材料在重力作用下开始向 x 和 y 方向流动，且沿坡向方向流动较快，在重力的作用下持续做加速运动，当前部到达水平面时开始形成堆积，此时尾部仍在做加速运动，直到尾部也到达堆积区后才最终形成了堆积。

参考各指标三维表面图 5-22 和图 5-23 所呈现的实际运动过程可以看出，不同的底摩擦角使得动力过程产生一定的差异，在较高的底摩擦角条件下，由于阻力项显著的增加，运动过程整体滞后，其堆积区中部和尾部基本滞留于过渡区内，运动过程持续时间较长，运动速度较慢。同时，底摩擦角是决定最终堆积位置和规模的主要因素，较高的摩擦角可以产生更大、更快的能量耗散过程，因此致灾范围和运动规模也就相对较小。如果底面存在水压力作用，有效孔隙水压力会进一步增大，底面等效底摩擦角将显著的降低，因此，在很多情况下，底面水压力是大型远程灾害产生的主要原因之一。

图 5-24 呈现了在动力底摩擦角 δ 为 12°，湍流系数 ξ 分别为 500m/s² 和 1300m/s² 下的运动情况。可以看出，在相同的内摩擦角、相同的动力底摩擦角，但不同的湍流系数条件下，运动也表现出了类似的动力过程。参考各指标三维表面图 5-22 和图 5-24 所呈现的实际运动过程可以看出，不同的湍流系数可以使动力过程产生一定的差异，在较高的湍流系数条件下，由于湍流项显著增加，增加了流体层之间的动量交换强度，具有较大的与周围介质混合的能力，对周围介质的卷吸作用增大，因此泥石流运动速度和堆积区面积、体积明显增加。同时，湍流系数也影响着最终堆积位置和运动规模，较大的湍流系数使得泥石流运动距离增大，致灾范围和规模（堆积区面积和体积）增加。

综合以上分析可知，动力底摩擦角 δ 和湍流系数 ξ 均可在一定程度上影响着泥石流运动的位置、强度和规模。通过改变阻力项或湍流项，可以改变底部阻力或流体层之间的动量交换强度，从而影响着泥石流的运动速度、运动距离以及规模（堆积区面积和体积）。

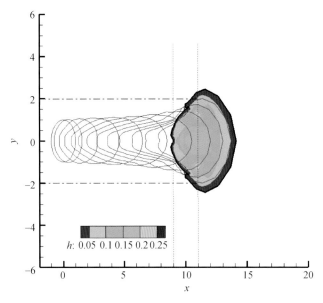

(a)动力底摩擦角$\delta=12°$,湍流系数$\zeta=500m/s^2$

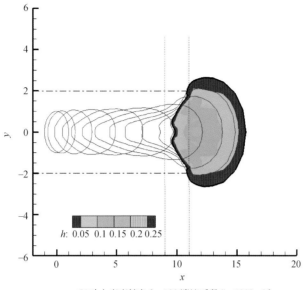

(b)动力底摩擦角δ=12°,湍流系数ζ=1300m/s²

图 5-24　不同湍流系数下泥石流运动模拟结果

为了进一步讨论试验范围内，动力底摩擦角 δ 和湍流系数 ξ 对泥石流强度（运动速度）和规模有何程度的影响，本次研究对不同动力底摩擦角和湍流系数条件下的泥石流流速、运动距离、堆积区体积和面积进行单因素方差分析和双因素方差分析。

（二）泥石流强度和规模的单因素方差分析

在一定的坡型和坡度条件下，存在动力底摩擦角 δ 和湍流系数 ξ 两个相对独立因素，在此，本研究利用这两个参数对泥石流的敏感性进行进一步分析。首先对不同底摩擦角 δ 和湍流系数 ξ 下的泥石流流速和堆积区体积、面积进行单因素方差分析，以确定不同条件下各个指标的差异性。

本研究采用 SPSS 18.0 统计软件，首先对不同动力底摩擦角 δ 下的泥石流最大速度（前端速度）、移动距离、堆积区面积和体积分别进行单因素方差分析，如表 5-8 所示。可以看出，最大速度（前端速度）、移动距离、堆积区体积和堆积区面积的 F 检验值均大于1，说明组间方差大于组内方差，由于分组造成的差异远远超过抽样造成的误差。此外，观察的显著性水平 Sig. 值为 0.000，远远小于 0.05，因此可以拒绝原来的假设，即认为不同的动力底摩擦角 δ 之间，泥石流最大速度（前端速度）、移动距离、泥石流规模（堆积区体积和面积）的均值是有差异的。

表 5-8　不同动力底摩擦角 δ 条件下单因素方差分析结果

动力底摩擦角 δ		偏差平方和	自由度 df	均方	F 值	显著性水平 Sig.
最大速度（前端速度）	组间	9.018	5	1.804	7.912	0.000
	组内	10.943	48	0.228		
	总和	19.961	53			

动力底摩擦角 δ		偏差平方和	自由度 df	均方	F 值	显著性水平 Sig.
移动距离	组间	85.778	5	17.156	36.835	0.000
	组内	22.356	48	0.466		
	总和	108.133	53			
堆积区体积	组间	1.376	5	0.275	156.087	0.000
	组内	0.085	48	0.002		
	总和	1.461	53			
堆积区面积	组间	2238.721	5	447.744	73.011	0.000
	组内	294.364	48	6.133		
	总和	2533.086	53			

继续对不同湍流系数 ξ 下的泥石流最大速度（前端速度）、移动距离、堆积区体积和堆积区面积进行方差分析，其方差分析结果如表 5-9 所示。可以看出，最大流速的 F 检验值大于 1，这说明组间方差大于组内方差，由于分组造成的差异远远超过抽样造成的误差。且观察的显著性水平 Sig. 值为 0.000 远远小于 0.05，因此可以拒绝原假设，即认为不同湍流系数 ξ 条件下的泥石流最大流速均值存在差异，说明湍流系数对泥石流最大流速影响较大，各个湍流系数下的泥石流最大流速在 0.05 水平上存在明显差异。相反，泥石流移动距离的 F 检验值稍稍大于 1，堆积区体积和面积的 F 检验值小于 1，这说明组间方差小于组内方差，且观察的显著性水平 Sig. 值均大于 0.05，因此可以接受原假设，即认为不同湍流系数 ξ 条件下的泥石流移动距离、堆积区体积和面积均值不存在明显差异，说明湍流系数对泥石流移动距离、堆积区体积和面积影响较小，各个湍流系数下的泥石移动距离、规模（堆积区体积和面积）在 0.05 水平上不存在明显差异。

表 5-9　不同湍流系数 ξ 条件下单因素方差分析结果

湍流系数 ξ		偏差平方和	自由度 df	均方	F 值	显著性水平 Sig.
最大速度（前端速度）	组间	10.904	8	1.363	6.772	0.000
	组内	9.057	45	0.201		
	总和	19.961	53			
移动距离	组间	21.160	8	2.645	1.369	0.236
	组内	86.973	45	1.933		
	总和	108.133	53			
堆积区面积	组间	0.054	8	0.007	0.215	0.987
	组内	1.407	45	0.031		
	总和	1.461	53			
堆积区体积	组间	237.646	8	29.706	0.582	0.787
	组内	2295.440	45	51.010		
	总和	2533.086	53			

（三）泥石流运动速度二因素方差分析

通过上述分析可知，不同动力底摩擦角 δ 和不同湍流系数 ξ 下的泥石流流速均存在显著差异。在此，本研究综合考虑二者主效应的影响及二者的交互效应，进行二因素方差分析。

参考各指标三维表面图 5-22 和从图 5-25 可知，在不同的动力底摩擦角和湍流系数下，最大速度（前端速度）的变化趋势一致，其变化规律已在上节叙述，在此不再赘述。从图中还可以看出，动力底摩擦角和湍流系数的最大速度（前端速度）变化呈线性变化没有交叉现象，而且几乎是平行的。这说明不论是采用哪个动力底摩擦角，随着湍流系数的增加，最大速度（前端速度）会逐渐增大，概无例外；不论是采用哪个湍流系数，随着动力底摩擦角的增加，最大速度（前端速度）会逐渐减小，也无例外。表明动力底摩擦角和湍流系数对泥石流最大流速的影响是独立的，不存在两者之间的交互效应，只存在主因素效应。

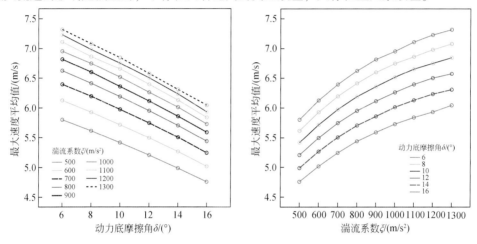

图 5-25　不同动力底摩擦角和湍流系数下的泥石流最大流速均值图

从表 5-10 可以看出，动力底摩擦角和湍流系数的 F 值都大于 1，其 Sig. 值都远远小于 0.05，说明不同动力底摩擦角和不同湍流系数的泥石流最大流速存在明显差异，这点已经在上节中得以证明。从二者的 F 值大小还可以看出，动力底摩擦角对最大流速的影响要大于湍流系数的影响。

表 5-10　无交互效应的最大流速二因素方差分析

源	Ⅲ型平方和	自由度 df	均方	F 值	Sig.
校正模型	19.923[a]	13	1.533	1584.389	0.000
截距	2030.084	1	2030.084	2098816.831	0.000
动力底摩擦角	9.018	5	1.804	1864.758	0.000
湍流系数	10.904	8	1.363	1409.158	0.000
误差	0.039	40	0.001		
总计	2050.046	54			
校正的总计	19.961	53			

a：$R^2 = 0.998$（调整 $R^2 = 0.997$）

　　综合以上分析可知，不同动力底摩擦角之间，泥石流最大流速、移动距离、泥石流堆积区体积和面积存在明显差异，不同湍流系数下，只有泥石流最大流速存在明显差异。说明动力底摩擦角对泥石流强度（流速、移动距离）和规模（堆积区面积、体积）有较大的影响，而湍流系数仅对泥石流流速有较大影响，对泥石流移动距离和规模影响较小。动力底摩擦角和湍流系数均对泥石流流速有较大影响，动力底摩擦角的作用要强于湍流系数，且并不存在两者之间的交互效应对流速的影响。根据文献记载湍流系数与泥石流物源区体积成正比，而动力底摩擦角与沟道下垫面情况、泥石流颗粒物组成和孔隙水压力有关，因此，泥石流物源区体积在一定程度上仅影响泥石流流速，但对泥石流致灾范围和规模影响作用不大；下垫面情况、泥石流颗粒物组成以及孔隙水压力与泥石流流速、移动距离和堆积区体积、面积关系很密切，可以在很大程度上影响泥石流强度、致灾范围和规模。

五、拦挡坝对泥石流动力过程的影响分析

　　由于泥石流与滑坡事件在社会经济中的重要性，其运动行为和对当地设施的影响，尤其是潜在的减缓措施的效果，得到了工程界的有意关注。阻挡和防御泥石流、滑坡的建筑物经常分为主动措施和被动措施两类。主动措施主要是减少泥石流供给物质。被动措施包括拦挡坝（淤地坝）、拦渣坝、护堤、堤坝、蓄水池和护堤等，都是以各种意图用来控制泥石流流动，如减少泥石流流速、减少侵蚀能力和流量、偏离流动方向等。被动措施建筑物的设计一定要能够控制流动物质。我们常见的减缓措施有时由于滑动、漫坝而失效，或者由于承载力失败而失效。因此，防治措施的稳定性分析需要考虑各个阶段，包括最初前端影响、随后由于堆积于防治措施的后部而产生的影响、泥石流静止后作用于建筑物的静力载荷等。因此，本研究中主要针对被动措施：拦挡坝进行各个阶段（时刻）的动力过程分析，用以比较有无拦挡坝的动力过程差异。

　　设置拦挡坝是控制泥石流动力过程的有效手段。研究拦挡坝对泥石流动力过程的影响，一方面可以通过设置拦挡坝改变泥石流运动的路径，限制其影响范围，减小其对人类居住环境和基础设施的破坏，以达到防灾、减灾的目的；另一方面也可以充分利用已有拦挡坝，通过优化设计，得到既合理又经济的防治方案。诸多学者关注拦挡坝对泥石流运动动力的影响。他们通过物理实验和数值模拟研究拦挡坝的不同形式以及高度等因素对泥石流运动过程的影响，并讨论其中的物理过程；并且通过研究拦挡坝设置对泥石流动力过程的作用和影响来探讨如何选用有效而可靠的灾害防治措施方案。

　　在实际的工程应用中，拦挡坝应遵循具体的地形和地貌布置。本研究对流经拦挡坝的动力过程进行数值模拟，并讨论拦挡坝的设置对动力过程的影响。本研究采用40°限制坡面，侵蚀率为0.007工况下进行模拟。流变模型采用摩擦模型，流变参数同无坝时的情况一致。拦挡坝位置设置在坡脚水平区域内，坝底中心位于 $x = 12.3\text{m}$ 位置处。考虑到实际坡高为9.7m，将坝体高设为1m，底部宽0.6m，顶部宽0.4m，迎水面和背水面坡比皆为1：0.2。

　　图5-26展示了有无拦挡坝的坡面地形变化情况，以及有无拦挡坝的泥石流初始时刻和最后堆积区情况模拟结果，同时云图展示了最后堆积区泥石流厚度分布情况。从图5-26（b）可以看出，泥石流运动大约3.0s，其前端碰撞到坡脚处拦挡坝后，大量的物质堆积在拦挡坝前。泥石流主体中间部分开始累积并且逐渐变厚，很明显众多数量的泥石流体积能够被拦

挡坝阻拦。在极端的情况下，漫坝的情况也有可能发生，这点值得我们注意。从图 5-26 可以看出，如果漫坝发生，尽管泥石流前端仅有主体厚度的 50%，但没有任何干扰，依然可以运动尽可能远的距离。

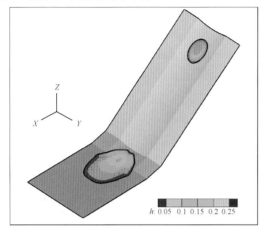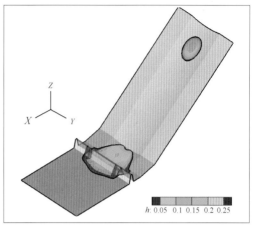

(a)无拦挡坝　　　　　　　　　　　　　　　(b)有拦挡坝

图 5-26　有无拦挡坝泥石流运动模拟结果

图 5-27 与图 5-28 展示了泥石流撞击拦挡坝与漫坝时刻，泥石流运动及堆积情况和速度矢量分布情况。从图中可以看出，泥石流撞击拦挡坝发生漫坝时，坝前堆积物质急剧增多，堆积物质最大深度可达 0.2m，较没有拦挡坝时大约增加 0.1m，且深堆积体分布范围明显增加，说明拦挡坝此时正经受泥石流的冲击，拦挡逐渐增加的泥石流物质。从速度矢量分布可以看出，在没有拦挡坝时，泥石流前端虽已有大部分进入水平区域，但水平方向矢量较长，分布较为密集，说明在 x 方向的速度依然很大；当泥石流撞击拦挡坝并且发生漫坝时，坝前坝后速度矢量明显减小，且分布较为稀疏，说明由于拦挡坝的作用使得流速明显降低。

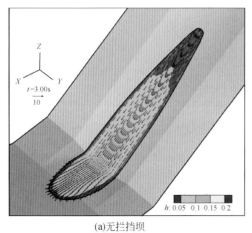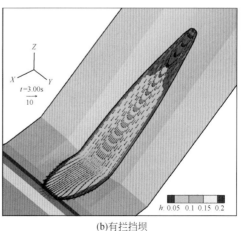

(a)无拦挡坝　　　　　　　　　　　　　　　(b)有拦挡坝

图 5-27　有无拦挡坝泥石流运动速度矢量及堆积区分布模拟结果（撞击时刻）

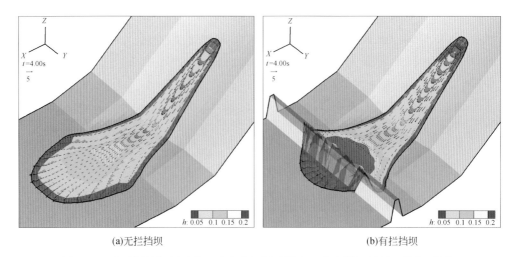

(a)无拦挡坝   (b)有拦挡坝

图 5-28   有无拦挡坝泥石流运动速度矢量及堆积区分布模拟结果（漫坝时刻）

有无拦挡坝时最终堆积区厚度分布情况如图 5-29 所示。从图中可以看出，泥石流进入水平区域撞击拦挡坝后，堆积体形状发生改变，由于受拦挡坝阻挡，堆积体横向扩展增强，开始在坝前向两端扩散，大量的物质堆积于坝前，使得坝前堆积区厚度和分布范围明显增加；相反泥石流在纵向（x 方向）延伸开始减弱，堆积区中心和最大深度位置处已经明显后退至过渡区，滑移距离明显减少。

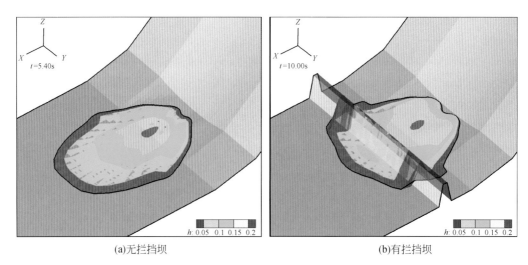

(a)无拦挡坝   (b)有拦挡坝

图 5-29   有无拦挡坝泥石流堆积区分布情况模拟结果（堆积时刻）

图 5-30 记录了有无拦挡坝时的动力参数变化情况。从图 5-30 中可以看出，拦挡坝措施在坡脚处可以立刻发挥作用。在此处，最大速度（前端速度）、平均速度以及动能达到最大；因此依据模拟结果，这样的情况如果有可能的话是可以避免的。

值得注意的是，泥石流前端轮廓是时间和空间的函数，图 5-30 呈现了泥石流前端碰撞拦挡坝时刻（$t = 3.0\text{s}$）瞬时速度分布情况，此时，泥石流前端速度范围在 $3 \sim 5\text{m/s}$，当泥石流漫坝时，泥石流前端速度急剧下降，范围在 $0.5 \sim 1\text{m/s}$。凭借泥石流高度和泥石流前端速度，泥石流对拦挡坝的动态影响是巨大的，因此很明显看出，拦挡坝遭受了逐渐加速泥石流巨大的影响。同时计算结果表明，所设计的拦挡坝措施对阻碍泥石流运动也有一些影响。然而，这并不代表拦挡坝可以完全阻挡大规模泥石流的运动。如果在未来，由于同样的触发机理和沟道条件而导致极端事件发生的情况下，漫坝依然会发生。

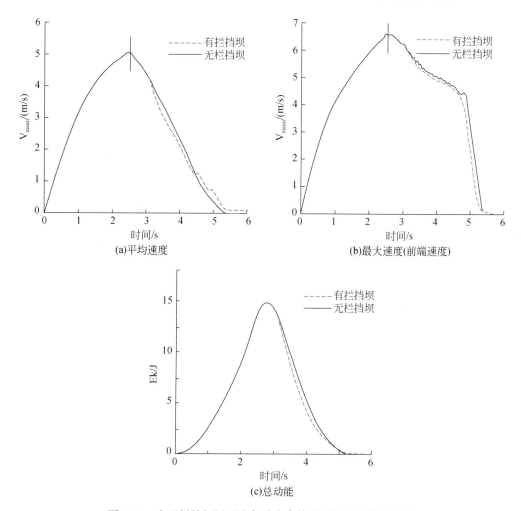

图 5-30 有无拦挡坝泥石流各动力参数随时间变化模拟结果

对潜在事件的模拟结果可以规划出高速灾害区和对拦挡坝的影响，拦挡坝高度和推动力的有效性能够估计得到，定量的结论也许便于防治措施的调整。此外，对未来极端泥石流事件进行运动行为的预测可以提供一套全系列动力参数信息，包括泥石流冲出路径、潜在灾害区域、泥石流规模、速度分布、流体深度分布、流量分布和堆积区分布等，这些信息是防治措施的设计所必需的。值得注意的是，为了使这些程序更具普遍性需要更多方面彻底的验证，包括可能的触发机理、运动机理、岩土特性变化流变本构关系和流变参数。

总的来说，不论是沟谷型（限制坡面）还是无限制坡面，根据不同坡度的泥石流启动运动规律和堆积区情况以及各坡度动力参数延程变化过程，可以将舟曲泥石流的临界启动坡度设定为 25°～30°，该临界启动坡度的设定可为舟曲防治措施和监测预警提供一定的技术参考。

　　底阻条件将会对泥石流的动力过程产生显著的影响，其中底摩擦角是决定最终堆积位置和致灾范围的主要因素，同时也将对泥石流动力过程的形态产生一定的影响。下垫面地形条件是一项影响泥石流、滑坡运动和沉积过程的重要因子，渠道流相比无限制坡坡面流，前端可以传播更远；由于横向扩展作用，无限制坡坡面流与渠道流相比，可以侵蚀掉更多的沟道与坡面物质。泥石流物源区体积在一定程度上仅影响泥石流流速，但对泥石流致灾范围和规模影响作用不大；下垫面情况、泥石流颗粒物组成以及孔隙水压力与泥石流流速、移动距离和堆积区体积、面积关系很密切，可以在很大程度上影响泥石流强度、致灾范围和规模。

　　泥石流撞击拦挡坝发生漫坝时，堆积体横向扩展增强，在坝前向两端扩散，大量的物质堆积于坝前，纵向延伸开始减弱，堆积区中心和最大深度位置处已经明显后退至过渡区，滑移距离有所减少，坝前坝后速度矢量明显减小，且分布较为稀疏，可以看出拦挡坝遭受了逐渐加速泥石流巨大的影响。对潜在事件的模拟结果可以规划出高速灾害体和对拦挡坝的影响，拦挡坝高度和推动力的有效性能够估计得到，定量的结论也许便于防治措施的调整。

参 考 文 献

余斌，杨永红，苏永超，等 . 2010. 甘肃省舟曲 8.7 特大泥石流调查研究 . 工程地质学报，18（4）：437-444.

余斌 . 2008. 根据泥石流沉积物计算泥石流容重的方法研究 . 沉积学报，26（5）：789-796.

余斌 . 2010. 不同容重的泥石流淤积厚度计算方法研究 . 防灾减灾工程学报，23（2）：78-92.

周必凡，李德基，罗德富，等 . 1991. 泥石流防治指南 . 北京：科学出版社 .

Chen H, Dadson S, Chi Y G. 2006. Recent rainfall-induced landslides and debris flow in northern Taiwan. Geomorphology, 77: 112-125.

Chen H, Lee C F. 2000. Numerical simulation of debris flows. Canadian Geotechnical Journal, 37: 146-160.

Chen H, Lee C F. 2003. A dynamic model for rainfall-induced landslides on natural slopes. Geomorphology, 51: 269-288.

Crosta G B. 2001. Failure and flow development of a complex slide: the 1993 Sesa, landslide. Engineering Geology, 59: 173-199.

Dai F C, Lee C F, Wang S J. 1999. Analysis of rainstorm-induced slide-debris flows on natural terrain of Lantau Island, Hong Kong. Engineering Geology, 51: 279-290.

Dawson E M, Roth W H, Drescher A. 1999. Slope stability analysis by strength reduction. Geotechnique, 49（6）: 835-840.

Fannin R J, Wise M P. 2001. An empirical-statistical model for debris flow travel distance. Can. Geotech. J., 38（5）: 982-994.

Gray J M N T, Wieland M, Hutter K. 1999. Gravity-driven free surface flow of granular avalanches over complex basal, topography. Proc. R. Soc. London, 455: 1841-1874.

Hungr O, Evans S G. 1997. A dynamic model for landslides with changing mass // Marinos P G, Koukis G C, Tsiambaos G C, et al. Proceedings of the IAEG international, symposium on engineering geology and the environment Rotterdam: Balkema, 1: 719-724.

Itasca Consuliting Group, Inc. 2005. FLAC3D（Fast Lagrangian Analysis of Continua in 3-Dimensions）, Version

3.0，User's Manual. USA：Itasca Consuliting Group，Inc.

Koch T，Greve R，Hutter K. 1994. Unconfined flow of granular avalanches along a partly curved surface. II. Experiments and numerical computations. Proc. R. Soc. London，445：399-413.

Mellah R，Auvinet G，Masrouri F. 2001. Stochastic finite element method applied to non-linear analysis of embankments. Probabilistic Engineering Mechanics，15（3）：251-259.

第六章　区域地质灾害预警判据及模型研究

　　舟曲"8·8"特大泥石流灾害的发生，其人员死伤之多、危害程度之大、损失严重属历史罕见，再次敲响了区域暴雨型泥石流的警钟。区域内滑坡、泥石流类型众多，成灾机制复杂，危害严重，在历史上曾多次发生泥石流、滑坡等地质灾害，属于地质灾害重灾区（Tang et al.，2011；Wang，2013；Dijkstra et al.，2012）。"8·8"特大泥石流发生后，虽然在三眼峪、罗家峪等沟道内修建了多道拦挡坝，但也提升了临空面，在一定程度上增加了泥石流发生时的破坏程度。而至今仍有 3/5 的松散物堆积体物源留存于沟道之内，潜在危害很大，为地质灾害提供了大量的物源条件；陡峭的高山峡谷地形地貌为滑坡、泥石流提供了有利的地形条件；如果遇到合适的强降雨条件，势必会发生规模巨大的地质灾害，后果不堪设想。为了悲剧不再发生，国家已于 2012 年耗资 3000 万元在舟曲灾后恢复重建地质灾害防治规划区范围内安置了大量的地质灾害监测设备，为监测预警提供了必要的技术保障。因此对泥石流的触发因素降雨展开区域暴雨泥石流临界阈值研究，对于完善泥石流形成机理，山区泥石流灾害评价、建立预警预报模型，组织并实施经济有效合理的防治工程，以及灾后重建、防灾减灾具有十分重要的意义。

　　泥石流作为一种高浓度的固液气相混合流变体，它暴发突然，来势凶猛，破坏力强。近半个世纪以来，世界上许多多山国家，泥石流灾害频频发生，损失惨重，成为山区主要自然灾害之一。由于我国的地质构造和自然地理环境复杂，泥石流分布广泛、活动强烈、危害严重。随着山区经济的日益发展，人类活动日趋频繁，尤其是不合理地开发，致使泥石流灾害不断加剧，严重影响山区的建设和经济发展。因此，掌握泥石流的基本特征，有效防治泥石流，也已成为保障山区人民生命财产，增强山地环境自身造血功能，发展山区经济的一项重要任务。新中国成立以来，我国开始对暴雨泥石流进行防灾减灾技术研究，但由于认识水平和经济条件的限制，20 世纪 90 年代以前，我国山区暴雨泥石流防治效果不佳。在此之后，随着山区经济建设的发展需要和暴雨泥石流灾害研究的不断深入，泥石流防灾、减灾的重要方面——山区暴雨泥石流触发因素和临界阈值越来越引起人们的重视。合理的雨量阈值指标是保障泥石流预警报准确性的关键，对于研究泥石流形成机制、分析预测未来活动特点以及指导防治工程设计等方面均具有重要意义。

　　2010 年 8 月 8 日凌晨，甘肃舟曲县发生特大泥石流灾害。灾后为有效防治地质灾害，指导灾后重建工作，国土资源部部署编制了《舟曲"8·8"特大山洪泥石流灾后恢复重建地质灾害防治规划》，拟对县城及周边 9 处重大地质灾害隐患点（含三眼峪泥石流）开展防治。对滑坡、泥石流的防治不仅要有工程治理措施，而且应配合相应的监测预警措施，以达到综合防治，有效减灾防灾的目的。

　　区域地质灾害危险性区划是指在一定的范围内，根据区域地质条件背景、成灾诱发因素以及人类活动的状况，对区域滑坡地质灾害发生的时间、空间和可能造成的危害、损失所做出的各种分析与区划。它主要包括三个方面：区域滑坡易发性评价（以对地质条件等的分析为主）、区域滑坡危险性评价（在易发性的基础上考虑降雨、人类活动等外在诱发因素）和区域滑坡风险性评价（在危险性基础上考虑生命财产损失）。自 20 世纪 90 年代起，联合国国际减灾十年委员会（IDNDR）早在 1991 年就提出把灾害评估与区划作为 IDNDR 要具体实现的三项目标中的首要任务，并指出："各个国家应对自然灾害进行评估，即评价灾害危险性、脆弱性、地理分布及影响程度"。得到了世界各国的积极响应，说明开展地质灾害区划工作具有极为重要的研究意义。中国是世界上地质灾害最严重的国家之一，在中国的各种地质灾害中，滑坡、崩塌灾害仅次于地震灾害列居第二位，其破坏作用体现在多方面，如造成人员伤亡；破坏城镇、矿山、企业；破坏铁路、公路、航道，威胁交通安全；破坏水利、水电工程；影响资源开发，阻碍山区经济发展等。中国地质环境信息网提供的数据显示 2006 ~ 2010 年，我国共发生各类地质灾害 196258 起，其中滑坡 114456 起，共造成 8198 人伤亡，全国每年由于滑坡、崩塌灾害引起的直接、间接经济损失达 200 亿元，同时水土流失已成为一个严重的环境问题。对该方面的研究国内外主要在三个尺度上进行，即坡面、小流域和区域。

在高山峡谷区和黄土高原区，降雨往往是诱发滑坡、泥石流等地质灾害发生的一个十分重要的因素。据统计，90% 以上的滑坡的变形失稳与降雨有着直接或间接的关系。然而，降雨是一个十分复杂的因素。降雨对于滑坡、泥石流的一个直接影响是地下水位及孔隙水压力的变化。另外，由于地下水的作用造成的岩土体含水量、成分结构等变化影响了岩土体强度和斜坡的应力状态。导致斜坡体及滑面岩土体强度的显著降低（Guzzetti et al.，2007；White et al.，1996）。因此，对于降雨型地质灾害危险性进行区划是一项十分重要的工作，同时又是一项困难的工作，尤其是对区域性的危险性评价研究而言。

因此，开展区域性地质灾害危险性区划是进行监测预警的重要环节。国内部分学者对黄土地区滑坡进行了危险性区划，主要是基于 GIS 技术，选择几种要素进行打分、叠加危险性分区，缺少系统的、区域性的、定量化的黄土滑坡危险性区划方法和模型，无法对黄土滑坡发生的概率进行确定性分析，也无法提供动态的黄土滑坡失稳预测技术，区划结果很难为黄土滑坡预测和工程活动提供可靠的技术参考。国外专家也对区域危险性区划进行了大量研究并提出多种预警、预测模型。其中应用最广泛的是浅层滑坡物理确定性 SHALSTAB 模型（shallow landsliding stability）。该模型将基于等高线的稳定状态水文模型与无限斜坡稳定性模型耦合，根据坡度和单位汇水面积确定地表斜坡稳定性分级，方法简单、便于应用，但其未考虑土壤黏聚力对地表斜坡稳定性的影响，仅适用于非黏结性土壤。Wu 和 Sidle（1995）提出的模型将动态水文模型与无限斜坡稳定性模型耦合，并考虑了土壤黏聚力和植物根系对地表斜坡稳定性的影响，但由于形式更为复杂，对运算要求高，限制了其应用。

在 Montgomery 和 Dietrich 浅层滑坡物理确定性模型的基础上，Pack 等（1998）建立了 SINMAP 模型，兼具以上两种模型的优点，在地理信息系统平台下，将无限斜坡确定性模型与基于 DEM 的水文分析模型进行了有效的集成，综合考虑由于降雨引起的地下水分布对滑坡的影响，以及影响地表斜坡稳定性的地形地貌、地质、土壤、植被、水文及气候等因素，同时还提出了解决地形及岩土体等参数不确定性的途径，使得该模型具有一定的通用性。

因此，本研究从舟曲区域暴雨泥石流触发因素入手，在消化吸收已有研究成果的基础上，以已有地质灾害调查成果、气象水文数据和监测数据为基础，设计了针对泥石流、滑坡触发因素的降雨监测以及各种专业监测的监测预警方案，以达到系统监测、科学预警、合理配合的功效。同时结合野外勘察、水文气象监测，开展舟曲区域地质灾害临界阈值研究，进一步细化降雨特征指标，建立降雨指标的函数关系，揭示不同下垫面情况下侵蚀产沙对泥石流启动的作用机制；同时根据预警判据研究成果，采用SINMAP模型，对不同降雨预警级别下，灾害点分布范围、变化趋势、危险性分布等内容展开研究，完成舟曲区域地质灾害危险性区划，最终建立舟曲地质灾害预警模型，以期为舟曲区域乃至高山峡谷区地质灾害预警提供有效手段，为我国山区城镇建设、工程建设及减灾防灾提供科学技术支撑。

第一节　地质灾害预警雨量临界阈值研究

对于暴雨型泥石流和滑坡等地质灾害而言，降雨量和降雨强度的大小，是激发泥石流的决定性因素。在同一条泥石流沟中，当无地震等极端事件发生时，流域内沟床条件在一定时期内，可认为是相对稳定的，而降雨条件和固体物质的储备分布在流域内存在一定的时空变化。对某一泥石流沟道，泥石流是否发生，取决于流域内的降雨条件及固体物质的储备和分布状况。因此，在查清沟道内可形成泥石流的松散固体物质储备及分布的情况下，利用降雨资料预警泥石流发生是国内外目前通行的一种方法。合理的雨量阈值指标是保障泥石流预警报准确性的关键，对于研究泥石流形成机制、分析预测泥石未来活动特点以及指导泥石流防治工程设计等方面均具有重要意义。

目前，国内外通行的泥石流雨量阈值的研究主要有以下方法（Wieczorek and Glade，2005；Guzzetti et al.，2007；Pan et al.，2013）：①实证法。该方法主要是通过对实际的降雨和泥石流灾害资料进行统计分析，得出相应的前期有效降雨量和特征雨量（10min、30min、1h雨量等）之间的关系，从而绘出雨量阈值曲线。该方法准确度高，但需要有非常丰富的、长期的雨量序列资料和灾害资料，因此，仅适用于具有长期观测历史的地区，如我国云南蒋家沟和日本烧岳等。②频率计算法。即对于雨量资料较丰富但灾害资料缺乏的山地城镇，对泥石流雨量阈值的研究可在假设灾害和暴雨同频率的基础上，通过计算暴雨的发生频率，来计算相应的泥石流雨量阈值指标。也有部分学者根据泥石流启动条件分析了泥石流发生与降雨量、土壤含水率的关系，但却鲜见在泥石流雨量阈值中的应用。对于我国山区，尤其是西部山区，绝大多数的泥石流沟远离城镇，降雨和灾害资料均非常缺乏，一旦暴发泥石流往往对下游村庄、农田、交通枢纽和水利设施等造成严重危害。对于此类灾害和雨量资料均缺乏的地区，目前的"实证法"和"频率计算法"均不能满足当前泥石流预警报的要求。

对于舟曲这样的高山峡谷区域，缺少一定的降雨和灾害资料，很难用以上两种方法进行计算，不能满足当前泥石流预警报的要求。为解决上述难题，本研究在暴雨触发泥石流等地质灾害的前提下（地质灾害和暴雨同频率），采用水文学产汇流计算方法，通过计算不同频率的洪峰流量，反推对应频率下的降雨特征数值，从而求得相应的触发泥石流降雨阈值，以期为高山峡谷地区泥石流预警报提供科学依据。

一、舟曲降雨时空分布特征

1. 暴雨

根据资料统计表明，舟曲县达到中雨（10.0~24.9mm）的降雨日数年均为11天，大雨（25.0~49.9mm）的降雨日数仅有4.3天，大都集中在7、8两个月，暴雨（50.0~99.9mm）的降雨日数自有气象记录以来出现过3次。降雨日数最多的是5~7月，连续降雨日数最长为14天。调查统计表明，舟曲县境内共有大小灾害性滑坡、泥石流沟86条，其中发育密度0.03条/km²，滑坡、泥石流集中发生在每年的6~9月，均由暴雨所诱发，暴发突然，危害极大。舟曲县的地形地貌特征是沟谷狭窄陡峻，各支沟切割强烈，特别利于降雨的迅速汇集和流通，因而滑坡、泥石流极易形成，且与短时强降雨具有明显的滞后相关性。

暴雨对滑坡的影响表现为对坡体的冲刷、侵蚀上，一些老滑坡的两侧冲沟往往在暴雨下发育，再经暴雨形成的洪水冲刷、掏蚀滑坡前缘两翼和坡脚，对滑坡稳定性影响很大；同样，暴雨也是舟曲滑坡发生的动力来源。舟曲县内滑坡、泥石流均属暴雨型，暴雨是滑坡泥石流形成的主要因素，但由于泥石流沟的其他影响因素各不相同，如流域面积、固体松散物质类型、地形等，因此形成泥石流灾害的降雨强度也不尽相同。坡面型泥石流形成时的降雨强度低，沟谷型泥石流形成时的降雨强度就较高。县内的大川镇一带多为坡面型泥石流沟，所以，中雨就能引发泥石流并阻断乡境内S313公路。

2. 连阴雨

连阴雨对滑坡的稳定性影响较大，这是因为降雨不断渗入坡体，使坡体含水量不断增加，甚至达到饱和，这样坡体自重及静水、动水压力相继增大，促使岩土体中的软弱夹层充分软化、泥化、抗剪强度降低，最终导致新滑坡的形成，老滑坡的复活。长江上游滑坡泥石流监测预警系统舟曲二级站的锁儿头、泄流坡两个监测点近十年的监测表明，连阴雨与滑坡的活动有明显的滞后相关性。

另外，舟曲县境内降雨极不平衡，西南山区最大，平均降雨量达800~900mm，但由于植被覆盖好，滑坡、泥石流发生较少。白龙江下游的城关、江盘、峰迭、大川、中牌以及拱坝河下游的铁坝、大年等乡镇年降雨量不足500mm，但滑坡、泥石流灾害密集分布，这除了与当地特殊的地形地貌和地质构造有关外，还与当地植被覆盖差、人口密度大的社会现状密切相关。白龙江流域植被覆盖差，形成滑坡泥石流多发区。

3. 雨水诱发的地质灾害原因分析

雨水诱发的滑坡是指雨天斜坡上大量不稳定的土体和岩石在重力作用下，沿一定的滑动面整体向下滑动的地质灾害现象。总体来说，滑坡的发生是由软质岩土或松软土质结构面的存在、地下水作用、人为活动、地震等诸多因素共同作用的结果，其中动力水是滑坡产生的重要条件，绝大多数滑坡都是沿饱含地下水的岩土软弱面产生的。自然降雨是地下水的主要补给来源，据调查统计，舟曲90%以上的滑坡都与降雨有关，故有"大雨大滑，小雨小滑，无雨不滑"之说。

（1）地下水的形成

自然降雨的强度和持续时间的长短，对地下水的形成和补给影响很大，地下水的多少对滑坡的形成又起着关键性的作用。一般来说，长时间持续性的连阴雨降雨和阵发性的大暴雨，最有利于地下水的形成，可以说大面积的地下水是直接导致滑坡发生的罪魁祸首。

（2）地下水的力学作用特征

当雨水渗入到岩土层的孔隙、裂隙中形成的含水层达到一定程度时，就会削弱岩土颗粒间的摩擦阻力，破坏土的天然结构及其胶结作用，从而使土的黏聚力和内摩擦角大大降低，导致岩土的抗剪强度降低，通俗地说是降低了土的抗滑阻力；同时，大量雨水充填于岩土孔隙中，使之容重增大，重力增加，从而加大了斜坡上岩土的下滑力。此外，在含水层中，地下水的渗流将使岩土体产生动水压力，水位的升高将产生浮托力，这样进一步改变了斜坡的稳定性，大大降低了摩阻系数，从而加大了岩土体的下滑力。

二、舟曲气象、水文时空分布特征及产汇流分析

1. 气象

白龙江是嘉陵江的一级支流，发源于秦岭西延部分的岷山郎木寺以西的郭尔莽梁北麓，源地海拔4072m，西北东南流向，流经甘、川两省于四川昭化注入嘉陵江。

白龙江流域夹在迭山山系和岷山山系之间，俗称陇南山地，地势西北高，东南低，呈菱形，境内山峦重叠，沟壑纵横，河谷下切甚深，山坡多在35°以上，有些山坡超过75°，成为悬崖峭壁。河道曲折，川峡相间，水流湍急，水力资源非常丰富，是一个典型的高、中山峡谷区，以"山大沟深"著称。舟曲以上气候由温带半湿润气候区逐渐过渡到高寒湿润气候区，降雨量以上游郎木寺一带最多，年降雨量达800mm以上，舟曲县河谷背风地带最少，年降雨量不足450mm。降雨主要集中在5~9，以7、8两月最多，暴雨洪水频繁，大洪水多由长历时、大面积的峰面雨形成，短历时、高强度、小范围的暴雨往往使两岸支沟暴发大规模泥石流。舟曲以上山地阴坡分布茂密森林，阳坡灌木杂草丛生，是甘肃省主要林区之一（胡凯衡等，2010）。

舟曲县城位于白龙江中游，县城瓦厂桥以上集水面积8995km²，白龙江流域水系示意图见图6-1。

舟曲县地处欧亚大陆腹地，属高山区，气候有明显的垂直变化。海拔较低的河川地带，气候温和湿润，高山地带则较为寒冷。根据舟曲地面气象站多年气候观测资料统计，多年平均气温13.0℃，历年极端最高气温35.2℃（发生在1974年7月23日）；极端最低气温−10.2℃（发生在1975年12月14日）。多年平均降雨量435.8mm，多年平均蒸发量1972.3mm，历年最大积雪深度3.0cm，最大冻土深度24.0cm。多年平均日照时数1766.3h，多年平均湿度59%，多年平均风速2.1m/s，历年最大风速12.0m/s，相应风向SSE。舟曲县地面气象站其他气象要素详见表6-1。

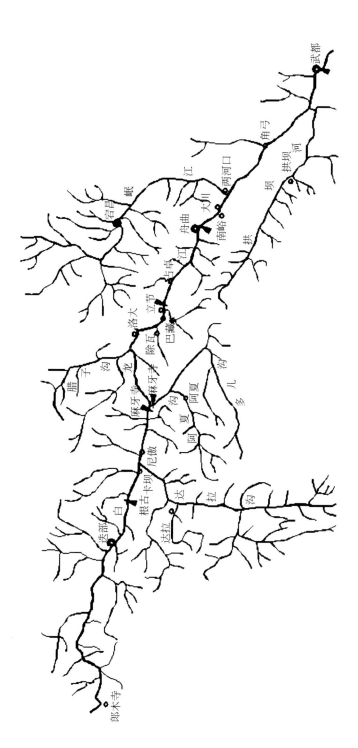

图6-1　白龙江流域水系示意图

表6-1　舟曲县地面气象站 1972~2000 年气象要素统计表

项目	单位	1	2	3	4	5	6	7	8	9	10	11	12	年
						月份								
平均气温	℃	1.5	4.5	9.2	14.5	17.6	20.8	23	22.7	18.2	13.6	7.7	2.6	13
平均最高气温	℃	6.1	9.4	14.4	20.7	23.6	26.9	28.9	28.4	23.1	18.5	12.5	7.6	18.4
平均最低气温	℃	-2.2	0.4	5.2	9.6	13	16.3	18.7	18.4	14.6	10.1	4.3	-1.2	9
极端最高气温	℃	13.8	23.5	26.4	31.3	31.9	34.1	35.2	34.5	31.8	28.2	23.8	18.8	35.2
极端最低气温	℃	-8.9	-8.1	-3.8	-0.4	6.3	10.4	13.8	12.2	7.8	1.2	-5.7	-10.2	-10.2
发生日期	日/年	30/77	4/80	1/76	1/79	10/74	2/80	8/75	31/72	15/80	21/72	18/79	14/75	14/12/75
降雨量	mm	1.4	1.5	13.5	39.7	61.2	61.1	86.1	67.1	54.7	43.2	5.7	0.6	435.8
一日最大降雨量	mm	2.3	1.7	10.9	47.5	17	30.9	57.2	37.4	23.8	19.6	11.2	1.8	57.2
蒸发量	mm	76.3	112.3	165.6	215.6	218.1	236.1	258.4	237.3	147.5	122.7	103.2	79.3	1972.3
最大冻土深度	cm	22	17	3	0	0	0	0	0	0	0	11	24	24
最大积雪深度	cm	3	3	2	0	0	0	0	0	0	0	0	0	3
日照时数	h	134.7	132.9	131.5	169.8	161.1	168.5	177.1	176.9	121.5	124.9	121.4	146.1	1766.3
平均风速	m/s	1.8	2.4	2.6	2.5	2.3	2.2	2.2	2.2	1.9	1.9	1.9	1.5	2.1
最大风速	m/s	8	9	9	11	10	10	9	10	8	10	11	12	12
平均霜日数	d	12.6	4.3	1.1	0.1	0	0	0	0	0	0.6	9.7	17.6	45.9
霜初、终期						初日 11月 6 日，终日 4 月 3 日，初终间日数 119.8								
相对湿度	%	52	48	52	53	61	61	64	65	70	68	59	54	59

2. 水文基本资料

白龙江上游先后建有电尕寺、根古、白云、旺藏寺、麻亚寺、麻亚寺二、立节、香椿沟、舟曲等水文站，各站均为国家基本测站，资料精度较高。

舟曲县城上游 40km 处设有立节水文站，该水文站曾多次变址，1954 年设站名为白龙江，1958 年改名占单，集水面积 8434km²，1959 年下迁 2.8km 改名为香椿沟站，集水面积 8446km²，1967 年上迁设立立节水文站，集水面积 8205km²，香椿沟、立节二站 1967 年进行了为期一年的同步观测，1995 年立节水文站又下迁至舟曲县城，改名为舟曲站，集水面积 8955km²。

本次白龙江干流水文分析计算以立节水文站作为参证站，资料系列在 1954～2001 年，共计 48 年资料系列。

3. 径流

（1）径流特性

白龙江径流主要来源于大气降雨补给，其中以雨水补给为主，雪水补给为辅。枯季主要由地下水补给。年径流模数从上游向下游递增，愈向下游水量愈丰。径流年际变化比较稳定，但径流年内分配不均匀，6～9 月四个月的径流量占全年径流量的 53.4%，枯期 12 月～次年 3 月仅占 13.8%。

（2）系列代表性分析

白龙江立节站径流系列 1954～2001 年，$n=48$ 年，以 1954～1963 年（$n=10$ 年）为基准，间隔 5 年滑动计算均值及 Cv 值，n 超过 30 年后系列基本稳定，均值在 73.4～81.6m³/s 变化，Cv 值在 0.18～0.21。

根据立节水文站年径流量时序曲线图（图 6-2）可以看出，1954～2001 年水文系列年值在均值附近上下摆动。

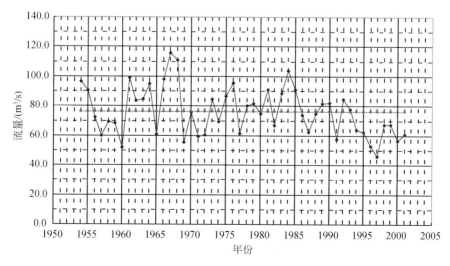

图 6-2 立节水文站年径流量时间序列曲线

综上所述，白龙江立节年径流计算采用 1954 ~ 2001 年（$n = 48$ 年），系列是稳定的，代表性良好，计算成果可供工程设计使用。

（3）设计径流

立节站原为香椿沟水文站，两站面积相差 241km^2，1967 年两站进行了一年的同期观测，利用该资料进行相关分析，相关关系较好，由此将立节站资料系列插补延长到 1954 年。舟曲水文站资料系列较短，用面积比将资料推算至立节站。资料系列在 1954 ~ 2001 年，共 48 年系列。

通过对白龙江立节站实测径流系列的频率分析计算，经适线后（P-Ⅲ型曲线），得三个统计参数如下：$Q_0 = 76.1\text{m}^3/\text{s}$、$\text{Cv} = 0.22$、$\text{Cs}/\text{Cv} = 2.0$。立节水文站年径流频率曲线见图 6-3。

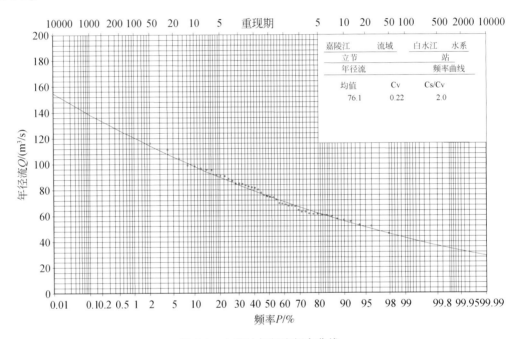

图 6-3　立节站年径流频率曲线

舟曲县城—立节站区间面积为 790km^2，由于白龙江流域上、下游降雨的不同，舟曲县城的设计年径流采用区间径流加入法进行分析计算，经过分析推得舟曲县城瓦厂桥断面多年平均流量为 $81.9\text{m}^3/\text{s}$，Cv、Cs 借用立节站的分析成果。舟曲县城瓦厂桥断面的设计年径流成果见表 6-2。舟曲县城瓦厂桥断面各月多年平均流量见表 6-3。

表 6-2　舟曲县城瓦厂桥断面设计年径流成果表

河段	流域面积 /km^2	统计参数			不同保证率的设计值/（m^3/s）			
		Q_0（m^3/s）	Cv	Cs/Cv	15%	50%	95%	97%
立节水文站	8205	76.1	0.22	2.0	93.4	74.9	50.8	47.9
瓦厂桥断面	8995	81.9	0.22	2.0	101	80.6	54.7	51.5

表 6-3　舟曲县城瓦厂桥断面各月多年平均流量表　　　（单位：m³/s）

各月多年平均流量												年平均
1	2	3	4	5	6	7	8	9	10	11	12	81.9
32.8	29.2	30	45	90.6	113	139	128	144	120	65.5	42.3	

4. 洪水

（1）洪水特性

白龙江大洪水主要由长历时大面积暴雨形成，暴雨一般发生在 5～10 月，大暴雨多出现在 7～8 月，本地区暴雨分为霖暴雨和雷暴雨，霖暴雨是秋季大面积连阴雨中的暴雨，一般历时长、强度相对较小，多形成洪水。夏季一般是雷暴雨，笼罩面积较小，但强度大，常造成局部地区洪水。白龙江上游植被较好，洪水涨落平缓，一次洪水过程一般在 3～5 天，峰型较肥胖，多为单峰型。

（2）历史调查洪水

有关白龙江干支流上的历史洪水自 20 世纪 50 年代开始，已有很多部门先后进行过多次调查和复查。香椿沟水文站河段调查到两场历史洪水，洪峰流量分别为 Q_m1904＝1730m³/s、Q_m1935＝1100m³/s。

1965 年 4 月铁道部第一设计院曾对香椿沟水文站河段进行了历史洪水调查：据香椿沟村生产队 57 岁的孙老回忆"红军过草地那年水大，比起 1962 年还大，这次水将下游开成的地都淹了。听老人说还淌过一次大水，比红军过草地时的水还大，把老乡在白龙江上搭的桥都冲走了，至今已 60 多年，同时这次大水淹过坟地"。由此可确定，1904 年洪水是最大的一次，首项洪水重现期，以发生年份至今计算其重现期定为 100 年。1935 年洪水不作为特大值处理，与实测系列一起参加统计。

（3）设计洪水

立节站实测洪峰流量系列为 1954～2001 年共计 48 年，其中 1954～1958 年为占单村站实测资料，1959～1966 年为香椿沟站实测资料，1967～1994 年为立节站实测资料，1995～2001 年为舟曲站实测资料，本次收集舟曲站资料系列较短仅有 7 年，故没有折算直接采用。

考虑到立节站已有 1954～2001 年共 48 年实测年最大洪峰流量系列，实测系列较长，故本阶段暂不考虑加入 1904 年、1935 年历史洪水，用矩法初估统计参数（离差系数 Cv 和偏态系数 Cs），采用 P—Ⅲ 型曲线，用适线法，求得立节站的洪峰流量均值为 Q_m＝403m³/s，Cv＝0.54，Cs＝4.0Cv。频率曲线见图 6-4。

舟曲县城瓦厂桥断面与立节水文站区间面积仅占瓦厂桥断面集水面积的 9.7%，故以面积指数关系推算舟曲县城的设计洪峰流量，指数 n 依据该河段的历史洪水调查资料分析，n 值在 0.75～0.82 变化，本次取指数 n＝0.8。舟曲县城瓦厂桥断面的设计洪水成果见表 6-4。

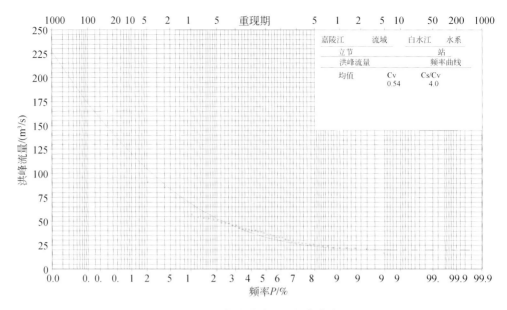

图 6-4　立节站洪峰流量频率曲线

表 6-4　白龙江舟曲县城瓦厂桥断面设计洪水成果表

河段	F/km^2	统计参数			各种频率设计值/(m^3/s)					
		$Q_m/(\text{m}^3/\text{s})$	Cv	Cs/Cv	2%	3.33%	5%	10%	20%	50%
立节水文站	8205	403	0.54	4	1047	931	839	683	529	332
瓦厂桥断面	8995	434	0.54	4	1130	1000	904	736	570	358

（4）沟道设计洪水

本次河道综合治理范围内共有 5 条泥石流沟汇入，全部集中在左岸，分别为：寨子沟、硝水沟、老鸭沟、三眼峪沟、罗家峪沟。其中较大的三条沟道流域特征参数分别为：三眼峪沟地处城区北部，流域面积 24.1km²，沟道长度 7.6km，河道比降 157‰；罗家峪沟地处县城东北处，流域面积 16.1km²，沟道长度 6.8km，河道比降 163‰；寨子沟地处县城西北处，流域面积 16.9km²，沟道长度 5.0km，河道比降 141‰。以三眼沟为例，源头海拔 3828m，入河口海拔 1360m，高差 2468m。

在 1∶5 万地形图上量算 5 条沟道流域特征参数，设计面雨力及暴雨衰减指数根据甘肃省水文水资源勘测局编的《甘肃省暴雨统计参数》查算。

根据各条沟道流域下垫面的特征及前期土壤湿润情况确定暴雨的损失级别及损失参数。

通过对各沟道断面的实地踏勘，按主河槽形态特征确定糙率系数，根据山坡地表特征确定山坡流速系数。

根据沟道流域特征参数采用铁道部第一设计院、中国科学院地理研究所和铁道部科学研究院西南研究所三单位提出的《小流域暴雨洪峰流量计算》方法，计算出 5 条沟道 $P=5\%$、$P=10\%$ 清水洪峰流量见表 6-5。

表 6-5　舟曲各沟道设计洪峰流量成果表

河（沟）名	集水面积/km²	设计洪峰流量/(m³/s)	
		$P=5\%$	$P=10\%$
寨子沟	16.9	108	77.8
硝水沟	1.13	17.7	12.6
老鸭沟	0.55	10.9	7.80
三眼峪	24.1	136	97.3
罗家峪	16.1	98.9	71.6

本次还通过《甘肃省暴雨洪水图集》中记载的瞬时单位线法对沟道洪水的设计成果进行了复核，暴雨统计如下：

$H_{1小时}=20\text{mm}$　　　　Cv=0.55　　　　Cs/Cv=3.5

$H_{3小时}=30\text{mm}$　　　　Cv=0.42　　　　Cs/Cv=3.5

$H_{6小时}=40\text{mm}$　　　　Cv=0.40　　　　Cs/Cv=3.5

暴雨分区采用嘉陵江区，产、汇流分区采用陇南石山林区，复核结果如下：三眼峪 $Q_{m5\%}=121\text{m}^3/\text{s}$、$Q_{m10\%}=99.4\text{m}^3/\text{s}$，罗家峪 $Q_{m5\%}=97.0\text{m}^3/\text{s}$、$Q_{m10\%}=79.4\text{m}^3/\text{s}$。复核结果与表 6-5 中的成果接近，说明沟道设计洪峰流量采用"铁一院"法的计算成果是安全、可靠的，可供本阶段设计采用。

三、舟曲流域泥石流启动机制分析

我国山区的泥石流多发于 5~10 月，与雨季相同。因此，在进行泥石流预报时，其产汇流方式可认为是"超渗产流"。根据"超渗产流"的原理，水量平衡方程表达式为

$$R=P-I=P-(I_{\text{m}}-P_{\text{b}}) \tag{6-1}$$

式中，R 为径流深（mm）；P 为一次降雨量（mm）；P_{b} 为降雨开始时的土壤含水率（mm）；I_{m} 为降雨结束时流域达到的最大蓄水量（mm）（对一特定流域，I_{m} 为常数）；I 为一次降雨的损失量（mm）。

1. 泥石流启动机制计算法

对泥石流进行雨量预警，需要在泥石流沟流域内，尤其是在泥石流形成区，按照雨量站的布置原则布设至少一个雨量站。通过雨量站对流域降雨的实时观测资料，可以得出前期影响雨量。在泥石流沟道内选取横断面，根据水力类泥石流启动机制，由下式计算得出该断面泥石流启动所需的临界水深，则流域的平均流量为

$$Q=BVh_0 \tag{6-2}$$

式中，B 为沟道的宽度（m）；V 为断面速度（m/s）；h_0 为泥石流启动径流深。

径流深是指在某一时段内的径流总量平铺在全流域面积上所得的水层深度。以 1h 为单位，则流域的径流深 R 可表示为

$$R = \frac{W}{1000F} = \frac{3.6 \sum Q \Delta t}{F} = \frac{3.6Q}{F} \qquad (6\text{-}3)$$

式中，Q 为流域出口洪峰流量（m^3/s）；F 为流域面积（km^2）。

以 1h 雨量进行泥石流预警报，一次降雨量 P 改写为小时雨量 I_{60}。同时，降雨开始时的土壤含水率 P_b 即反映了泥石流的前期影响雨量 P_a，式（6-1）可以写为

$$I_{60} + P_a = R + I_m \qquad (6\text{-}4)$$

由上可知，只要计算出径流深 R，$I_{60} + P_a$ 为一定值。也就是说，当 $I_{60} + P_a$ 达到 $R + I_m$ 时，就表明该泥石流沟即将发生泥石流。因此，式（6-4）可以用来对泥石流的发生进行预警报。

2. 舟曲降雨径流特征参数确定

由于研究区内缺少气象站降雨资料，因此本研究利用舟曲 1954 年至 2001 年 48 年间洪水数据资料进行区域降雨特征分析，建立了研究区洪峰流量与降雨量的关系。

由前文分析可知，已经根据《小流域暴雨洪峰流量计算》方法和白龙江舟曲县城瓦厂桥断面设计洪水成果，计算出舟曲三眼峪、罗家峪不同频率下的洪峰流量 Q。利用式（6-3）计算不同频率下的径流深。

对一特定流域，降雨结束时流域达到的最大蓄水量 I_m 为常数，反映了流域下垫面蓄水能力，其实在另一方面也反映了降雨转化径流的能力。众所周知，净雨强度（即径流强度）与暴雨强度的比值，即占的比例为径流系数。用符号 C 来表示，则

$$C = \frac{R}{R_{\text{总}}} = \frac{R}{R + I_m} \qquad (6\text{-}5)$$

所以，总降雨量 $R_{\text{总}}$ 可以通过 C 和 R 求得，即

$$R_{\text{总}} = \frac{R}{C} = \frac{3.6Q}{CF} \qquad (6\text{-}6)$$

其中径流系数 C 与流域下垫面地质环境背景条件、土壤损失系数、流域面积与产流时间有关。根据铁道部第一设计院、中科院地理研究所和铁道部科学研究院西南研究所三单位所提出的相关成果，查得舟曲地区的土壤损失参数和径流系数 C 值（表 6-6，表 6-7）。

表 6-6　各类土壤损失系数值

土类或损失类型	II	III	IV	V	VI
特征	黏土、土层稀薄植被差的岩石，风化轻微的岩石	砂质黏土，土层较厚中等密度植被的石山区，风化程度中等的土石山，植被中等密度的高山草地，戈壁滩，水土流失显著的地区	黏砂土，风化严重的岩石山区，植被茂密的高山草地与土石山，有人工幼林，土层薄的一般森林地区，一般水土流失地区	稀疏植被的砂土层，土层厚的一般森林地区，有水土保持措施的土质山区	砂土，茂密的原始森林地区，有很厚的腐殖落叶层，沙漠边沿地区
土壤含砂率/%	5～15	15～30	30～65	65～85	>85
土壤含黏率/%	30～60	15～30	3～15	<3	

续表

土类或损失类型		II	III	IV	V	VI
土壤损失系数值（L）	前期土壤湿润	0.50	0.76	0.98	1.16	2.08
	前期土壤中等湿度	**0.63**	0.87	1.06	1.59	2.61
	前期土壤干旱	**0.76**	0.98	1.16	2.08	

表6-7　径流系数 C 值

土类	前期土壤水分	L	F/km^2	$S^*/(\mathrm{mm}/1\mathrm{h})$				
				20	40	70	100	200
II	湿润	0.5	0.1~1	0.85	0.87	0.89	0.90	0.92
			1.0~5.0	0.82	0.85	0.87	0.89	0.91
			5.0~20	0.78	0.82	0.85	0.86	0.89
			20~50	0.74	0.78	0.81	0.83	0.86
			50~100	0.70	0375	0.79	0.81	0.84
II	一般	**0.63**	0.1~1	0.81	0.84	0.86	0.88	0.90
			1.0~5.0	0.78	0.82	0.84	0.86	0.88
			5.0~20	**0.73**	**0.78**	**0.81**	**0.83**	**0.86**
			20~50	**0.67**	**0.73**	**0.77**	**0.79**	**0.83**
			50~100	0.62	0.69	0.73	0.76	0.80
II III	干旱 湿润	**0.76**	0.1~1	0.77	0.81	0.83	0.85	0.88
			1.0~5.0	0.73	0.78	0.81	0.83	0.86
			5.0~20	**0.67**	**0.73**	**0.77**	**0.79**	**0.83**
			20~50	**0.60**	**0.67**	**0.72**	**0.75**	**0.79**
			50~100	0.54	0.62	0.68	0.71	0.78
III	一般	0.87	0.1~1	0.73	0.78	0.81	0.83	0.86
			1.0~5.0	0.69	0.74	0.78	0.80	0.84
			5.0~20	0.62	0.69	0.74	0.76	0.80
			20~50	0.55	0.63	0.68	0.71	0.76
			50~100	0.47	0.57	0.63	0.66	0.72
III IV	干旱 湿润	0.98	0.1~1	0.70	0.75	0.70	0.81	0.84
			1.0~5.0	0.65	0.71	0.75	0.78	0.82
			5.0~20	0.58	0.65	0.70	0.73	0.78
			20~50	0.49	0.58	0.64	0.67	0.73
			50~100	0.41	0.51	0.58	0.62	0.69

土类	前期土壤水分	L	F/km^2	$S^*/(mm/1h)$				
				20	40	70	100	200
IV	一般	1.06	0.1~1	0.67	0.73	0.77	0.79	0.83
			1.0~5.0	0.62	0.69	0.73	0.76	0.80
			5.0~20	0.55	0.62	0.68	0.71	0.76
			20~50	0.45	0.54	0.61	0.65	0.71
			50~100	0.36	0.47	0.55	0.59	0.66
IV	干旱	1.16	0.1~1	0.64	0.71	0.75	0.77	0.81
			1.0~5.0	0.50	0.66	0.71	0.74	0.78
V	湿润		5.0~20	0.50	0.59	0.65	0.68	0.74
			20~50	0.39	0.50	0.57	0.61	0.68
			50~100	0.30	0.42	0.51	0.55	0.63
V	一般	1.59	0.1~1	0.51	0.60	0.66	0.69	0.74
			1.0~5.0	0.43	0.53	0.60	0.64	0.70
			5.0~20	0.31	0.43	0.52	0.56	0.64
			20~50	0.17	0.32	0.41	0.47	0.56
			50~100	0.04	0.21	0.32	0.39	0.49
V	干旱	2.08	0.1~1	0.36	0.47	0.55	0.59	0.66
			1.0~5.0	0.26	0.39	0.48	0.53	0.61
			5.0~20	0.10	0.26	0.37	0.43	0.53
			20~50	0.07	0.10	0.23	0.31	0.43
			50~100	0.03	0.05	0.12	0.20	0.34

*S 称为暴雨参数（雨力），它是取单位时间（小时）的暴雨量大小（mm）

由于舟曲以碳酸盐岩为主，风化程度差，在坡面局部低洼处有很薄的碳酸盐岩风化物（红黏土）及很薄的风积层存在，曾经是土层薄的一般森林地区，但现在仅有少量人工幼林，基本与表 6-6 中的第 II 类相符。舟曲年降雨量不大，蒸发量大于降雨量，所以前期土壤一般处于较为干旱或者一般状态（中湿状态），所以土壤损失系数值 L 选取 0.76 或 0.63。根据实际观测或计算所得的暴雨参数（雨力）S，通过表 6-7 查询实际径流系数 C 值。

四、舟曲泥石流降雨特征阈值研究

根据上面介绍的泥石流启动机制计算方法以及降雨径流特征参数选取原则，来确定不同频率下洪水特征值以及不同预警级别下泥石流启动的降雨量阈值。

由于研究区内缺少降雨资料和实测断面资料，因此未能按照式（6-2）中 $Q = BVh_0$ 所示的流域出口断面流量和流速计算径流深。为保证数据的真实性和可靠性，本研究以舟曲流域中子流域面积较大的三眼峪小流域、罗家峪流域和寨子沟流域作为研究对象，将三个子流域在不同频率下的洪峰流量作为流域出口断面流量，按照式（6-3）直接计算不同频率洪水下的流域径流深，根据洪水径流参数计算流域降雨量。计算过程中，按照前期土壤一般（中湿）、干旱两种情况计算，由于径流系数与单位时间内（1h）降雨量有关，所以在参数选取过程中，通过试算法多次计算单位时间内（1h）降雨量，舟曲三眼峪、罗家峪和寨子沟降雨特征阈值计算结果如表6-8～表6-10所示。

表6-8 三眼峪不同预警级别的泥石流降雨量阈值

流域名称：三眼峪　　　　　　　　　　　　　　　　流域（集水）面积：24.1km²

预警级别	I 级	II 级	III 级	IV 级	V级预备	VI级预备
降雨频率/%	2	3.33	5	10	20	50
重现期/年	50	30	20	10	5	2
洪峰流量/(m³/s)	255.37	182.55	136.00	97.30	67.22	38.07
径流深 R/mm	38.15	27.27	20.32	14.53	10.04	5.69
前期土壤水分一般：$L=0.63$						
径流系数 C	0.75	0.72	0.68	0.67	0.64	0.6
降雨总量/(mm/h)	50.86	37.87	29.88	21.69	15.69	9.48
前期土壤水分干旱：$L=0.76$						
径流系数 C	0.68	0.67	0.64	0.61	0.58	0.56
降雨总量/(mm/h)	56.10	40.70	31.74	23.83	17.31	10.16

表6-9 罗家峪不同预警级别的泥石流降雨量阈值

流域名称：罗家峪　　　　　　　　　　　　　　　　流域（集水）面积：16.1km²

预警级别	I 级	II 级	III 级	IV 级	V级预备	VI级预备
降雨频率/%	2	3.33	5	10	20	50
重现期/年	50	30	20	10	5	2
洪峰流量/(m³/s)	174.50	129.31	98.90	71.60	49.93	28.50
径流深 R/mm	39.02	28.91	22.11	16.01	11.16	6.37
前期土壤水分一般：$L=0.63$						
径流系数 C	0.79	0.77	0.75	0.74	0.72	0.7
降雨总量/(mm/h)	49.39	37.55	29.49	21.64	15.51	9.10
前期土壤水分干旱：$L=0.76$						
径流系数 C	0.74	0.73	0.7	0.68	0.65	0.63
降雨总量/(mm/h)	52.73	39.61	31.59	23.54	17.18	10.11

表6-10 寨子沟不同预警级别的泥石流降雨量阈值

流域名称：寨子沟　　　　　　　　　　　　　　　　流域（集水）面积：16.9km²

预警级别	I 级	II 级	III 级	IV 级	V级预备	VI级预备
降雨频率/%	2	3.33	5	10	20	50
重现期/年	50	30	20	10	5	2
洪峰流量/(m³/s)	183.68	137.93	108.00	77.80	52.64	30.18
径流深 R/mm	39.13	29.38	23.01	16.57	11.21	6.43

流域名称：寨子沟				流域（集水）面积：16.9km²	
预警级别	Ⅰ级	Ⅱ级	Ⅲ级	Ⅳ级	Ⅴ级预备	Ⅵ级预备
前期土壤水分一般：$L=0.63$					
径流系数 C	0.79	0.78	0.77	0.75	0.72	0.7
降雨总量/(mm/h)	49.53	37.67	29.56	21.65	15.57	9.18
前期土壤水分干旱：$L=0.76$					
径流系数 C	0.74	0.73	0.73	0.7	0.65	0.63
降雨总量/(mm/h)	52.88	40.25	31.65	23.68	17.25	10.13

　　根据降雨特征、地质灾害启动机理、演化过程、危害程度及规模，以及降雨可能导致泥石流发生的概率、致灾范围和强度；同时根据水利部防洪标准（GB50201—2014）将一般城镇的最高防洪标准的重现期设为50年。因此我们将重现期50年、30年、20年、10年的暴雨分别划分为红色预警（Ⅰ级）、橙色预警（Ⅱ级）、黄色预警（Ⅲ级）、蓝色预警（Ⅳ级）四个预警级别；同时将重现期为5年和2年的暴雨划分为Ⅴ级预备预警、Ⅵ级预备预警两个预备预警级别。

　　从表6-8～表6-10可以看出，三眼峪、罗家峪和寨子沟在相同频率（降雨级别）情况下发生泥石流的降雨总量相差不多，三眼峪的降雨阈值稍稍大于罗家峪与寨子沟流域的降雨阈值，这与流域面积和径流形成时间有直接关系，说明罗家峪、寨子沟流域的地形与三眼峪相比，在相同的降雨条件下更易形成泥石流。三个流域中，前期干旱时，泥石流启动的降雨阈值均大于前期一般和湿润情况下的降雨阈值，这是由于前期干旱时，会有较多的降雨首先入渗到土体之中，才能产生径流（Yu et al.，2015）。

　　从表6-8～表6-10和图6-5～图6-8中可以看出，随着降雨（洪峰）频率的逐渐降低，重现期逐渐增大，1h内降雨量逐渐增加，导致洪峰流量逐渐增加，径流深逐渐增加，所产生泥石流的启动规模逐渐加大，泥石流预警级别也逐渐升高。

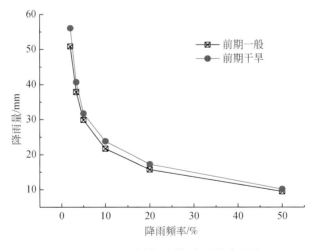

图6-5　三眼峪流域不同频率下的降雨量

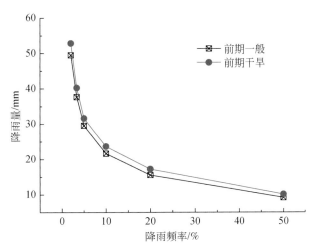

图 6-6　罗家峪流域不同频率下的降雨量

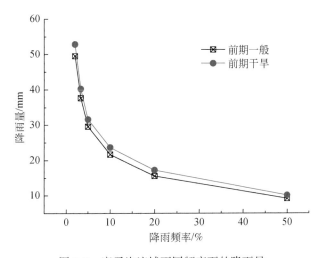

图 6-7　寨子沟流域不同频率下的降雨量

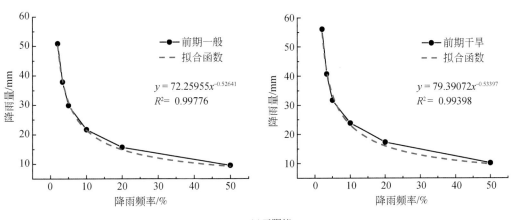

(a)三眼峪

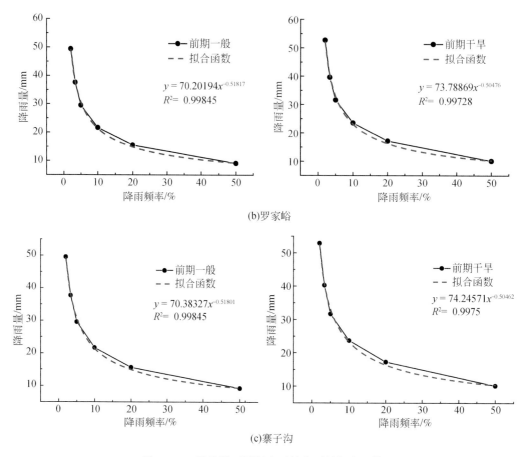

(c)寨子沟

图 6-8　三子流域不同频率下的降雨量拟合函数

从整个曲线的变化趋势可以看出，虽然不存在严格数学意义上的拐点，但的确有一个直观突变的趋势，出现在降雨频率为 10%（重现期为 10 年）的时候。当降雨频率小于 10% 的情况下（重现期大于 10 年），降雨量曲线急速增加，此时在不同频次的降雨量差别逐渐增大，说明当降雨频率大于 10 年一遇，则降雨量激增，依次进入不同预警级别；当降雨频率大于 10% 的情况下（重现期小于 10 年），降雨量曲线较为平缓，不同频次的降雨量差别较小，还未达到预警级别，也说明降雨频率为 20% 和 50% 时，作为预备预警级别的合理性。

对三眼峪、罗家峪和寨子沟在前期干旱和一般（中湿）条件下，不同降雨频率的小时降雨量进行函数拟合，发现其形式均满足幂函数（$y = ax^b$）关系，前期干旱情况下的 a 值大于前期一般（中湿）情况下的 a 值，确定性系数 R^2 均在 99% 以上，说明降雨量随降雨频率呈幂函数变化；且图 6-8 中所示的各函数关系式可用于三眼峪、罗家峪和寨子沟在不同降雨频率下的降雨量预测和降雨预警级别划分。

五、舟曲泥石流降雨阈值函数关系、数值对应关系研究

经过上面的计算，已经确定了触发舟曲三眼峪、罗家峪和寨子沟不同预警级别泥石流

的 1h 降雨量阈值（雨强阈值）。由于计算的前提条件是以单位时间 1h 进行计算所得，诸如舟曲山区这样的高山峡谷地区的降雨，在实际降雨过程中常以"点雨"形式出现，时间往往很短，有的只有十几分钟，所以仅仅依靠 1h 的降雨量进行泥石流灾害预警预报，预测难度往往较大，很难实施。因此在本节中，主要研究不同预警级别下，触发泥石流的降雨雨强与降雨历时函数关系和数值关系，通过函数关系和数值对应关系的确定，使得小流域泥石流地质灾害监测预警简单可行、易于操作（Yu et al.，2015）。

（一）舟曲历年极端降雨特征及函数特征分析

舟曲流域属高山峡谷区，地形复杂，高低悬殊，气候垂直变化明显；海拔较低的河川地带，气候温和湿润，高山地带则较为寒冷，随海拔升高，沟谷气候由亚热带逐步转变为温带，降雨量也明显增大。据舟曲县气象局统计资料，区内多年平均降雨量为 435.8mm，年最大降雨量 579.1mm，年最小降雨量 253mm，降雨主要集中在 5～10 月，且多以暴雨形式降落。此次特大山洪泥石流之前记录的 3h 最大降雨量为 62.9mm，此时雨强为 21mm/h；60 min 最大降雨量为 40.7mm，此时雨强为 40.7mm/h；30min 最大降雨量 38.1mm，此时雨强为 76.2mm/h；10min 最大降雨量 24.0mm，此时雨强为 144mm/h；5 min 最大降雨量 25.0mm，此时雨强为 300mm/h。根据以上降雨特征，绘制舟曲历年极端降雨特征曲线（降雨雨强与降雨历时关系），并对该降雨特征曲线进行拟合，如图 6-9 所示。

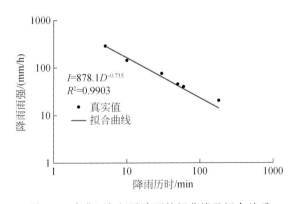

图 6-9　舟曲历年极端降雨特征曲线及拟合关系

从图 6-9 中可以看出，舟曲极端降雨条件下，降雨雨强与降雨历时关系呈幂函数下降趋势；说明能够触发舟曲地质灾害发生的降雨具有以下两种特征：一是降雨雨强很大、降雨历时较短的单峰型短历时强降雨的"点雨"；二是降雨雨强较小、持续时间很长的"绵绵细雨"。

对历年极端降雨特征进行拟合，拟合函数呈幂函数形式，幂函数为 $y = ax^b = 878.1x^{-0.735}$，确定性系数为 99.03%，拟合效果良好。由图 6-9 可以看出，降雨历时为 60min 时，雨强为 40.7mm/h，等同于三眼峪 30 年一遇洪水时的小时雨量（降雨雨强），此时幂函数的指数为常数 -0.735。考虑 2% 降雨频率下，降雨特征（雨型）较 30 年一遇降雨更加陡急，单位时间降雨量更大这一特征，将 50 年一遇的降雨雨强与降雨历时的幂函数关系指数 b 设定为 -0.85；3.33% 降雨频率下的降雨雨强与降雨历时的幂函数关系中

的指数 b 设定为-0.735，而高于 3.33% 降雨频率的降雨条件下，降雨特征（雨型）较 30 年一遇降雨比较平缓，单位时间降雨量略小，依次将 5%、10%、20%、50% 降雨频率下的降雨雨强与降雨历时的幂函数关系中的指数 b 设定为-0.70、-0.65、-0.60 和-0.50。

以单位小时雨量（雨强）计算结果（表 6-8 ~ 表 6-10）和上述不同降雨频率下的幂函数指数 b 为基础，对不同预警级别、前期一般和前期干旱条件下，降雨雨强和降雨历时的幂函数系数 a 进行修正，其修正结果如表 6-11 所示。

表 6-11 舟曲各子流域降雨雨强与降雨历时幂函数系数修正结果

降雨频率 /%	幂函数指数 b	幂函数系数 a					
		三眼峪		罗家峪		寨子沟	
		前期一般	前期干旱	前期一般	前期干旱	前期一般	前期干旱
2	−0.85	1651.22	1821.34	1603.49	1711.93	1608.04	1716.80
3.33	−0.735	767.78	825.16	761.29	803.06	763.72	816.03
5	−0.70	524.91	557.59	518.06	554.95	519.29	556.01
10	−0.65	310.50	341.13	352.73	336.98	309.92	338.98
20	−0.60	183.03	201.92	180.93	200.41	181.63	201.22
50	−0.50	73.43	78.70	70.49	78.31	71.11	78.47

（二）舟曲泥石流不同预警级别的降雨量与降雨历时函数关系

根据表 6-11 的修正结果，确定了舟曲三眼峪、罗家峪、寨子沟在前期一般（中湿）和干旱条件的不同预警级别的降雨雨强与降雨历时的幂函数关系，如表 6-12 ~ 表 6-14 所示。

表 6-12 ~ 表 6-14 列举了三眼峪、罗家峪和寨子沟前期一般（中湿）和干旱条件下，不同预警级别的降雨历时与降雨雨强的函数关系。通过实际监测出的降雨雨强与降雨历时数值，对照此表，可以清楚地确定泥石流发生的预警级别。由于表 6-11 中幂函数指数 b 是通过舟曲有限的极端降雨资料得出的，和实际情况还存在一定的偏差，还需要日后对降雨数据继续积累，进行不断修正。

表 6-12 三眼峪不同预警级别的泥石流降雨雨强与降雨历时函数关系

前期情况	预警级别	函数关系（I：降雨雨强（mm/h），h：降雨历时（min））	前期情况	预警级别	函数关系（I：降雨雨强（mm/h），h：降雨历时（min））
前期一般	VI	$I=73.43h^{-0.50}$	前期干旱	VI	$I=78.70h^{-0.50}$
	V	$I=183.03h^{-0.60}$		V	$I=201.92h^{-0.60}$
	IV	$I=310.50h^{-0.65}$		IV	$I=341.13h^{-0.65}$
	III	$I=524.91h^{-0.70}$		III	$I=557.59h^{-0.70}$
	II	$I=767.78h^{-0.735}$		II	$I=825.16h^{-0.735}$
	I	$I=1651.22h^{-0.85}$		I	$I=1821.34h^{-0.85}$

表6-13 罗家峪不同预警级别的泥石流降雨雨强与降雨历时函数关系

前期情况	预警级别	函数关系 (I：降雨雨强（mm/h），h：降雨历时（min）)	前期情况	预警级别	函数关系 (I：降雨雨强（mm/h），h：降雨历时（min）)
前期一般	VI	$I=70.49\ h^{-0.50}$	前期干旱	VI	$I=78.31\ h^{-0.50}$
	V	$I=180.93\ h^{-0.60}$		V	$I=200.41\ h^{-0.60}$
	IV	$I=352.73\ h^{-0.65}$		IV	$I=336.98\ h^{-0.65}$
	III	$I=518.06\ h^{-0.70}$		III	$I=554.95\ h^{-0.70}$
	II	$I=761.29\ h^{-0.735}$		II	$I=803.06\ h^{-0.735}$
	I	$I=1603.49\ h^{-0.85}$		I	$I=1711.93\ h^{-0.85}$

表6-14 寨子沟不同预警级别的泥石流降雨雨强与降雨历时函数关系

前期情况	预警级别	函数关系 (I：降雨雨强（mm/h），h：降雨历时（min）)	前期情况	预警级别	函数关系 (I：降雨雨强（mm/h），h：降雨历时（min）)
前期一般	VI	$I=71.11\ h^{-0.50}$	前期干旱	VI	$I=78.47\ h^{-0.50}$
	V	$I=181.63\ h^{-0.60}$		V	$I=201.22\ h^{-0.60}$
	IV	$I=309.92\ h^{-0.65}$		IV	$I=338.98\ h^{-0.65}$
	III	$I=519.29\ h^{-0.70}$		III	$I=556.01\ h^{-0.70}$
	II	$I=963.72\ h^{-0.735}$		II	$I=816.03\ h^{-0.735}$
	I	$I=1068.04\ h^{-0.85}$		I	$I=1716.80\ h^{-0.85}$

依据表6-12～表6-14的计算结果，绘制出舟曲三眼峪、罗家峪和寨子沟在前期一般（中湿）和前期干旱两种条件下，发生泥石流不同预警级别下的降雨雨强和降雨历时的函数关系曲线，如图6-10～图6-12所示。

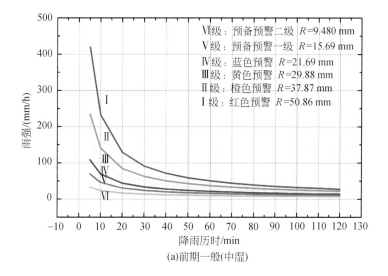

(a)前期一般(中湿)

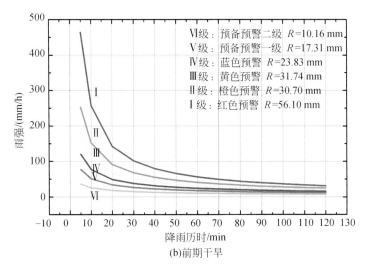

(b)前期干旱

图 6-10　三眼峪泥石流不同预警级别降雨历时与雨强对应关系

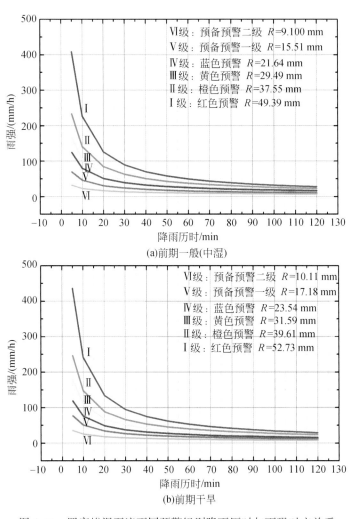

图 6-11　罗家峪泥石流不同预警级别降雨历时与雨强对应关系

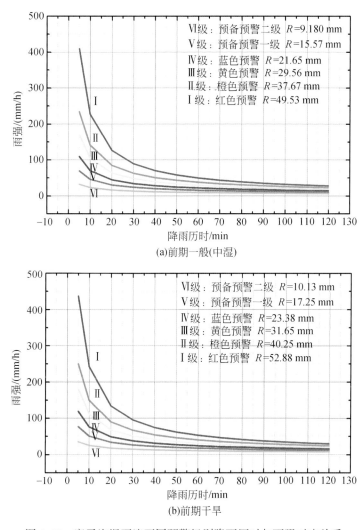

图 6-12　寨子沟泥石流不同预警级别降雨历时与雨强对应关系

　　考虑到舟曲发生泥石流的实际情况、爆发规模以及不同降雨频率下的降雨特征，将泥石流预警级别划分为红色预警（Ⅰ级）、橙色预警（Ⅱ级）、黄色预警（Ⅲ级）、蓝色预警（Ⅳ级）四个预警级别以及 V 级预备预警、Ⅵ级预备预警两个预备预警级别。

　　从图 6-10 ~ 图 6-12 可以看出，各个降雨频率的降雨历时与雨强曲线变化形式一致，当降雨历时小于 30 min 时，随着降雨历时的逐渐增加，能够触发泥石流灾害的降雨雨强迅速下降；当降雨历时大于 30min 时，随着降雨历时的逐渐增加，雨强平缓下降。随着降雨频率的逐渐增加，预警级别逐渐提高，相同降雨历时下的雨强也皆有不同程度的增大；降雨历时小于 30 min 时，差别幅度较大，降雨历时大于 30 min 时，差别幅度较小；随着降雨历时继续增加，各个预警级别的降雨雨强差别较小。

　　随着预警级别的逐渐提高，泥石流地质灾害的规模和破坏力会逐渐增大，人们的防范意识也要逐步增强。其中，红色预警（Ⅰ级）是降雨频率大于 2% 的降雨，橙色预警（Ⅱ级）是降雨频率介于 2% ~ 3.33% 的降雨，黄色预警（Ⅲ级）是降雨频率介于 3.33% ~

5%的降雨,蓝色预警(IV级)是降雨频率介于5% ~ 10%的降雨,V级预备预警和VI级预备预警是降雨频率介于10% ~ 20%和20% ~ 50%的降雨。从图中可以看出,不但短历时强降雨("点雨")需要引起重视,长历时的"绵绵细雨"同样也需要引起人们的足够重视。

同样,也可从不同预警级别的降雨历时与降雨雨强的三维图看出变化关系,如图6-13 ~ 图6-15所示。可以看出,不同预警级别下,随着降雨历时的变化,触发泥石流的降雨强度的变化趋势一致。降雨历时较短时,降雨雨强较大,三维曲面呈上扬趋势,红色I级预警达到峰值,说明随着降雨历时逐渐增加,尤其当降雨历时超过30 min后,三维曲面逐渐平缓,能够触发泥石流启动的临界雨强逐渐降低。

由于图6-10 ~ 图6-12中只列举出部分降雨情况,为了能够更精细地做出正确预警预报,本研究将图6-10 ~ 图6-12所示曲线以数据表格形式展示出来,如表6-15 ~ 表6-20所示。可以通过表6-15 ~ 表6-20查到不同降雨特征下,降雨历时与降雨雨强的对应数值关系,从而清楚确定触发泥石流发生的预警级别。

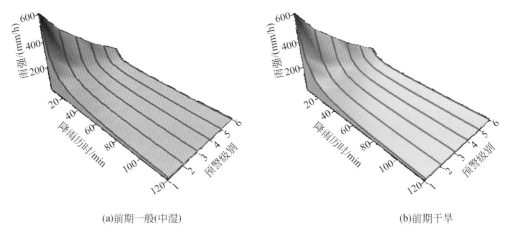

(a)前期一般(中湿)　　　　　　　　　　　　(b)前期干旱

图6-13　三眼峪泥石流不同预警级别降雨历时与雨强三维等值线图

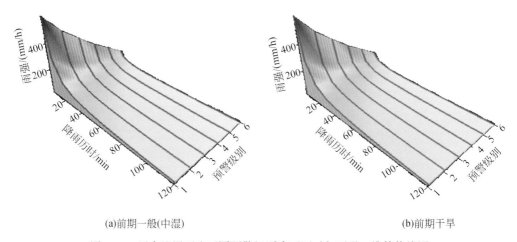

(a)前期一般(中湿)　　　　　　　　　　　　(b)前期干旱

图6-14　罗家峪泥石流不同预警级别降雨历时与雨强三维等值线图

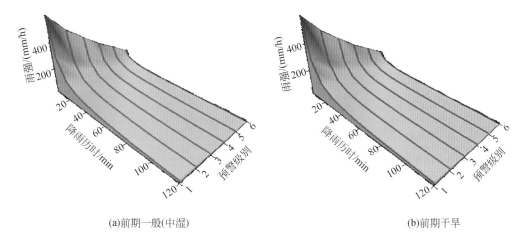

(a)前期一般(中湿)　　　　　　　　　　　　(b)前期干旱

图 6-15　寨子沟泥石流不同预警级别降雨历时与雨强三维等值线图

表 6-15　三眼峪不同预警级别泥石流的降雨历时与降雨雨强阈值 （前期一般 （中湿））

降雨历时/min	Ⅰ级预警 /（mm/h）	Ⅱ级预警 /（mm/h）	Ⅲ级预警 /（mm/h）	Ⅳ级预警 /（mm/h）	Ⅴ级预备预警 /（mm/h）	Ⅵ级预备预警 /（mm/h）
5	420.42	235.23	170.14	109.08	69.68	32.84
10	233.24	141.33	104.73	69.51	45.97	23.22
20	129.40	84.91	64.47	44.30	30.33	16.42
30	91.68	63.03	48.54	34.04	23.78	13.41
40	71.79	51.02	39.69	28.23	20.01	11.61
50	59.39	43.30	33.95	24.42	17.50	10.38
60	50.86	37.87	29.88	21.69	15.69	9.48
70	44.61	33.81	26.82	19.62	14.30	8.78
80	39.83	30.65	24.43	17.99	13.20	8.21
90	36.03	28.11	22.50	16.66	12.30	7.74
100	32.95	26.02	20.90	15.56	11.55	7.34
110	30.38	24.26	19.55	14.63	10.91	7.00
120	28.22	22.75	18.39	13.82	10.35	6.70

表 6-16　三眼峪不同预警级别泥石流的降雨历时与降雨雨强 （雨量） 阈值 （前期干旱）

降雨历时/min	Ⅰ级预警 /（mm/h）	Ⅱ级预警 /（mm/h）	Ⅲ级预警 /（mm/h）	Ⅳ级预警 /（mm/h）	Ⅴ级预备预警 /（mm/h）	Ⅵ级预备预警 /（mm/h）
5	463.73	252.81	180.73	119.84	76.88	35.20
10	257.27	151.89	111.25	76.37	50.72	24.89
20	142.73	91.26	68.48	48.67	33.46	17.60
30	101.12	67.74	51.56	37.39	26.24	14.37
40	79.18	54.83	42.16	31.02	22.08	12.44

降雨历时/min	I级预警 /（mm/h）	II级预警 /（mm/h）	III级预警 /（mm/h）	IV级预警 /（mm/h）	V级预备预警 /（mm/h）	VI级预备预警 /（mm/h）
50	65.50	46.54	36.06	26.83	19.31	11.13
60	56.10	40.70	31.74	23.83	17.31	10.16
70	49.21	36.34	28.49	21.56	15.78	9.41
80	43.93	32.94	25.95	19.77	14.57	8.80
90	39.75	30.21	23.90	18.31	13.57	8.30
100	36.34	27.96	22.20	17.10	12.74	7.87
110	33.51	26.07	20.77	16.07	12.03	7.50
120	31.12	24.45	19.54	15.19	11.42	7.18

表 6-17　罗家峪不同预警级别泥石流的降雨历时与降雨雨强阈值（前期一般（中湿））

降雨历时/min	I级预警 /（mm/h）	II级预警 /（mm/h）	III级预警 /（mm/h）	IV级预警 /（mm/h）	V级预备预警 /（mm/h）	VI级预备预警 /（mm/h）
5	408.27	233.24	167.92	123.91	68.88	31.52
10	226.50	140.14	103.37	78.97	45.45	22.29
20	125.66	84.20	63.63	50.32	29.98	15.76
30	89.03	62.50	47.91	38.66	23.51	12.87
40	69.71	50.59	39.17	32.07	19.78	11.15
50	57.67	42.93	33.50	27.74	17.30	9.97
60	49.39	37.55	29.49	24.64	15.51	9.10
70	43.32	33.53	26.47	22.29	14.14	8.42
80	38.68	30.39	24.11	20.44	13.05	7.88
90	34.99	27.87	22.20	18.93	12.16	7.43
100	31.99	25.80	20.62	17.68	11.42	7.05
110	29.50	24.05	19.29	16.62	10.78	6.72
120	27.40	22.56	18.15	15.70	10.23	6.43

表 6-18　罗家峪不同预警级别泥石流的降雨历时与降雨雨强阈值（前期干旱）

降雨历时/min	I级预警 /（mm/h）	II级预警 /（mm/h）	III级预警 /（mm/h）	IV级预警 /（mm/h）	V级预备预警 /（mm/h）	VI级预备预警 /（mm/h）
5	435.87	246.04	179.88	118.38	76.30	35.02
10	241.82	147.82	110.73	75.44	50.34	24.76
20	134.16	88.82	68.16	48.08	33.21	17.51
30	95.05	65.93	51.32	36.94	26.04	14.30
40	74.43	53.36	41.96	30.64	21.91	12.38

降雨历时/min	Ⅰ级预警 / (mm/h)	Ⅱ级预警 / (mm/h)	Ⅲ级预警 / (mm/h)	Ⅳ级预警 / (mm/h)	Ⅴ级预备预警 / (mm/h)	Ⅵ级预备预警 / (mm/h)
50	61.57	45.29	35.89	26.50	19.17	11.07
60	52.73	39.61	31.59	23.54	17.18	10.11
70	46.25	35.37	28.36	21.30	15.66	9.36
80	41.29	32.06	25.83	19.53	14.46	8.76
90	37.36	29.40	23.78	18.09	13.47	8.25
100	34.16	27.21	22.09	16.89	12.64	7.83
110	31.50	25.37	20.67	15.87	11.94	7.47
120	29.25	23.80	19.45	15.00	11.33	7.15

表 6-19　寨子沟不同预警级别泥石流的降雨历时与降雨雨强阈值（前期一般（中湿））

降雨历时/min	Ⅰ级预警 / (mm/h)	Ⅱ级预警 / (mm/h)	Ⅲ级预警 / (mm/h)	Ⅳ级预警 / (mm/h)	Ⅴ级预备预警 / (mm/h)	Ⅵ级预备预警 / (mm/h)
5	409.42	233.99	168.32	108.87	69.15	31.80
10	227.14	140.58	103.61	69.38	45.62	22.49
20	126.01	84.47	63.78	44.22	30.10	15.90
30	89.28	62.70	48.02	33.97	23.60	12.98
40	69.91	50.75	39.26	28.18	19.86	11.24
50	57.83	43.07	33.58	24.37	17.37	10.06
60	49.53	37.67	29.56	21.65	15.57	9.18
70	43.45	33.63	26.54	19.59	14.19	8.50
80	38.79	30.49	24.17	17.96	13.10	7.95
90	35.09	27.96	22.26	16.63	12.21	7.50
100	32.08	25.88	20.67	15.53	11.46	7.11
110	29.59	24.13	19.34	14.60	10.82	6.78
120	27.48	22.63	18.20	13.80	10.27	6.49

表 6-20　寨子沟不同预警级别泥石流的降雨历时与降雨雨强阈值（前期干旱）

降雨历时/min	Ⅰ级预警 / (mm/h)	Ⅱ级预警 / (mm/h)	Ⅲ级预警 / (mm/h)	Ⅳ级预警 / (mm/h)	Ⅴ级预备预警 / (mm/h)	Ⅵ级预备预警 / (mm/h)
5	437.11	250.01	180.22	119.08	76.61	35.09
10	242.50	150.21	110.94	75.89	50.55	24.81
20	134.54	90.25	68.29	48.36	33.35	17.55
30	95.32	66.99	51.42	37.16	26.15	14.33
40	74.64	54.22	42.04	30.82	22.00	12.41

降雨历时/min	I级预警 /（mm/h）	II级预警 /（mm/h）	III级预警 /（mm/h）	IV级预警 /（mm/h）	V级预备预警 /（mm/h）	VI级预备预警 /（mm/h）
50	61.74	46.02	35.96	26.66	19.24	11.10
60	52.88	40.25	31.65	23.68	17.25	10.13
70	46.39	35.94	28.41	21.42	15.73	9.38
80	41.41	32.58	25.88	19.64	14.52	8.77
90	37.46	29.88	23.83	18.19	13.52	8.27
100	34.25	27.65	22.14	16.99	12.70	7.85
110	31.59	25.78	20.71	15.97	11.99	7.48
120	29.34	24.18	19.48	15.09	11.38	7.16

表 6-15 ~ 表 6-20 列举了三眼峪、罗家峪和寨子沟前期一般（中湿）和干旱条件下，不同预警级别的降雨历时与降雨雨强的数值，依据此表中所列出的降雨雨强和降雨历时，可以清楚地查出泥石流发生的预警级别。同时也可以看出，降雨历时较小时（小于30min），雨强较大的降雨特征可以引发泥石流，这也就是人们所俗称的短历时强降雨的"点雨"形式；同时也可以发现，当降雨历时较长，超过一定时间，此时虽然雨强很小，有时仅有 4 ~ 5mm/min，同样也会触发泥石流等地质灾害。

六、三眼峪历史泥石流降雨预警级别、降雨特征重现

三眼峪泥石流属于典型的降雨型泥石流，其历史上多发生泥石流，表 6-21 列举了近年来泥石流的降雨特征。根据降雨特征，计算了当时发生灾害时的降雨强度，通过降雨强度和降雨历时，通过查询表 6-15（假设前期一般（中湿）），可以确定其当时发生泥石流地质灾害的预警级别。

通过计算可知，历史上几次大规模的泥石流地质灾害的预警级别皆很高，都在橙色预警 III 级别以上，与历史记录相符，证明了此次计算结果的正确性。

表 6-21　近年来三眼峪泥石流降雨特征以及预警级别

泥石流发生时间	降雨量/mm	降雨历时/min	降雨雨强/（mm/h）	预警级别
1978 年 07 月 15 日	37.4	60	37.4	III
1982 年 06 月 18 日	46.8	60	46.8	II
1989 年 05 月 10 日	47	60	47	II
1992 年 06 月 04 日	38.4	45	51.2	II
1994 年 08 月 07 日	63.3	120	31.65	I
2010 年 08 月 08 日	77.3	40	115.95	I

同样将历史上 6 次泥石流地质灾害降雨特征投影到图 6-10 中得到历史三眼峪泥石流

地质灾害预警级别示意图，如图6-16所示。从图中可以清晰地看出，历史上各次泥石流灾害预警级别都很高，都在Ⅲ级以上，尤其是舟曲"8·8"特大泥石流灾害，其发生的级别远远超出了历史上各次的泥石流灾害，也远远超出了红色预警Ⅰ级别，可见其灾害发生规模之大，破坏力之强实属罕见，同样也证明了本次计算的正确性和可靠性。

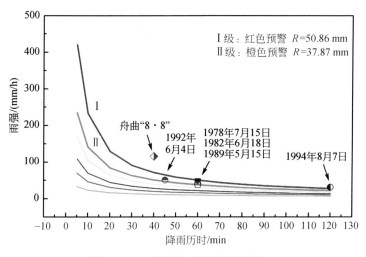

图6-16 三眼峪泥石流预警级别验证

第二节 区域地质灾害危险性区划研究

一、SINMAP模型原理和方法

从已有文献回顾中可以知道已有许多广被采纳的边坡稳定分析模式。其中Pack（1998，2001）所建构的SINMAP（stability index mapping）模式，与Montgomery和Dietrich（1994）及Montgomery等（1998）所提出的想法类似，结合稳定水文模式（steady-state hydrologic model）和无限边坡模式（infinite slope model）来评估边坡的稳定性。

SINMAP的理论基础是大范围斜坡稳定性模型，该模型利用根据稳定状态水文模型获取的地形湿度指数、根据栅格DEM获取的坡度、有效汇水面积等数据，结合各种GIS专题图件及地面考察资料，采用地理信息系统平台，建立定量分析模型，获得地表稳定性分级，实现对研究区域的地表稳定性评价。SINMAP软件可以作为ArcView的一个扩展模块使用。由于SINMAP模式可以利用网格式数值地形资料，快速计算相关地形参数的功能，以及可以接受给定范围的参数值，快速计算并评选最佳模拟结果的功能。因此本研究采用SINMAP模式，进行延安区域危险性分析。所运用的理论模式如下所述。

（1）无限边坡模式

本研究利用修正后的无限边坡理论（Pack et al.，1998，2001）配合数值地形、卫星影像（航空照片）资料与地质资料进行边坡稳定性的评估。SINMAP方法以无限斜坡稳定性模型为基础，该模型在一个平行于地表且忽略其边缘作用的脆弱结构面上，分析促使地表土层稳定的抗滑力与使之失衡的滑动力之间的平衡关系，以这两种力的比率作为衡量斜坡稳定性的指标即安全系数（FS）。无限边坡模式已被广泛地使用在崩塌地的评估上，其形式各类不一，可简化为下式（Hammond et al.，1992）：

$$FS = \frac{C_r + C_s + \cos^2\theta \left[\rho_s g (D - D_w) + (\rho_s g - \rho_w g) D_w \right] \tan\phi}{D \rho_s g \sin\theta \cos\theta} \qquad (6\text{-}7)$$

式中，C_r 为植物根系黏聚力（N/m²）；C_s 为土壤本身黏聚力（N/m²）；θ 为坡度（°）；ρ_s 为土壤湿密度（kg/m³）；ρ_w 为水密度（kg/m³）；g 为重力加速度（9.81m/s²）；D 为土壤厚度（m）；D_w 为地下水面高度（m）；ϕ 为土体内摩擦角（°）。

为简化计算起见，使用垂直边坡的土壤厚度 h 会比使用土壤的垂直厚度 D 更加简便（图 6-17），两者转换式为

$$h = D\cos\theta \qquad (6\text{-}8)$$

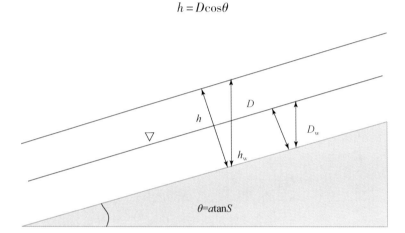

图 6-17　无限斜坡稳定性示意图

令 r 为水与土体的相对密度，一般而言在 0.35 ~ 0.7，如式（6-9）所示：

$$r = \rho_w / \rho_s \qquad (6\text{-}9)$$

w 为水位高度与土壤厚度之比值，该值可代表土体的饱和程度或孔隙水压，如式（6-10）所示：

$$w = D_w / D = h_w / h \qquad (6\text{-}10)$$

C 为土体黏聚力及植物根系黏聚力的总和，以无量纲形式表示，如式（6-11）所示：

$$C = (C_r + C_s) / (h \rho_s g) \qquad (6\text{-}11)$$

经过式（6-8）~（6-11）的适推导，将式（6-7）转化为

$$FS = \frac{C + \cos\theta \left[1 - wr \right] \tan\phi}{\sin\theta} \qquad (6\text{-}12)$$

式（6-12）中是使用无量纲形式所表达的无限边坡模式。由于延安山区土壤浅薄，植物根系所产生的黏聚力可视为均匀，因此将土壤黏聚力与植物根系黏聚力合并简化形成无量纲参数（Pack et al.，1998，2001），见式（6-11）。此参数可视为单位重量土体的强度，或是土体与植物根系作用对边坡稳定的贡献程度，此种资料常无法测量，因此多采用经验模式来推估（Sidle，1992）。式（6-12）中的分子第二项代表着土体的内摩擦角对边坡稳定的贡献，此项同时会随着孔隙水压的抬升而大幅降低土体的抗滑动力（Pack et al.，1998，

2001）。

（2）地形湿度指数

在式（6-12）中，除了 w 之外，所有的参数皆可直接量测或有明确定义，因此 w 的推估就显得格外重要，根据前人研究与野外观测的结果所提出的证据显示：比集水面积配合坡度可作为推估孔隙水压的有效参数（Pack et al.，1998，2001）。比集水面积“a”定义为空间上任一地点的上坡集流面积与该点的等高线长度的比值（m²/m），如图 6-18 所示。此参数在水文或地形研究中，尤其在地表径流、集水区面积与地质灾害的机制研究上，广泛地被探讨与使用（Beven and Kirkby，1979；O'Loughlin，1986；Moore et al.，1988；Moore and Grayson，1991）。

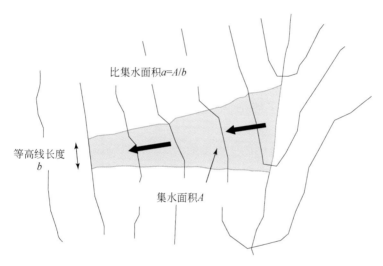

图 6-18　比集水区域的定义

本研究所采用的 SINMAP 模型是使用了 TOPMODEL 模型中计算地形湿度指数的方法，该方法已被广泛使用和采纳，我们做了以下假设：①浅层的地表下侧流（lateral flow）流动的势能与地表坡度相同，如图 6-18 所示。②空间中任一点的侧流量等于稳定状态时的流量 R（m/h）。③侧流量的最大容许量为 $T \times \sin\theta$，T 表示土体输水性系数、导水系数（transmissivity）（m²/h），为水力传导度（m/h）乘以土壤厚度，h（m）。

假设①和②合在一起是指：空间中任一点侧流量 q，在不考虑未饱和层的水流行为时，可视为稳定侧流量与比集水面积的乘积（m²/h），如式（6-13）所示：

$$q = Ra \tag{6-13}$$

假设③与一般形式的 TOPMODEL（Beven and Kirkby，1979）不同。一般在土壤厚度较厚，风化较为完整且坡度较缓的边坡上，水力传导度会与土壤厚度呈指数递减的关系。然而，延安山区的坡地状况土壤较为浅薄，且为计算方便起见，本模式假设水力传导度并不会随土壤深度而变，可简化土壤厚度的影响（Pack et al.，1998）。另外，使用 sin 而不用 tan 主要是因为延安的坡度通常很陡，前者较符合水力梯度。因此假设③可视为空间中任一点的相对饱和度，如式（6-14）所示：

$$W = \min\left(\frac{Ra}{T\sin\theta}, 1\right) \tag{6-14}$$

此相对饱和度为该空间点在稳定状态时的侧流量与侧流容许量的比值。相对湿度的上限值为1，若侧流量大于侧流容许量，表示土壤完全达到饱和，并开始产生漫地流。虽然，本模式使用稳定状态的假设，但是并不是指一般长时间的稳定状态，而是指有效降雨所能形成的较短时间内的状态。比值 R/T，可视为一与降雨强度及土壤输水性有关的综合参数。

（3）稳定性指标定义

经过以上的公式推导和假设，可将式（6-12）转化为以下形式：

$$FS = \frac{C + \cos\theta\left[1 - \min\left(\frac{R}{T}\frac{a}{\sin\theta}, 1\right)r\right]\tan\phi}{\sin\theta} \tag{6-15}$$

利用式（6-15）可以计算研究区内每一像元的安全系数，当安全系数大于1时，斜坡处于稳定状态，数值越高，稳定程度越高。当安全系数等于1时，斜坡处于临界平衡状态，此时若在斜坡上施加一个小的滑动干扰力，或在大的荷载作用下（如地震、降雨）等，斜坡就会出现滑动。当安全系数小于1时，斜坡处于不稳定状态。

式（6-15）中，参数 a 与 θ 为物理参数并不随降雨条件而变，可直接从数值地形模型中提取。由于土体的干密度与水密度的比值 r，由研究区土壤密度而定，基本为定值。因此，其计算式（6-15）中需要推估的主要参数为 C、R/T、$\tan\phi$。C、R/T、$\tan\phi$ 为可变参数，C、$\tan\phi$ 表征土壤的抗剪强度。

在进行滑坡的稳定性评价时，由于输入参数具有时间和空间上的不确定性，进行准确的输入参数的确定十分困难。在模型中引入滑坡稳定性指标的概念，并提供了一种解决参数固有的不确定性或变性的概率的方法。滑坡稳定性指标 SI 定义为根据稳定性系数 FS，采用概率的方法得到的滑坡在一定随机分布的参数区间内保持稳定的可能性，即

$$SI = Prob（FS>1） \tag{6-16}$$

根据其可能取值范围分别指定，C、R/T、$\tan\phi$ 的上限与下限，并假定它们在指定范围内均匀概率、随机分布。我们令 $R/T = x$，$\tan\phi = t$，同时定义了这三个变量的均匀分布的上限和下限，如式（6-17）所示：

$$C \sim U(C_1, C_2)$$
$$x \sim U(x_1, x_2) \tag{6-17}$$
$$t \sim U(t_1, t_2)$$

最小的 C、t（也就是 C_1 和 t_1）和最大的 $x(x_2)$ 联合在一起定义为最坏的情况（最保守情况），也就是斜坡失稳的最有利条件，即稳定性系数最小。在该模型中，处于这样情况的区域的 FS 依然大于1，则斜坡无条件稳定。我们定义：

$$SI = FS_{min} = \frac{C_1 + \cos\theta\left[1 - \min\left(x_2\frac{a}{\sin\theta}, 1\right)r\right]t_1}{\sin\theta} \tag{6-18}$$

如果稳定性系数小于1，证明斜坡有可能失稳，失稳可能性具有一定的空间和时间概率特性，失稳的空间概率是由空间变量 C、T 和 $\tan\phi$ 所引起的，而失稳的时间概率是与随

时间变化的湿度指数有关。因此，x 的不确定性同时组合了时间和空间的可能性。我们在参数 C、x、t 定义的不确定性空间中定义斜坡稳定性指标 SI = Prob（FS > 1），即在参数随机区间内滑坡保持稳定的概率作为滑坡的稳定性指标 SI。

斜坡最有利的情况是在 $C = C_2$、$x = x_1$、$t = t_2$ 时，会产生式（6-19）：

$$SI = FS_{max} = \frac{C_2 + \cos\theta\left[1 - \min\left(x_1\frac{a}{\sin\theta},\ 1\right)r\right]t_2}{\sin\theta} \quad (6-19)$$

在这样的条件下，如果 $FS_{max} < 1$，则

$$SI = Prob(FS > 1) = 0 \quad (6-20)$$

即表明斜坡无条件失稳。

当 $SI > 1$（$FS_{min} > 1$）、$0 < SI < 1$ 和 $SI = 0$（$FS_{max} < 1$）的区域稳定性界限，按照特定的比集水区面积和斜坡坡度分布关系进行定义，如图 6-19 所示。此图提供了一个能够理解模型的可视化方式。图 6-19 中的虚线定义了滑坡饱和分界线，由 $\frac{R}{T}\frac{a}{\sin\theta} = 1$，当 $x = x_{max}$ 时定义了图中的顶部虚线。当 $x = x_{min}$，定义了图 6-19 中底部的虚线，实线定义了斜坡在不同 SI 值时的斜坡坡降与比集水区面积的相关关系，并作为滑坡稳定性分区的分界线。

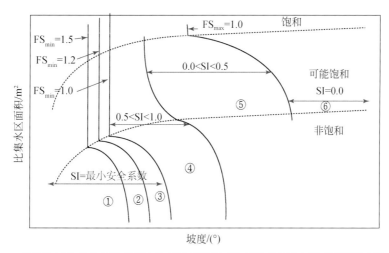

①极稳定区；②稳定区；③基本稳定区；④潜在不稳定区；⑤不稳定区；⑥极不稳定区

图 6-19　稳定性指标示意图

将 SI 分为几个区间分别代表滑坡的不同稳定性。在本次研究中，我们将滑坡的稳定性划分为如表 6-22 所示的 6 个类别：在表 6-22 中，采用极稳定、稳定和基本稳定代表那些在最有利于滑坡失稳的条件下仍能保持稳定的区域。这些区域的失稳需要叠加其他外界因素（如地震）的影响才可能发生。采用潜在不稳定和不稳定分别代表滑坡失稳的可能性低于和高于 50% 的区域。极不稳定代表在给定范围内的参数，斜坡发生的可能性将近 100%。

表 6-22　根据 SI 的稳定性级别划分表

稳定性级别	稳定性指数	稳定性划分	
1	SI>1.5	极稳定	Stable
2	1.25<SI<1.5	稳定	Moderately Stable
3	1.0<SI<1.25	基本稳定	Quasi-Stable
4	0.5<SI<1.0	潜在不稳定	Lower Threshold
5	0<SI<0.5	不稳定	Upper Threshold
6	SI=0	极不稳定	Defended

图 6-19 所示为研究区坡度–面积图,它是由坡度和单位汇水面积定义的二维空间,其中有 4 种信息,即正常栅格点、部分地质灾害点、饱和度区域分界线和稳定性指数区域分界线。对延安区域未发生地质灾害现象的栅格点进行采样,以该点的坡度及单位汇水面积在图中定位得到正常栅格点,其采样数目可自行指定。以每个历史滑坡点所在栅格的坡度和单位汇水面积,在图中定位得到滑坡点;图中 3 条等值曲线给出了 4 个饱和度分区的分界线,每个区域具有相似的湿度。其中“饱和区”指当 R/T 为取值区间的任意值时,式(6-14)中 $\dfrac{Ra}{T\sin\theta}>1$,即 $w=1$ 的地表区域;“非饱和区域”为当 R/T 取下限时 $\dfrac{Ra}{T\sin\theta}<1$,而当 R/T 取上限时 $\dfrac{Ra}{T\sin\theta}=1$ 的区域;“非饱和区”指当 R/T 为取值区间的任意值时 $w<1$ 的区域。图 6-19 中 5 条等值线定义了地表在不同 SI 值时斜坡坡度与单位汇水面积的相关关系,并作为地表稳定性 6 个分级区域的分界线,每个区域具有相近的稳定性或失稳的可能性,在饱和状态下 $w=1$,FS 不受单位汇水面积的影响。图中垂直线部分定义了饱和状态下某一特定稳定性指数所对应的地面坡度,它们是根据 $w=1$、FS 及 SI 取某一特定值(分别为 1.5、1.25、1.0、0.5、0),同时 C、$\tan\phi$ 取最小值,根据式(6-9)计算的坡度而定。图中的曲线部分定义了不饱和状态($w<1$)下,当 SI 分别为 1.5、1.25、1.0、0.5、0 时,坡度与单位汇水面积的关系,它们是根据指定的安全系数及 C、$\tan\phi$ 取最小值,R/T 取最大值,由式(6-15)计算所得。

(4)SINMAP 模型的集成方法

SINMAP 模型要求的输入数据有研究区 Grid DEM,滑坡数据和土地利用、土壤类型等专题数据。以 ArcGIS 为平台,首先以 Grid DEM 数据为基础,采用流域地形分析中常用的 D8 算法,划分流域并计算坡度、坡向、单位汇水面积及流向等,然后耦合 TOPMODEL 的模型算法计算地形湿度指数,同时集成遥感信息、土地利用、土壤、植被、水文等数据划分地理上的校准区,结合历史滑坡数据对每个校准区分别率定 C、R/T、$\tan\phi$ 的取值区间。最后耦合无限斜坡稳定性模型计算地表斜坡稳定性指数 SI 并对其分级,最终获得可视化的研究区地表斜坡稳定性指数专题图。SINMAP 模型的输出结果为坡度、流向、汇水面积、稳定性指数、地形湿度指数等 9 个地理数据集,以及一个用于率定参数的坡度–面积图(S-A plot)。

二、数据准备与参数设置

1. 数据准备

经过地质灾害点实地调查，同时广泛收集研究区有关滑坡等地质灾害评估资料、孕灾环境和致灾因子数据，包括舟曲区域滑坡分布图、地形图、地质图、地貌图、土地利用图、土壤图、水文地质图、岩土工程地质类型图等专题图件及研究区遥感影像资料。并对研究区历史滑坡及地表情况进行野外实地调查，获得土壤及植被实测数据。

（1）地形地貌、水系、植被数据

依据舟曲县1：50000地形图数字化后的矢量文件，在 ArcGIS 中生成空间分辨率为30m 的舟曲县全县 Grid DEM 数据（图6-20），用于舟曲县全县区域地质条件遥感解译。

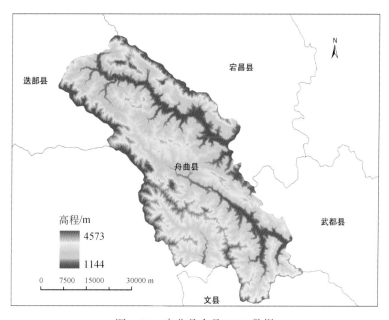

图6-20　舟曲县全县 DEM 数据

a. DEM 高程提取

根据 DEM 分辨率，以范围内的像素个数乘以单像素实际覆盖的地表面积得到各海拔范围内的地表面积，并计算占总面积比例（表6-23）。

表6-23　同海拔高度所占面积统计表

高程/m	面积/km²	百分比/%
<1500	68.13	2.26
1500~2000	402.02	13.36
2000~2500	840.12	27.92
2500~3000	997.16	33.14

续表

高程/m	面积/km²	百分比/%
3000 ~ 3500	531. 90	17. 68
3500 ~ 4000	159. 91	5. 31
4000 ~ 4500	9. 59	0. 32
>4500	0. 15	0. 00
合计	3008. 98	100. 00

舟曲县总面积为 3008.98km²，海拔在 1500 ~ 3500m 的区域占总面积的 90% 以上，其中海拔在 2500 ~ 3000m 的区域的面积为 997.16km²，占县面积的 33.14%。

b. 坡度因子提取

在 ArcGIS 中对坡度进行颜色分级显示，绿色表示低值区域，红色表示高值区域。舟曲县坡度范围在 0°~80°，地势高低起伏，总体呈南北高、中央平缓的趋势，其中，北部白龙江河谷地带坡度较缓，主要在 0°~20°，但江边沿岸山脉地势较陡峭，坡度多在 30°以上，50°以上坡度也有明显分布（图 6-21）。

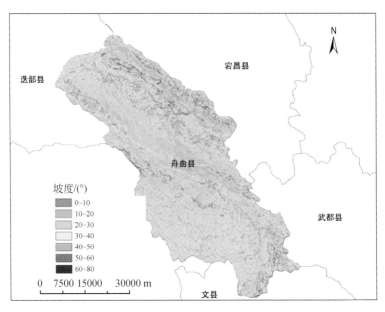

图 6-21　舟曲县坡度分布图

舟曲县 90% 的区域坡度在 10°~50°，整体地势陡峭。其中，坡度在 20°~40° 的区域超过县域面积的 50%（表 6-24）。

表 6-24　不同坡度所占面积统计表

坡度/(°)	面积/km²	百分比/%
0 ~ 10	170. 50	5. 67
10 ~ 20	515. 46	17. 13

续表

坡度/(°)	面积/km²	百分比/%
20 ~ 30	787. 57	26. 17
30 ~ 40	825. 31	27. 43
40 ~ 50	531. 16	17. 65
50 ~ 60	155. 92	5. 18
60 ~ 80	23. 03	0. 77
合计	3008. 95	100. 00

c. 坡向因子提取

在 ArcGIS 中将坡向进行颜色分级显示。坡向以正北方向为 0°，顺时针旋转，则正东方向为 90°，其分区范围为 67.5° ~ 112.5°；正南方向为 180°，分区范围为 157.5° ~ 202.5°；正西方向为 270°，分区范围为 247.5° ~ 292.5°；正北方向范围为 337.5° ~ 22.5°；东、南、西、北方向间又设四个方向，分区范围类推，各方向范围用不同颜色显示，南方向以蓝色为主调，北方向以红色为主调。根据坡向的颜色显示，图中可观测到三条明显山谷、两条山脉及山脉的大致分水线、集水线（图 6-22）。

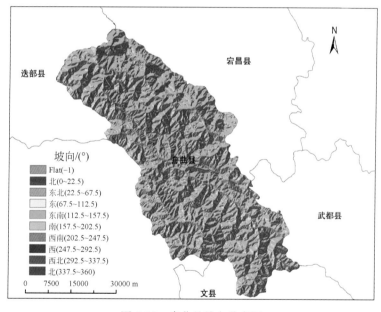

图 6-22 舟曲县坡向分布图

d. 地形起伏因子提取

地形起伏度也称地势起伏度、相对地势或相对高度，是单位面积内最高点与最低点的高差，可反映宏观区域地表起伏特征，是定量描述地貌形态、划分地貌类型的重要指标，在土地利用评价、土壤侵蚀敏感性评价、生态环境评价、人居环境适宜性评价、地貌制图、地质环境评价等方面有广泛应用。其公式表示如下：

$$R = H_{max} - H_{min} \qquad\qquad (6\text{-}21)$$

式中，R 代表地形起伏度；H_{max} 代表单位面积内最大高程值；H_{min} 代表单位面积内最小高程值（徐汉明和文振东，1991）。

地形起伏度的计算采用空间分析中的邻域分析原理，需获得邻域内的最大海拔高程和最小海拔高程，求取二者的差值作为起伏度指标返回，得到县域地形起伏度（图 6-23）。

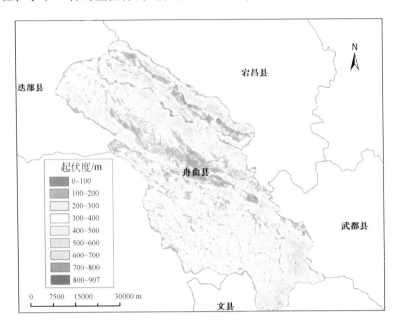

图 6-23　舟曲县地形起伏图

e. 河网因子提取

通过已有资料对区域内水文特征进行分析，舟曲县分布有三条干流，由北至南分别为白龙江、拱坝河、博峪河。通过全县 DEM 数据的提取，利用 ArcGIS 软件，首先对水流方向进行确定，水流方向是指水流离开每一个栅格单元时的指向，ArcGIS 中的水流方向是利用 D8 算法，也就是最大距离权落差（最大坡降法）进行计算。距离权落差是指中心栅格与邻域栅格的高程差除以两栅格间的距离，栅格间的距离与方向有关，如果邻域栅格位于中心栅格的 8 个位置中的左上、左下、右上和右下，则栅格间的距离为 2 的开平方根，否则距离为 1。其次，对河网进行提取，基于水流方向数据，可形成模拟地表径流的汇流累积量。对每一个栅格来说，其汇流累积量的大小代表着其上游有多少个栅格的水流方向最终汇流经过该栅格，汇流累积的数值越大，该区域越易形成地表径流。汇流累积量数据可用于生成河网。目前常用的河网提取方法是采用地表径流漫流模型计算：首先是在无洼地 DEM 上利用最大坡降的方法得到每一个栅格的水流方向；然后用水流方向栅格数据计算出每一个栅格在水流方向上累积的栅格数，即汇流累积量，所得到的汇流累积量则代表在一个栅格位置上有多少个栅格的水流方向流经该栅格；假设每一个栅格处携带一份水流，那么栅格的汇流累积量则代表着该栅格的水流量。基于上述研究思路，当汇流量达到一定值时，就会产生地表水流，那么所有那些汇流量大于临界数值的栅格就是潜在的水流路径，由这些水流路径构成的网络，就是舟曲县河网分布图，如图 6-24 所示。

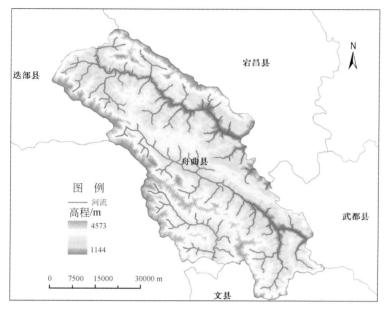

图 6-24　舟曲县河网分布图

河网数据提取之后，应用已有数据对该区域内分布的河网情况进行分级。河网分级是对一个线性的河流网络进行分级别的数字标识。在地貌学中，对河流的分级是根据河流的流量、形态等因素进行河流的分级。而基于 DEM 提取的河网的分支具有一定的水文意义。利用地表径流模拟的思想，不同级别的河网首先是它们所代表的汇流累积量也不同，级别越高的河网，其汇流累积量也越大，那么在水文研究中，这些河网往往是主流，而那些级别较低的河网则是支流，这些构成了舟曲县河网级别划分图，如图 6-25 所示。

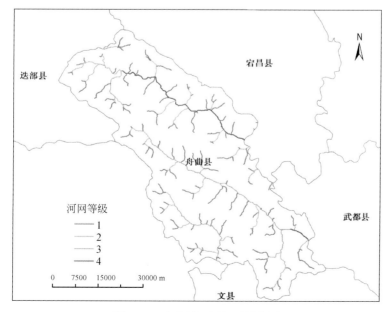

图 6-25　舟曲县河网级别划分图

　　河网级别的划分为舟曲县河流流域的提取奠定了基础，首先将舟曲县流域粗略地分为近 10 个流域，县域基本被北、中、南三条干流所形成的流域盆地所覆盖。其次，在该结果的基础上，对区域内进行集水小流域的流域划分，即提高流域提取精度进行计算。结果如图 6-26 所示，区域内共提取小流域 246 处。

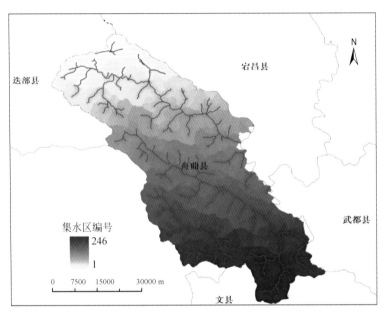

图 6-26　舟曲县河网最小集水区划分图

　　f. 植被覆盖因子提取

　　本次解译工作采用 2009 年 9 月 18 日的无云 TM 影像，通过计算县城归一化植被指数，制成舟曲县植被覆盖度专题图。

　　归一化植被指数（normalized difference vegetation index，NDVI）是利用植被光谱曲线特征来反映植被生长状态的指数，其定义是近红外波段与可见光的红波段的差与二者的和的比值。如式（6-22）所示：

$$NDVI = (\rho_{NIR} - \rho_R) / (\rho_{NIR} + \rho_R) \tag{6-22}$$

式中，ρ_{NIR} 表示近红外波段的反射率；ρ_R 表示红波段的反射率。

　　通过计算，区域内植被指数范围为 -0.25 ~ 0.76，负值为河流等水域及山顶积雪区，正值越高，表示植被覆盖度越高。通过图 6-27 可以看出，白龙江沿岸植被覆盖率较低，几乎呈裸露状态，拱坝河流域上游覆盖程度较好，下游相对较差，植被覆盖最好的为博峪河流域，基本呈现黄绿色。

　　（2）地质灾害点数据

　　依据《汶川地震甘肃灾区地质灾害调查技术要求（1 : 50000）》规定，对全县进行地质灾害详细调查，已发生的滑坡、崩塌、泥石流和地面塌陷等地质灾害点进行分析。了解其分布范围、规模、结构特征、影响因素和诱发因素等。

　　以一般调查区 1 : 50000 地质灾害测量（草测）、重点调查区 1 : 50000 地质灾害测量（正测）区分调查层次。其中一般调查区面积 2231.7km²，工作手段以遥感解译调查

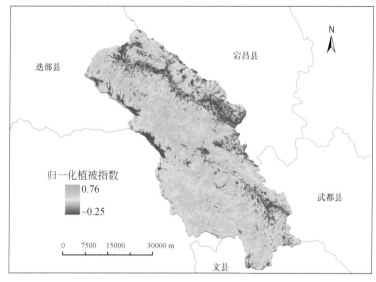

图 6-27 舟曲县植被归一化指数图

及野外核查为主；对重点调查区进行 1∶50000 地质灾害测量，面积 752km²，以野外调查与地面测绘为主要手段，并辅以适量的山地工程，对区内地质灾害进行全面系统地调查。

地面调查主要采用 1∶50000 地形图。调查采用穿越法与追索法相结合的方法，面上调查路线多沿垂直岩层与构造线走向以及地貌变化显著的方向进行穿越调查；对危及县城、村镇、矿山、重要公共基础设施、主要居民点的地质灾害点进行点上的重点调查；人类工程活动强烈的公路、乡村道路等采用追索法调查。

重点调查区的观测路线间距按 1000~5000m 布置，复杂地区调查点数不少于 1 点/km²，简单地区适当减少，但不"漏查"地质灾害。一般地区在遥感调查的基础上进行野外核查，核查路线间距为 5000~10000m，调查点数不少于遥感解译总数的 60%。

对单体灾害点，危害较大或典型的点进行了大比例尺的地面测绘，对规模不大，且危害小的滑坡、崩塌和泥石流进行目估调查，填写调查卡片，做到了不遗漏主要灾害要素。

对地质灾害点较稀少的区段，根据复杂程度进行地质环境条件控制性定点调查。对县城、集镇、矿山，均布设控制性调查点；在地质条件复杂区，对于一般居民点均布设控制性调查点。对同类群发地质灾害，做到了一点一表，未将相邻的灾害体合定为一个观测点。对于同一地点存在的不同类型地质灾害，以主要灾害类型为主只定一点，但做好其他类型灾害的记录。

野外调查记录按照调查表规定的内容进行了逐一填写，未遗漏主要调查要素，并用野外记录本做沿途记录，附示意性平面图、剖面图或素描图以及影像资料等。

本阶段野外工作共完成地质灾害调查点 169 处（表 6-25），其中泥石流 87 条，滑坡 68 处，崩塌 13 处，地面塌陷 1 处。

表 6-25 舟曲县地质灾害详查成果一览表

灾害类型 工作内容		灾害点						
		泥石流	滑坡 （潜在滑坡）	崩塌 （潜在崩塌）	地面塌陷	合计	环境点	总计
县市地质灾害调查与区划		82	54	3	1	140	—	
汶川地震震后地质灾害排查		8	32	17	—	57	—	
地质灾害	修正去除	−8	−18	−13	—	−39	—	
详细调查	新增	5	0	6	—	11	184	
合计		87	68	13	1	169	184	353

最终，根据野外地质灾害点地面调查结果，同时结合遥感影像，将主要的滑坡和泥石流隐患点投影到遥感影像图中，得到舟曲县地质灾害遥感解译图（图 6-28）。

图 6-28 舟曲县地质灾害遥感解译图

2. 参数设置

经过实地勘察发现，大多数滑坡、崩塌都是浅表层平移运动，其中一些继续运动转化为泥石流。许多山体滑坡、崩塌都起源于陡峭的崩积、基岩为主的斜坡和风化基岩。鉴于研究区基本属于高山峡谷区，区内情况差异不大，有着相同的工程地质条件，因此可以将研究区划分为同一校准区，校准区内采用相同的校准参数进行模拟运算，因此校准区的校准参数率定直接影响到模型的模拟精度。

根据数学模型，我们需要考察以下多个参数，滑体相对容重（水与土体的相对密度）r、内摩擦角 ϕ、黏聚力 C、土体输水性系数（导水系数）T、坡度 θ、比集水区面积 a 和稳定状态时的流量（有效降雨量）R。其中，前 4 个参数为滑坡岩土体的物理力学性质,其中容重、内摩擦角、黏聚力根据对现场采取的原状实验样的室内土工实验结果,并参考以前舟曲区域的实验成果和滑坡,选取表6-26中的数值作为本次模型计算中的参数值。坡度及比集水区面积可以通过 ArcGIS 平台,从数字地形模型 DEM 中导出。

表6-26 SINMAP 模型选取的基本参数值

$\rho_s/(\mathrm{kg/m^3})$	$\phi_{\min}/(°)$	$\phi_{\max}/(°)$	$C_{\min}$	$C_{\max}$
1900	22	38	0.28	0.42

难以确定的参数是滑坡体的导水系数 T(与滑坡体的渗透系数 K 和滑坡岩土体厚度有关)以及稳定状态时的流量(有效降雨量)R。在进行滑坡稳定性评价时,将 R/T 作为一个整体的单一因子进行考虑。比集水区面积 a 与 R/T 是决定饱和因子的两个重要变量。按照比集水区面积的确定方法,根据数字地形模型可以方便地计算确定每一个单元的比集水区面积;当选定模型单元时,单元的比集水区面积、坡度随之确定,因此,在此我们重点考察变量 R/T。

由于 R/T 的值一般非常小,我们考虑不同 R/T 的情况下饱和因子 w 的分布情况。一般认为饱和因子小于或等于1,当饱和因子大于1时,一种比较合理的解释是存在地表径流。在合理的水文参数下,大于1的饱和因子分布应该与流域中真实水系的分布吻合。通过反复验算可知当 R/T 介于2000~3000m 时,大于1的饱和因子空间分布情况与舟曲流域真正的水系分布情况极为类似。换句话说,如果一个 30° 的坡面的 T/R 介于2000~3000m,说明水流流经2000~3000m,坡面达到饱和。

由于舟曲区域滑坡、泥石流等地质灾害的发生大多是由于峰值降雨(暴雨)造成的,以舟曲区域三眼峪50%降雨频率(2年一遇)小时最大降雨量为 10.16mm(表6-8)作为稳定状态时的流量(有效降雨量)R,可以推断舟曲地区的导水系数 T 为 20.32~30.48m²/h[$T_{\max}=3000\times q=3000\times 10.16/1000=30.48$ m²/h)],[$T_{\min}=2000\times q=2000\times 10.16/1000=20.32$ m²/h)]。考虑 q 应为有效降雨量,因此在计算过程中应加以修正。

根据以上舟曲地区导水系数 T 的计算结果,按照三眼峪不同预警级别小时降雨量(表6-8),求解不同预警级别下的 T/R 值,同时进行修正,计算结果如表6-27所示。

表6-27 不同预警级别下的 T/R 参数值

降雨频率/%	预警级别	$T/(\mathrm{m^2/h})$		R/mm	$T/R/\mathrm{m}$	
		min	max		min	max
50	Ⅵ级预备	20.32	30.48	10.16	2000	3000
20	Ⅴ级预备	20.32	30.48	17.31	1200	1800
10	Ⅳ级	20.32	30.48	23.83	850	1280
5	Ⅲ级	20.32	30.48	31.74	640	960
3.33	Ⅱ级	20.32	30.48	40.7	500	750
2	Ⅰ级	20.32	30.48	56.1	360	540

三、不同降雨预警级别下舟曲区域危险性区划

1. 不同预警级别下地形湿度指数研究

利用上述 SINMAP 评价模型，采用表 6-5 和表 6-6 中的物理参数，对不同降雨预警级别下，舟曲区域降雨诱发的浅层滑坡、泥石流等地质灾害进行预测和定量评估。

图 6-29 为根据 DEM 并耦合 TOPMODEL 模型算法，得到的不同降雨预警级别下，舟曲区域地形湿度指数。从图斑的空间分布特征可以看出，较高的土壤湿度（饱和区：saturation zone）多出现在白龙江两岸和拱坝河两岸的地形低洼区，这与实际情况相符。值得注意的是，湿度指数的空间分布方式往往与地质灾害点的位置分布规律是相一致的。随着预警级别的逐渐升高，降雨量逐渐增加，包括饱和区（saturation zone）和临界饱和区（threshold saturation）在内的较高的土壤湿度区域和部分土壤湿度区域（partially wet）的面积都相对增加，绿色和蓝色的区域逐渐增加，地表浅层土壤水分逐渐增加，发生地质灾害的潜在性逐渐增大。

2. 不同预警级别下区域地质灾害危险性范围分布

本研究针对 1h 降雨量从 10 ~ 56mm 不同预警条件下（降雨量）的舟曲浅层滑坡、泥石流地质灾害进行了危险性区划。图 6-30 为模拟的不同降雨预警级别下，舟曲地表稳定性指数分布图。

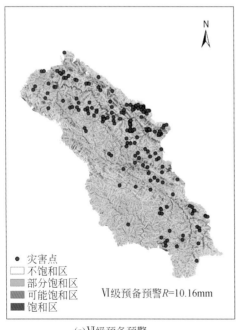

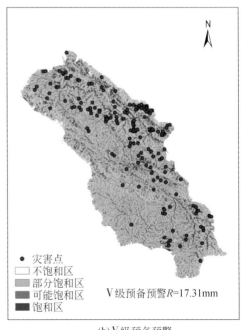

(a) VI 级预备预警　　　　　　　　　　　(b) V 级预备预警

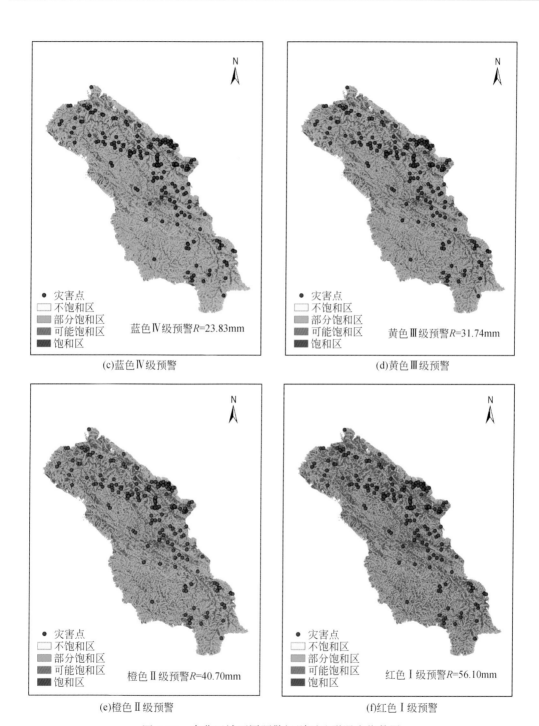

图 6-29　舟曲区域不同预警级别下地形湿度指数图

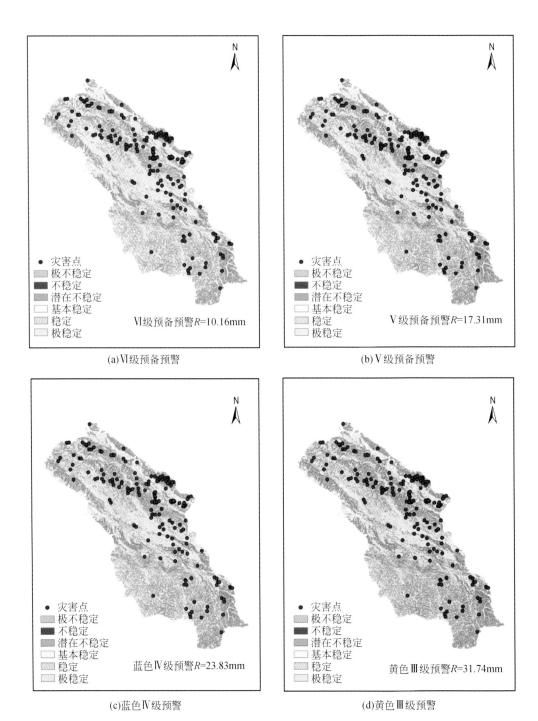

(a)Ⅵ级预备预警　　　　　　　　　　(b)Ⅴ级预备预警

(c)蓝色Ⅳ级预警　　　　　　　　　　(d)黄色Ⅲ级预警

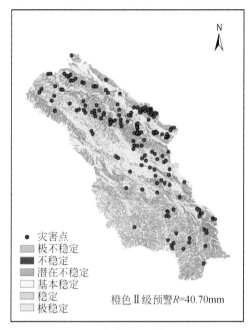
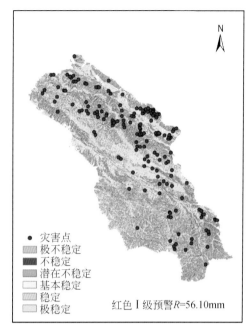

(e)橙色Ⅱ级预警　　　　　　　　　　　(f)红色Ⅰ级预警

图 6-30　舟曲区域不同预警级别下危险性空间分布图

不同降雨条件下的模型预测结果的总体特征是：在靠近沟谷的浅层地下水流汇集区域，斜坡的失稳往往不需要较强的降雨作用，坡度较缓的情况下斜坡也可能发生失稳。同时这些区域的滑坡稳定状态受其他环境条件变化的影响，如河流的切割作用、土壤侵蚀等。

在舟曲不同区域的滑坡、泥石流地质灾害稳定性的分布规律存在一定差异。总体来讲，舟曲整体的稳定性均较差，危险性级别较高的不稳定区和极不稳定区分布范围非常广，尤其在白龙江左右两岸、舟曲县城周边稳定性最差，危险性级别最高的区域多分布于此；在这些区域，河流侵蚀强烈，坡度大，地势低洼，处于演化的最强烈时期，侵蚀剧烈，崩塌、滑坡和泥石流较多，地质灾害隐患相对集中，与野外观测情况一致。特别是白龙江水系的两侧斜坡为水系两侧较发育的泥石流沟、滑坡提供了丰富的物质来源。流域上游地区的稳定性很差，下游地区的稳定性稍稍好于上游地区，但整体的稳定性也较差，不稳定和潜在不稳定区域分布范围十分广泛。稳定性相对较好的区域位于武坪乡周边，分布范围很小，该区段地势较为平坦，坡度较缓，植被覆盖较好，不易发生浅层滑坡，发生地质灾害的可能性相对较小。

随着降雨量（降雨雨强）的逐渐增加，预警级别逐渐升高，图斑的空间分布特征中，红色区域逐渐增大，颜色逐渐加深，说明该区域极不稳定、不稳定和潜在不稳定区域的范围逐渐增加，危险程度逐渐增大，稳定、基本稳定区域分布范围逐渐减小，并且逐渐向潜在不稳定、不稳定和极不稳定区域过渡，危险性逐渐增大。

图 6-31 为不同预警级别下，SINMAP 模型预测的危险性分布结果。对比不同降雨量下的评价结果，可以看出随着降雨量的逐渐增大，饱和分界线、非饱和分界线以及 10% 湿

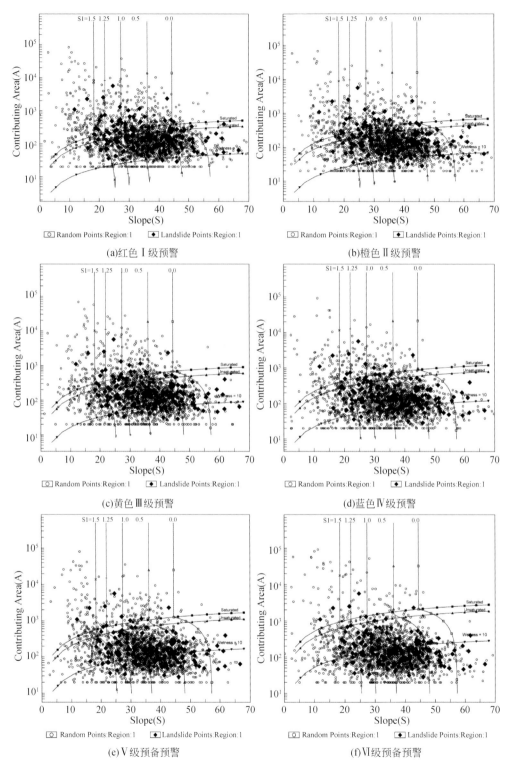

图 6-31　舟曲区域不同预警级别下坡度–面积图

图中不同形状的点代表不同的滑坡类型，小黑点代表流域中的随机区域

度分界线三条滑坡饱和分界线皆有下移趋势，说明区域的饱和程度显著增加，流域中更多的滑坡点和随机区域处于饱和状态。而且，由于三条滑坡饱和分界线的下移，定义 SI 值的滑坡稳定性分区分界线在非饱和区域所包络面积的逐渐减少，导致进入不稳定分区和极不稳定分区中各类型滑坡点以及其他随机区域（以小黑点表示）的比例逐渐增大，呈现由基本稳定区、潜在不稳定区向不稳定区及极不稳定区迁移与过渡的明显趋势，说明发生滑坡、泥石流等地质灾害的可能性、分布范围与危害程度进一步增加。

以舟曲三眼峪、罗家峪为例（图 6-32），当降雨量较小时，不稳定区域特别是极不稳定区仅局限于靠近沟谷的地区。随降雨量、降雨雨强的加强，不稳定区的分布区域快速增长。由于舟曲浅变质岩、千枚岩，岩层软弱、破碎，大量的斜坡岩土体发生滑动，进入沟谷河床之中，形成大量的滑坡、崩塌、泥石流。滑坡体的前缘随泥石流解体流失，加大了临空面，导致了不稳滑坡体的进一步滑动。正由于舟曲丰富的固体物质储备和易于滑坡发生的岩性组合以及结构组合为泥石流、滑坡提供了丰富的物质补给，使得舟曲历年滑坡和泥石流等地质灾害与"8·8"泥石流灾害如此严重。

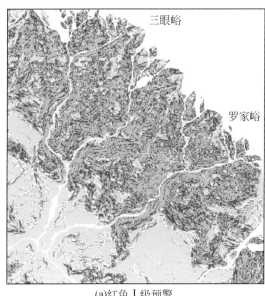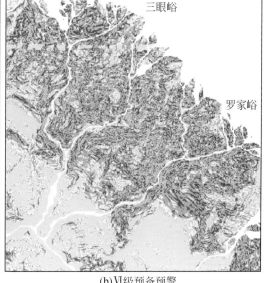

(a)红色 I 级预警　　　　　　　　　　　　　(b)VI级预备预警

图 6-32　两种降雨条件下三眼峪、罗家峪危险性空间分布图

3. 不同预警级别下区域地质灾害危险性定量分析

本研究对不同预警级别下的地表稳定性进行了统计分析，其统计结果如表 6-28～表 6-33 所示。统计结果列举了不同降雨条件下，各种地表稳定性的区域面积、所占比例，以及各种稳定性下的滑坡个数、滑坡所占比例、滑坡密度几个指标。

表 6-28 和表 6-33 所示为舟曲处于红色 I 级预警状态和VI级预备预警状态下的稳定性统计结果。从两表对比情况可知：在红色预警条件下，潜在不稳定到极不稳定的面积为 1659.11km²，占区域总面积的 57.3%，滑坡个数为 117，滑坡密度为 0.040 个/km²，所占滑坡比例为 64.64%。其中处于不稳定和极不稳定区的滑坡数为 63 个，占总滑坡数的

35.4%。在Ⅵ级预备预警状态下，潜在不稳定到极不稳定的面积为1304.37km²，占区域总面积的45.07%，滑坡个数为97，滑坡密度为0.03个/km²，所占滑坡比例为53.59%。其中处于不稳定和极不稳定区的滑坡数为28个，占总滑坡数的15.74%，且潜在不稳定区所占比例最大。可见随预警级别的降低，潜在不稳定至极不稳定区域面积比例下降12.23%，滑坡比例减少19.66%，危险级别进一步降低；同时也可以看出，虽然预警级别最低，但其不稳定区域所占比例最大，达到51.68%，稳定性不容乐观。

表 6-28　舟曲红色 I 级预警地表稳定性统计

参数	极稳定	稳定	基本稳定	潜在不稳定	不稳定	极不稳定	合计
区域面积/km²	448.61	244.54	541.73	922.02	526.98	210.11	2893.99
所占比例/%	15.50	8.45	18.72	31.86	18.21	7.26	100.00
滑坡个数/个	9	16	36	54	43	20	178
滑坡所占比例/%	4.97	8.84	19.89	29.83	23.76	11.05	98.34
滑坡密度/(个/km²)	0.00	0.01	0.01	0.02	0.01	0.01	0.06

表 6-29　舟曲橙色 Ⅱ 级预警地表稳定性统计

参数	极稳定	稳定	基本稳定	潜在不稳定	不稳定	极不稳定	合计
区域面积/km²	481.50	274.93	599.38	916.82	448.20	173.15	2893.98
所占比例/%	16.64	9.50	20.71	31.68	15.49	5.98	100.00
滑坡个数/个	11	20	35	59	36	17	178
滑坡所占比例/%	6.08	11.05	19.34	32.60	19.89	9.39	98.35
滑坡密度/(个/km²)	0.00	0.01	0.01	0.02	0.01	0.01	0.06

表 6-30　舟曲黄色 Ⅲ 级预警地表稳定性统计

参数	极稳定	稳定	基本稳定	潜在不稳定	不稳定	极不稳定	合计
区域面积/km²	454.78	258.31	573.20	1102.22	396.32	109.16	2893.99
所占比例/%	15.71	8.93	19.81	38.09	13.69	3.77	100.00
滑坡个数/个	9	22	29	75	32	11	178
滑坡所占比例/%	4.97	12.15	16.02	41.44	17.68	6.08	98.34
滑坡密度/(个/km²)	0.00	0.01	0.01	0.03	0.01	0.00	0.06

表 6-31　舟曲蓝色 Ⅳ 级预警地表稳定性统计

参数	极稳定	稳定	基本稳定	潜在不稳定	不稳定	极不稳定	合计
区域面积/km²	493.21	285.62	619.53	1066.88	335.13	93.62	2893.99
所占比例/%	17.04	9.87	21.41	36.87	11.58	3.24	100.00
滑坡个数/个	12	22	33	72	29	10	178
滑坡所占比例/%	6.63	12.15	18.23	39.78	16.02	5.52	98.33
滑坡密度/(个/km²)	0.00	0.01	0.01	0.02	0.01	0.00	0.05

表 6-32　舟曲 V 级预备预警地表稳定性统计

参数	极稳定	稳定	基本稳定	潜在不稳定	不稳定	极不稳定	合计
区域面积/km²	526.15	309.13	652.11	1025.96	295.62	85.02	2894
所占比例/%	18.18	10.68	22.53	35.45	10.22	2.94	100.00
滑坡个数/个	16	21	37	71	23	10	178
滑坡所占比例/%	8.84	11.60	20.44	39.23	12.71	5.52	98.34
滑坡密度/(个/km²)	0.01	0.01	0.01	0.02	0.01	0.00	0.06

表 6-33　舟曲 VI 级预备预警地表稳定性统计

参数	极稳定	稳定	基本稳定	潜在不稳定	不稳定	极不稳定	合计
区域面积/km²	571.17	335.92	682.54	970.37	257.11	76.89	2893.99
所占比例/%	19.74	11.61	23.58	33.53	8.88	2.66	100.00
滑坡个数/个	19	22	40	69	19	9	178
滑坡所占比例/%	10.50	12.15	22.10	38.12	10.50	4.97	98.34
滑坡密度/(个/km²)	0.01	0.01	0.01	0.02	0.01	0.00	0.06

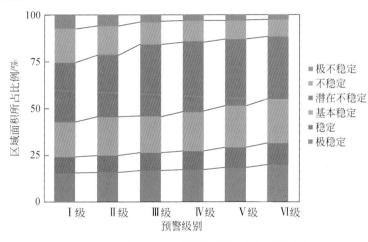

图 6-33　舟曲区域不同预警级别下失稳面积变化

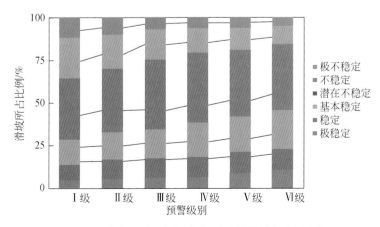

图 6-34　舟曲区域不同预警级别下滑坡所占比例变化

　　对表 6-28~表 6-33 的统计结果进行汇总，不同预警级别下，处于不同稳定性区域面积所占比例进行比较，统计结果如图 6-33 和图 6-34 所示。从两幅图中可以看出，不同预警级别下，失稳区域、稳定区域的面积所占比例与滑坡所占比例整体变化趋势一致。随着降雨量的逐渐增加，预警级别逐渐提高，整个流域稳定区域的面积所占比例与滑坡所占比例明显降低，区域面积所占比例由 10.16mm/h 降雨条件下的 54.93% 减少到 56.10mm/h 条件下的 42.67%，滑坡所占比例由 10.16mm/h 降雨条件下的 46.07% 减少到 56.10mm/h 条件下的 28.65%。与此相反，不稳定区域的面积所占比例与滑坡所占比例明显增加，不稳定分区和极不稳定分区的面积由 10.16mm/h 条件下的 11.54% 增至 56.10mm/h 条件下的 25.47%，滑坡所占比例由 10.16mm/h 条件下的 15.73% 增至 56.10mm/h 条件下的 35.39%。而处于中间的这种滑与不滑的潜在不稳定区，属于从稳定区到不稳定区的过渡区域，该区域比例在不同预警级别下变化不甚明显，面积所占比例基本在 32%~38% 浮动，滑坡所占比例基本在 36%~41% 浮动，但也不容忽视，请参见图 6-35 和图 6-36。

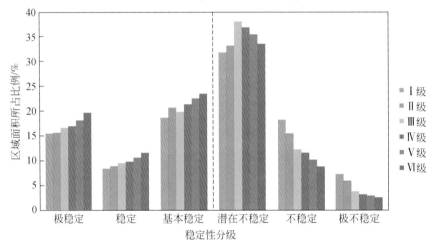

图 6-35　舟曲区域不同稳定性级别下区域面积所占比例变化

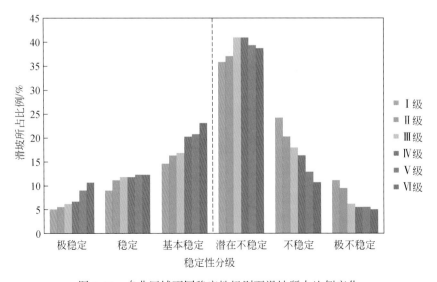

图 6-36　舟曲区域不同稳定性级别下滑坡所占比例变化

　　同时根据表6-28～表6-33的统计结果,在不同稳定性分级下,处于不同预警级别下的区域面积所占比例、滑坡所占比例进行比较,统计结果如图6-35和图6-36所示。整体上来讲,分界线以左的极稳定、稳定和基本稳定区中,区域面积所占比例均值为48%,滑坡所占比例均值为37%,右侧的潜在不稳定、不稳定和极不稳定区中,区域面积所占比例均值为52%,滑坡所占比例均值达到63%,进一步证实了舟曲整体稳定性较差这一结论。在不同的预警级别下,潜在不稳定区域面积所占比例和滑坡所占比例始终最高,均值高达34.83%和38.58%,说明舟曲区域整体稳定性较差,如遇合适的降雨、地震等外力因素,不稳定和极不稳定区域迁移与过渡的可能性很大。同时也发现在分界线以左的稳定区域内,基本上都是随着预警级别的逐渐升高,区域面积所占比例和滑坡所占比例逐渐降低,稳定区域逐渐向不稳定区域迁移和过渡。这是由于降雨引发斜坡中水的瞬时入渗和土中含水量的重新分布,土中含水量改变或入渗过程对土的容重和稳定系数具有双重影响,会造成土的强度或有效应力发生改变,当稳定入渗率达到斜坡材料的饱和渗透系数时,地下水位以上土层发生破坏。虽然有些情况下,降雨入渗引起的土的容重增大可能小幅度降低斜坡的稳定系数,但是,在特定的触发条件下可能足以诱发滑坡。

　　图6-35和图6-36中分界线以右属于潜在不稳定区至极不稳定区,以潜在不稳定区和不稳定区为主,区域面积所占比例均值为34.83%和12.76%,滑坡所占比例均值为38.58%和17.04%,极不稳定区内,区域面积所占比例均值为4.3%,滑坡所占比例均值为7.21%。与分界线以左情况相反,基本上都是随着预警级别的逐渐升高,滑坡所占比例逐渐升高,发生灾害的趋势进一步加大,舟曲区域危险性逐渐加剧。

　　同样,根据表6-28～表6-33的统计结果,绘制了舟曲区域不同预警级别下,在稳定性分区、潜在不稳定分区、失稳分区和潜在+失稳分区中,各个区域面积所占比例和滑坡所占比例趋势变化图,如图6-37和图6-38所示。从两幅图中可以看出,各个分区曲线整体变化趋势一致,即随着预警级别的逐渐升高,在失稳分区和失稳与潜在不稳定总和分区中的区域面积所占比例和滑坡所占比例均有不断增加的趋势;与之相反,稳定性分区的两项比例曲线逐渐下降,说明随着预警级别的逐渐升高,降雨量逐渐增加,舟曲区域地质灾害危险性逐渐加剧。

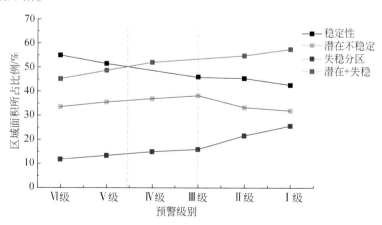

图6-37　舟曲区域不同预警级别下区域面积所占比例变化

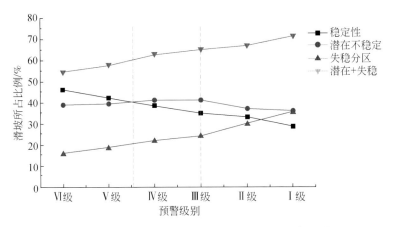

图 6-38　舟曲区域不同预警级别下滑坡所占比例变化

　　另外有两条分界线值得注意，一是从 V 级预备预警级别过渡到蓝色Ⅳ级预警级别的绿色分界线。从图 6-37 和图 6-38 可以看出，从 V 级预备预警级别向蓝色Ⅳ级过渡的过程中，稳定性分区比例线均与潜在不稳定分区或潜在+失稳分区比例线有所交叉，交叉之后，过渡到图中绿色分界线右侧，稳定性分区比例线开始逐渐低于不稳定比例线，说明不稳定分区面积所占比例和灾害点所占比例逐渐超出稳定性分区比例，地质灾害已被触发，危险性开始加剧，这也证明了蓝色Ⅳ级预警级别以及临界降雨阈值设置的合理性。另外一条则是黄色Ⅲ级预警级别处的黄色分界线。从图 6-37 和图 6-38 中可以看出，潜在不稳定分区中的区域面积比例线和滑坡所占比例线，在经过黄色Ⅲ级预警级别线（黄色分界线）后突然下降，而失稳分区中的区域面积比例线和滑坡所占比例线突然上升，说明在预警级别超过Ⅲ级之后，重现期大于 20 年一遇洪水时，地质灾害危险程度由量变产生质变，发生地质灾害的程度显著增大，这一结论与图 6-7～图 6-9 所得结论相符合。

　　总的来说，舟曲所具有的独特的高山峡谷的地形地貌和工程地质条件，为舟曲提供了丰富的固体物质储备和易于滑坡发生的岩性组合以及结构组合，并为泥石流、滑坡提供了丰富的物质补给，导致舟曲整体稳定性较差。同时舟曲地质灾害危险性存在地域性差异，地势低洼地区往往与地形湿度较高区域、滑坡与泥石流灾害点分布规律一致。随着降雨预警级别的逐渐升高，地表浅层土壤水分逐渐增加，土壤湿度区域面积逐渐增加，不稳定区的分布区域快速增长，逐渐扩展到山脊和坡度较缓的斜坡单元。随着降雨量的逐渐增大，稳定分区中的区域面积所占比例和滑坡所占比例逐渐降低，失稳分区中的区域面积所占比例和滑坡所占比例逐渐增加，说明舟曲区域的基本稳定区、潜在不稳定区正逐渐向不稳定区及极不稳定区迁移与过渡，发生滑坡、泥石流等地质灾害的可能性以及分布范围进一步增加，发生地质灾害的潜在性逐渐增大，舟曲区域地质灾害危险性程度日益加剧。同时发现舟曲区域地质灾害同时存在两条分界线，一条是地质灾害被触发的降雨雨量临界线，另外一条则是地质灾害危险程度由量变引起质变、危险程度显著加剧的临界线。

　　通过将模型应用于舟曲区域的滑坡、泥石流地质灾害的危险性分析，可以有效地确定舟曲地质灾害危险性与降雨、地形坡度、汇水区面积等影响因素的定量关系，分析和预测随不同预警级别的变化，地质灾害变形失稳区域的扩展趋势及空间分布规律，为流域的地质灾害防治研究、工程决策和监测预警等提供了快速、高效、可视化的分析手段。

参 考 文 献

胡凯衡，葛永刚，崔鹏，等.2010. 对甘肃舟曲特大泥石流灾害的初步认识.山地学报，28（5）：628-634.

潘华利，欧国强，黄江成，等.2012. 缺资料地区泥石流预警雨量阈值研究.岩土力学，33（7）：2122-2126.

铁道部第一设计院，中国科学院地理研究所，铁道部科学研究院西南所.1976a. 小流域暴雨洪峰流量计算（上）.铁道建筑，16（4）：7-12, 45.

铁道部第一设计院，中国科学院地理研究所，铁道部科学研究院西南所.1976b. 小流域暴雨洪峰流量计算（下）.铁道建筑，16（5）：5-18

徐汉明，文振东.1991. 中国地势起伏度研究.测绘学报，20（4）：311-319.

中华人民共和国水利部.2014. 防洪标准（GB 50201—2014）.北京：中华计划出版社.

Beven K J, Kirkby M J. 1979. A physically based variable contributing area model of basin hydrology. Hydrological Sciences Bulletin, 24（1）：43-69.

Dijkstra T A, Chandler J, Wackrow R, et al. 2012. Geomorphic controls and debris flows—the 2010 Zhouqu disaster, China. Proceedings of the 11th international symposium on landslides（ISL）and the 2nd North American Symposium on Landslides, June 2-8, Banff, Alberta, Canada.

Guzzetti F, Peruccacci S, Rossi M, et al. 2007. Rainfall thresholds for the initiation of landslides in central and southern Europe, Meteorology and Atmospheric Physics, 98：239-267.

Montgomery D R, Dietrich W E. 1994. A physically based model for the topographic control on shallow landsliding. Water Resources Research, 30（4）：1153-1171.

Montgomery D R, Sullivan K, Greenberg H M. 1998. Regional test of a model for shallow landsliding. Hydrological Processes,（12）：943-955.

Moore I D, Grayson R B. 1991. Terrain-based catchment partitioning and runoff prediction using vector elevation data. Water Resources Research, 27（6）：1177-1191.

Moore I, O'Loughlin E M, Burch G J. 1988. A contour based topographic model for hydrological and ecological applications. Earth Surface Processes and Landforms, 13：305-320.

O'Loughlin E M. 1986. Prediction of surface saturation zones in natural catchments by topographic analysis. Water Resources Research, 22（5）：794-804.

Pack R T, Tarboton D G, Goodwin C N. 1998. The SINMAP approach to terrain stability mapping. //Moore D, Hungr O. Proceedings of 8th Congress of the International Association of Engineering Geology. Rotterdam, Netherlands：A A Balkema Publisher：1157-1165.

Pack R T, Tarboton D G. 2004. Stability index mapping（SINMAP）applied to the prediction of shallow translational landsliding. Geophysical Research Abstracts, 6：05122.

Pack R T, Tarhoton D G, Goodwin C N. 1999. SINMAP User's Manual. Tarhoton：Utah State University.

Pan H L, Huang J C, Wang R, et al. 2013. Threshold calculation method for debris flow pre-warning in data-poor areas. Journal of Earth Science, 24（5）：854-862.

Tang C, Rengers N, van Asch Th W J, et al. 2011. Triggering conditions and depositional characteristics of a disastrous debris flow event in Zhouqu city, Gansu Province northwestern China. Nat Hazards Earth Syst Sci, 11：2903-2912.

Wang G L. 2013. Lessons learned from protective measures associated with the 2010 Zhouqu debris flow disaster in

China. Nat Hazards，69：1835−1847.

White I D，Mottershead D N，Harrison J J. 1996. Environmental Systems（2nd ed）. London：Chapman & Hall.

Wieczorek G F，Glade T. 2005. Climatic factors influencing occurrence of debris flows//Jakob M，Hungr O. Debris flow hazards and related phenomena. Berlin Heidelberg：Springer：325-362.

Wu W，Sidle R C. 1995. A distributed slope stability model for steep forested watersheds. WaterResources Research，31（8）：2097-2110.

Yu G Q，Zhang M S，Cong K，at al. 2015. Critical rainfall thresholds for debris flows in Sanyanyu，Zhouqu，China. QUARTERLY Journal of Engineering Geology and Hydrogeology，Online

第七章 地质灾害隐患点预警判据初析

第一节 监测预警研究程度

一、泥石流监测研究现状

近年来，舟曲县国土资源局和甘肃省地质环境监测院等单位在舟曲县地质灾害的调查、防治方面做了大量的工作。例如，2002 年开展完成了《舟曲县地质灾害调查与区划》，初步建立了覆盖全县的地质灾害群测群防网络，经过 9 年的运行积累了较为丰富的实践经验；"5·12"汶川地震后由省国土资源厅组织实施了《舟曲县地质灾害详细调查》，进一步摸清了汶川地震后全县地质灾害发育情况，并编制了《舟曲县地质灾害防治规划》（建议稿）；"8·8"特大山洪泥石流灾害发生后，开展了白龙江两岸地质灾害隐患应急排查工作，同时编制完成了《舟曲灾后恢复重建地质灾害防治规划》。以上完成的工作为顺利开展舟曲县地质灾害监测预警项目奠定了坚实的基础（赵成和贾贵义，2010；胡向德等，2010；唐川，2008）。

相比滑坡，国内外泥石流开展较少，当前国内外泥石流监测的主要目的是实现两个功能：监测预警和泥石流机理研究。国内研究程度较高的主要有中国科学院建立的东川泥石流观测研究站，另外水利部门在大坝工程监测方面以及山洪灾害防治方面做了许多工作，取得了一定的经验和成果。

1. 监测内容

目前国内外泥石流监测主要针对泥石流启动的条件、泥石流过程和泥石流沟谷内固体物质及其内部特征以及泥石流沟流域地形地质条件和环境变化监测，具体监测内容包括：降雨量、泥石流流速、流态、泥石流泥位高度、泥石流地声、地面振动、泥石流冲击力、泥石流重量、孔隙水压力、土体含水量以及地下水位、泥石流沟流域地貌、地层、植被等。

2. 监测技术

降雨量：各种类型雨量计、气象雷达。

泥石流流态：GPS、经纬仪、多条感应细线测量、红外线感应设备、超声波感应器、雷达传感器、激光传感器、地下声波、录音、摄像。

泥石流流速：多普勒流速仪、测速仪、摄影/摄像。

泥石流泥位高度：GPS、经纬仪、多条感应细线测量、红外线感应设备、超声波感应器、雷达传感器、激光传感器、接触型泥石流警报传感器。

泥石流地声及地面振动：地震仪、检波器、地声传感器。

泥石流重量：荷载传感器。

泥石流冲击力：荷载传感器、冲击力传感器。

孔隙水压力/地下水位：渗压计。

土体含水量：土体含水量探测传感器。

泥石流流域地形、地质及环境条件：不同类型的遥感技术。

（1）降雨量监测

雨量计是测量降雨最可靠的仪器。目前配置自动采集系统的雨量计可以测量降雨量的微小变化。气象雷达测量的降雨数据准确度不高，一般用于追踪测量大面积高强度的降雨。

（2）泥石流流态、流速、泥位监测

泥石流的动态特性监测中，经纬仪、GPS通常用于测量已经发生泥石流留下的痕迹。

多条感应细线测量是在同一竖直界面不同高度上布置几条细线，泥石流通过时，会破坏同高度的细线，这样就会记录泥石流的最大深度。缺点是每次泥石流运动后都得重新安置，并且得到的结果有可能不准确，原因是细线可能会被树枝划断。

红外线感应设备测量通常在同一截面上的不同高度布置，泥石流经过时，会阻断红外线光束，这样就会实时记录泥石流的深度。缺点是需要提供电源，一般为太阳能电池板，但有时会出现没有电的情况。

超声波感应器测量则是将感应器垂直悬挂在泥石流通道上方，实时测量泥石流表面到感应器的距离（图7-1），从而换算成泥石流的深度，以得到泥石流流通过程线。超声波测量是目前最常用的测量方法。这种方法的缺点是需找一个相对坚固的岸坡固定感应器。沟坡松散时，很难找到一个合适的地段布置感应器。

图7-1　泥石流通道上方悬挂的超声波感应设备

雷达与激光测量安置方法与超声波传感器测量基本相同。雷达测量的缺点是得到泥石流运动曲线较光滑，对于泥石流研究来说不够真实，但对于泥石流预警较为可行。激光测量的缺点是水面无法反射激光，因此有时会出现收不到信号、得不到数据的情况。

多普勒测速仪测量是对泥石流上的某物体（龙头，粗糙的颗粒物或者浮在表面上的一块木头）发射已知频率的无线电波，通过与反射电波频率大小和角度的对比，算出泥石流的速率。基于空间滤波测量的测速仪、摄影技术偶尔也用于测定泥石流流速。

（3）泥石流振动、地声监测

泥石流地声监测是将泥石流看作一个震源，它摩擦、撞击、侵蚀沟床及沟岸而产生振动并沿沟床方向传播，形成泥石流地声。这种振动波绝大部分能量均沿地面岩层传播，而以声音传播者，则是其中的一小部分。泥石流过程引起的地面振动常用地震仪或者检波器监测（seismometer or geophones）。相对于超声波感应器而言，地震仪或检波器可以摆放在相对安全的地方测量，从而保障仪器连续安全的运行（图7-2）。

图7-2　设在泥石流内的地震仪

接触型泥石流警报传感器需要预先在泥石流沟谷中安装，通常安装在泥石流断面侧壁的盆形凹槽里。监测传感器被泥石流体淹没之前的高电位压，以及传感器被泥石流体淹没后的变压，根据两个电位之间的显著差异，来判别传感器是否被淹没，从而确定泥石流是否发生及其发生的规模。

地声传感器监测地声在我国已经过多年实践。我国从1982年开始对泥石流地声监测进行研究，1983年选用中国科学院声学研究所研制的压电陶瓷地声传感器，经中国科学院成都分院标定后，用于泥石流地声测量。该传感器精度和灵敏度都很高，且影响范围宽，结构简单，防水性能好，便于安装。泥石流地声传感器应安置于基岩岸壁。为了避免环境干扰，埋深1~2m，加盖域填料并封闭。泥石流地声信号的显著频率约为50Hz。与其他成分相比，其幅值强度最大可达40dB，一般也多在20dB以上。这种信号频谱的确定，为泥石流报警提供了重要依据（图7-3）。

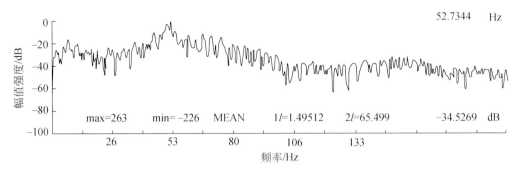

图 7-3　黏性泥石流地声频谱图

　　此外，对于泥石流地声还可以采用安装在地下的麦克风设备进行录音，这也是掌握泥石流过程的途径之一。

　　（4）泥石流重量、沟床孔隙水压力监测

　　泥石流的重量通过在沟底安装一个应力/荷载传感器测量。在压力板上固定竖向和水平向的应力测量器，还可以测量法向和剪切应力。

　　泥石流对沟底的孔隙水压力也采用压力传感器测量。

　　（5）泥石流冲击力监测

　　泥石流冲击力随着泥石流过程呈脉冲状表现（图 7-4），通常脉冲形式有三类：锯齿形脉冲、矩形脉冲和尖峰形脉冲（图 7-5 ~ 图 7-7）。

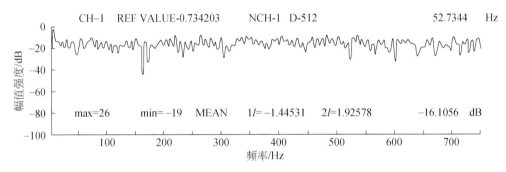

图 7-4　泥石流冲击力频谱图

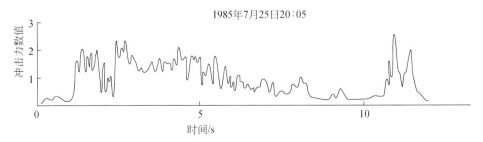

图 7-5　泥石流冲击力锯齿形波形

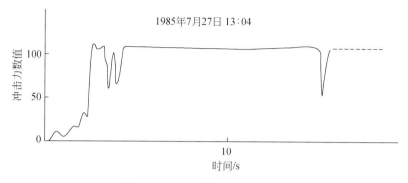

图 7-6 泥石流冲击力矩形波形图

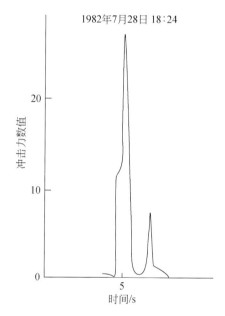

图 7-7 泥石流冲击力尖峰形波形图

目前泥石流冲击力传感器测量方法主要有两种：电阻应变法和压电晶体法。

超声波感应器、红外探测器、地声测听器等还可测量、估算泥石流阵流龙头的推移速率。由于泥石流具有阵流前行的特点，因此每一次阵流可以通过超声波定位识别，根据设立两个站点同步测量的深度，比对识别找出每个阵流波前经历这两个站点所花费的时间。两个站点之间的距离已知，故而可以得到平均阵流龙头的推移速率。如果无法找到阵流的龙头，如在流通区上游地段，龙头尚未形成，因此无法测量龙头移动速率。

对于泥石流最大流量以及总流量，目前尚无直接测量方法。通常根据实时测量的泥石流深度、平均流速，计算泥石流流量。

泥石流对下游通道的侵蚀或沉积程度，目前也无直接测量方法。常通过对不同测量站总排泄量对比分析，进行大致估算。也可以通过泥石流发生后的现场确定。

泥石流的密度测量目前属泥石流监测或估算的最难课题。目前，主要采用经验公式估算；或通过测量得到应力和泥石流深度数据，进行估算；或用法向压力与泥石流深度之比，进行估算。

（6）泥石流流域地形、地质及环境条件

各种遥感技术被广泛用于监测泥石流流域范围内地形、地质条件、植被等以年季为尺度，甚至更长尺度的变化。遥感技术在泥石流调查监测领域的优势主要体现了高效、快速、动态性、全天候、宏观性等诸多优点。结合 GIS 技术，对区域上泥石流活动趋势作出定性或半定量评价。目前 TM 卫星影像、InSAR、D-InSAR 等微波遥感技术已经被普遍应用。

泥石流遥感监测的重点是泥石流沟谷解译。目前，泥石流的遥感解译主要是根据泥石流的形态特征，在航空像片或卫星图像上以目视方法进行解译为主，计算机图像处理为辅，并将重点研究调查区遥感解译结果与现场验证相结合，同时结合其他非遥感资料，综合分析，多方验证；并通过研究影响泥石流发育的环境地质条件和气象因素来间接地推断研究区域内泥石流活动发生的可能性，而直接通过遥感图像发现并研究泥石流的发生和发展还存在着很多的困难。

3. 监测数据采集

全自动、近于实时的遥测是目前国内外泥石流监测的主流。通常泥石流自动化监测系统是由地声遥测、泥位遥测、雨量遥测、冲击力遥测和监测中心等组成。全自动监测预报泥石流的暴发，还能够实时、全程地监测和收集有关泥石流形成、运动规律、灾害程度等多方面的信息数据。

目前我国已经实施的泥石流监测中，监测系统由 5 个子系统组成（图7-8），即①综合控制中心；②自动遥测雨量子系统；③无线地声子系统；④无线泥位子系统；⑤有线泥位接口、冲击力和摄像接口。

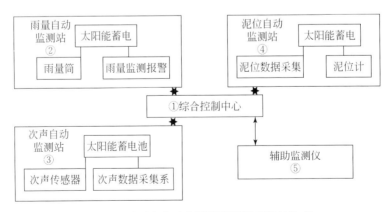

图 7-8 泥石流自动监测预报预警系统的构成

雨量自动监测子系统中的核心设备是遥测终端，配置雨量传感器、通信终端、电源系统及避雷设备，实现雨情信息的自动采集和自动传输，设备运行状态自动上报，系统远程配置和管理。

泥石流地声监测子系统配置地声传感器、通信终端、电源系统及避雷设备，实现泥石流次声信息的自动采集和自动传输。

泥位自动监测子系统配置超声泥位计、通信终端、电源系统及避雷设备，实现泥位超声波信息的自动采集和自动传输，设备运行状态自动上报，系统远程配置和管理。

监测系统均采用太阳能充蓄电池方式供电，太阳能蓄电池采用直流供电方式，通常运用充电控制器进行钳位控制，以防止电压过压或欠压现象，从而保证在至少7天连续阴雨天气情况下，能维持监测站的工作。

辅助监测子系统配置在流通区域且与综合控制中心交互的冲击力泥石流监测仪、断线式泥石流监测仪和龙头高度监测仪。

二、滑坡监测研究现状

1. 监测内容

目前，国内外滑坡监测主要针对缓慢运动的各类滑坡。监测的主要内容包括：滑坡地表位移、滑坡裂缝、滑坡深部位移、滑坡地下水位、孔隙水压力、非饱和土基质吸力以及滑坡区降雨量、融雪量、温度等环境因素。国内目前在滑坡灾害监测方面已经取得了较为丰富的经验，国土资源部先后建立了巫山地质灾害监测示范站和雅安地质灾害监测示范站，建立了由GPS、测斜仪、自动水位观测计、自动位移监测仪、排桩、自动雨量计等技术手段组成的地表位移、地下位移、地下水及降雨量多参数监测网络，开发了相应的监测信息管理系统。另外，公路、铁路部门结合防治工程开展了一些针对工程的监测工作，也为本次工作提供了许多借鉴之处。

2. 监测技术

滑坡裂缝：地表伸缩计。

滑坡地表位移：GPS、机载或星载InSAR遥感技术、地表伸缩计、倾斜计、超声测距系统、激光测距系统、雷达测距系统、数字摄影、摄像。

滑坡深部位移：钻孔倾斜仪、深部伸缩计、TDR（时间域反射计）。

滑坡地下水位/孔隙水压力：渗压计、水位计。

非饱和土基质吸力：张力计、渗压计、电解质型土壤含水量测量仪。

滑坡区降雨量/融雪量：各型雨量计。

电缆型地表伸缩计具有价廉、实用的优点，但这类仪器对气候、动物、局部破坏扰动敏感。

3. 传感器

监测仪器传感器既有成熟的商业用传感器，也有很多用户定做的专用传感器。传感器类型包括两类：电子式、机械式，目前多为前者。低耗能、便携、具有较强抵抗气候影响能力、精度、分辨率、敏感性、易于采集数据是检验传感器质量的关键因素。高精度传感器目前仅用于专门进行科学研究的滑坡监测。普通的滑坡监测，通常选取价格相对较低、足够实用精度的传感器。通常，滑坡上布置足以覆盖滑坡空间的数量较多、价格较低、实用的传感器较之布置少量高精度传感器，更适合于滑坡分析与研究。

4. 监测数据采集

多数滑坡监测采用数据自动采集与传输系统（图7-9）。实现完全的实时数据采集和传输数据技术已经基本完备，但是，受数据量和数据传输速度的影响，目前，多数监测实为近似实时。数据采集和传输频率与监测仪器、数采仪、数据传输难易程度等因素有关。数采仪有商用和用户定制两类。城市附近的滑坡监测，数采和仪器驱动采用直流或交流电，偏远地区常用电池或太阳能板驱动，电池以碱性电池居多。数据传输方式以无线电遥控为主。目前，仍有一些滑坡监测采用人工数据采集方式。

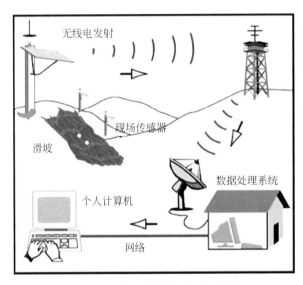

图 7-9　滑坡近实时监测系统示意图

尽管快速滑坡监测难度大，已有的少量实例尝试了检波器监测、拌线、流高监测。

目前，美国是世界上滑坡监测投入最多的国家之一。绝大多数滑坡监测由美国地质调查局（USGS）负责，或由其委托一些大学或地方部门实施。所有监测为全自动监测，其监测网采集与传输系统如图7-9所示。表7-1显示目前USGS正在监测的滑坡点及其基本特征典型组成包括：现场传感器、数据采集系统、遥控通信系统（经由无线电遥测）、数据处理系统（数据自动处理软件）、数据发布系统（Internet）。

表 7-1　USGS 近实时滑坡监测点一览表

监测点位置及监测时段	滑坡类型	野外传感器	数据采集系统	通信系统及数据传输频率
La Honda，加利福尼亚州（1985~1995 年）	浅层土质滑坡	雨量计、张力计、渗压计、伸缩计	Sierra Misco	多级无线电传输系统（15min）
Cleveland Corral，US50 号公路，加利福尼亚州（1997年至今）	直线形土质滑坡	雨量计、检波器、张力计、伸缩计	USGS 定制	多级无线电传输系统（15min）

续表

监测点位置及 监测时段	滑坡类型	野外传感器	数据采集系统	通信系统及数据 传输频率
Woodway，华盛顿（1997～2006年）	圆弧形碎石土滑坡	雨量计、渗压计、伸缩计	Campbell CR10X 数采仪	电话（15min）
Rio Nido，加利福尼亚州（1998～2001年）	土质滑坡	雨量计、检波器、张力计、伸缩计	USGS 定制	多级无线电传输系统（10min）
Mission peak 滑坡后壁，加利福尼亚州 Fremont（1998年至今）	岩质块体滑坡	L1-GPS 接收机、伸缩计、气温计	适应环境的手机遥控采集及 USGS 定制采集系统	手机、散射波无线电网络系统（30min或1h）
佛罗里达河谷滑坡，科罗拉多 Durango（2005年至今）	老滑坡复活	雨量计、倾斜计、伸缩计、渗压计、气温计	Campbell CR1000 及 CR200 数采仪及无线网络系统	手机（1h）
Edmonds，华盛顿（2001～2006年）	浅层直线形土质滑坡	雨量计、伸缩计、渗压计、土壤温度探头、土壤含水量剖面仪	Campbell CR10X 数采仪	无线电系统（15min或1h）
Everett，华盛顿（2001～2006年）	浅层土质滑坡	雨量计、渗压计、土壤含水量反射计	Campbell CR10X 数采仪	无线电系统（15min或1h）
国家 20 号公路，华盛顿 Nehalem（2004～2005年）	岩质块体滑坡	检波器、倾斜计、伸缩计	USGS 定制	多级无线电传输系统（15min）
Johnson Creek 滑坡，俄勒冈（2004年至今）	直线形滑坡	雨量计、深部位移计、渗压计、土壤含水量传感器、气温计	Campbell CR10X 数采仪	手机（每日）
Ferguson 岩质滑坡，Yosemite National 公园，加利福尼亚州（2006年至今）	岩质块体滑坡	L1-GPS 接收机、检波器	USGS 定制	散射波无线电网络系统（1h）
Portland，俄勒冈（2006年至今）	浅层土质滑坡	雨量计、伸缩计、渗压计、土壤含水量传感器	Campbell CR1000 数采仪	手机（15min）

三、监测预警系统建设

　　国内近年来不同部门在地质灾害监测预警方面也做了大量工作，水利部门 2009 年以来在四川宁南县、云南巧家县内建成了泥石流预警系统示范站，国土部门先后在三峡库区、云南哀牢山及闽东南等地开展了监测预警示范工作，并由中国地质调查局承担完成了"重大地质灾害监测预警及应急救灾关键技术研究"项目，下面分别进行介绍。

　　几十年来，三峡工程库区进行了大量的地质工作，为库区移民规划、库区地质灾害防治和监测预警奠定了良好的基础，三峡库区预警工作可分为如下阶段：

1）国土资源部自1998年以来建立了地质灾害监测工程试验（示范）区（具体范围为：链子崖—巴东段），已基本建立了三峡库区GPS监测基准网，在链子崖、黄蜡石、黄土坡等典型地质灾害体建立了地质灾害单体综合监测网和GPS变形监测网，并初步开发了地质灾害综合信息管理系统和预警系统（GHGIS）。

2）三峡工程建设委员会移民开发局自1999年以来，组织中国地质环境监测院等单位开展了"长江三峡工程库区移民迁建新址重大地质灾害防治工程研究"项目研究，系统总结了库区地质灾害防治的成败经验，在巴东、巫山、奉节等地，引进自动监测技术，初步建立了孔隙水压力变化与深部位移特征的库岸监测，为三峡库岸稳定性监测提供了示范区。

3）1999年，国土资源部组织实施全国重点地质灾害县（市）及重大工程的地质灾害调查，其中包括三峡库区19个县的地质灾害大调查，其主要目的是为建立三峡库区地质灾害监测预警系统提供全面丰富的地质灾害信息，为库区重大地质灾害监测点及群测群防监测点的选取提供全面且重要的依据。

4）2000年，国土资源部启动了科技专项计划"长江三峡地质灾害监测与预报"研究。其主要任务是：进行滑坡成因机理与变形破坏模式模型的综合研究，研制开发新型自动化监测仪器，完善GHGIS地质灾害信息系统，建立以现代监测技术、现代信息管理技术和现代预报理论为核心的监测预报系统，达到监测技术、预测理论和预报实践的全方位提高，为实施三峡库区地质灾害预警工程提供技术支撑，为三峡工程建设及库区地质灾害风险管理和防治决策提供科学依据。

2011年1月28日，中国地质调查局承担的"十一五"国家科技支撑计划项目"重大地质灾害监测预警及应急救灾关键技术研究"通过科学技术部组织的项目验收，该研究的主要成果包括：

1）研究解决了降雨型群发滑坡监测预警若干关键技术。初步建立了云南哀牢山和闽东南两个示范区降雨型群发滑坡预测预警模型和监测预警信息系统，在三峡库区等地推广应用。

2）初步建立了重大地质灾害前期识别标志和方法，建立了四川丹巴、三峡库区巫山特大型滑坡预警示范区。

3）初步在陕西省宝鸡市建立地质灾害监测预警及风险管理示范基地。

四、研究综述

综上所述，国内外学者在地质灾害监测预警方面做了大量系统、富有成效的工作，这些成果对于本次工作具有重要的参考价值。上述工作为尽快建立灾害重建规划区地质灾害监测预警系统，建立现代化的专业监测和群测群防相结合的地质灾害监测、预警系统奠定了基础。

第二节　舟曲地质灾害监测预警总体思路和工作部署

一、总体思路

舟曲专业监测点和预警区建设的总体思路是通过示范研究，建立地质灾害监测预警体系，建立区域降雨型滑坡、泥石流预警模型；开发基于 GIS 的预警分析与信息发布系统平台；培养地质灾害防治技术人员；建立集政府管理、科学研究、技术示范、公众参与的区域降雨型地质灾害专业监测和防灾减灾示范区，更加有效地帮助和引导地质灾害防灾减灾工作，推动地质灾害多发区的防灾减灾能力建设，通过示范推广，可以有效地推动甘南藏族自治州乃至甘肃省地质灾害监测预警体系建设。

具体思路如下：

1）收集已有的地质灾害调查、勘查和研究资料；

2）采用信息系统技术建设全流域地质灾害环境地质基础数据库；

3）建立起专业监测与群测群防相结合的监测预警体系；

4）经过系统运行，到 2012 年，基本掌握地质灾害的动态特征，达到能指导舟曲县地质灾害防治工作的目的，并由目前的被动防治逐步过渡到主动防治。

二、地质灾害预警技术路线

本次工作以现代地质灾害理论为指导，以遥感解译、地面补充调查、测绘和勘查为主要手段，采用专业调查与地方政府部门参与相结合的方法，查明区内地质灾害分布、形成地质环境条件和发育特征，圈定地质灾害易发区和危险区，建立地质灾害信息系统，建立完善专业监测、半专业监测与群测群防相结合的监测网络，开展综合研究，总结工作区内地质灾害的形成机理与发育规律，开展地质灾害预警判据研究和预警模型研发，构建地质灾害预警系统。

预警的技术路线采用区域预报（气象预警）、局地泥石流、滑坡预报、单点补充预报等方式构成地质灾害的预警方式。

1. 区域性泥石流、滑坡预报

指预警区范围内的泥石流、滑坡预报，一般由监测站建立起相关区域内的滑坡、泥石流沟谷的数据库，并对各泥石流沟谷进行预测，将预测结果存入数据库内，供管理部门进行泥石流预报时检索；当收集到某些区域的预报降雨量超过该区域规定的泥石流暴发临界雨量值时，就应对数据库的泥石流沟进行检索，凡是处于预报降雨量超过泥石流暴发临界雨量区段内的，已预测有可能发生泥石流的沟谷，都应作为泥石流预报的对象，并将预报结果迅速通告所在区域的乡镇地质灾害预警机构。

（1）局地性滑坡、泥石流预报

在整个预报体系中占有重要地位，即分析预警范围内资料，收集县气象站降水信息，整理出局地降水预报信息和范围，立即作出本区域内的滑坡、泥石流预报，这种预报应比较具体、详尽，应报出主要暴发滑坡、泥石流的名称、位置、可能暴发的规模、可能造成的危害及危害程度等，并立即将预报结果通报有关监测站。

（2）单点补充预报

在局地性泥石流预报的指导下进行，由各监测站负责。监测站在收到上级局地性预报后，结合监测点的具体状况，立即作出预报滑坡、沟谷可能暴发的泥石流规模和危害程度等。在作出单点补充预报的基础上立即通知在危险区的人员撤离，并组织人力对可能产生中等危害程度以上的地质灾害点进行监测，一旦发现暴发滑坡、泥石流的征兆，就要组织力量进一步分析滑坡、泥石流可能达到的规模和危害程度，一旦暴发泥石流，并有可能危及人民群众生命财产安全时，应立即发出警报，组织危险区人员安全有序撤离；并要不断向上级主管部门报告情况。

通过三级预报体制的预报体系，可以做到在泥石流暴发之前捕捉到泥石流暴发的信息，提前进行泥石流的预警，起到防灾作用。

2. 预警区建设内容

（1）系统构成

预警区由专业监测系统和群测群防系统组成：根据预警区建设及舟曲县防灾减灾的需要，成立舟曲县国土资源局地质灾害监测站，副科级单位，隶属舟曲县国土资源局，设监测站站长一名，副站长 1 名，监测员 5 名。其初期运行费用由专项费用支出，2012 年后应转为舟曲县国土资源局常设机构，负责全县的地质灾害防治工作。

群测群防系统则是在已有系统的基础上，强化监测预警方式，落实群测群防方案。

（2）建设内容

从地质灾害防治的需求出发，预警区建设主要涉及以下内容。

专业监测点建设：包括滑坡、泥石流监测。滑坡的监测主要依据滑坡的类型、威胁程度、滑坡的区域典型性和代表性等几个特点来选取。泥石流的监测主要是依据泥石流的类型（沟谷型、坡面型），同时考虑泥石流流域面积的大小（$5km^2$ 以下、$5 \sim 10km^2$、$10 \sim 50km^2$、大于 $50km^2$），同时应考虑泥石流的比降，不同比降的泥石流临界降雨量不同。

群测群防点的建设：依据地质灾害隐患点分布，共计建设群测群防点 37 处。

设备购置及安装：设备购置主要包括监测设备、通信设备、交通设备等硬件设备的购置以及预警所需的软件研发和调试。

监测基础设施建设：包括站房、泥石流预警断面设置等。

监测机构的建设：包括人员和仪器配置。根据预警区建设的需要，建议舟曲县设置地质灾害监测站，隶属舟曲县国土资源局，为副科级单位，监测站站长由主管副局长兼任，共安排 7 人，1 人为负责人，其余 6 人为监测员。

三、地质灾害监测预警总体工作部署

1. 部署原则

地质灾害监测是地质灾害防治的重要手段与内容，其目的是通过一定的监测仪器或监测手段对已知的地质灾害体进行形变、位移、地下水动态、应力状态等特征进行测量，分析、了解地质灾害体的变形位移状态及趋势，为地质灾害防治决策以及预警预报提供定量的数据。

地质灾害预警系统的目标任务是要逐步构建起"点面结合"的监测预警机制，提高成功预报率，最大限度地减少人员伤亡和财产损失，具体由群测群防网络建设、专业监测预警示范建设、地质灾害气象预警系统建设 3 部分组成。

结合研究具体情况，总体工作部署应当坚持以下 4 项原则，以最大限度地利用现有资源，实现研究的预期目标。

（1）以地质灾害预报预警为主要目标的原则

本研究为监测预警示范项目，将以地质灾害预报预警为主要目的，并将其贯穿于整个监测预警工作中，提高预警成果的实用性。

（2）专业监测与群测群防相互补充的原则

本次规划区地质灾害监测预警工程项目是在健全完善群测群防系统上建立专业监测预警系统，同时专业监测的经验成果可以用来指导群测群防工作的开展，两者相互支撑，相辅相成。同时根据灾害隐患险情等级不同，分级进行设防，使专业监测与群测群防工作开展能够有的放矢。

（3）技术先进，方法实用可行的原则

本研究为地质灾害监测预警示范性项目，一方面要保证研究所采用的技术路线、工作方法、技术手段的科学性；另一方面还要考虑研究完成后的实用性以及推广性。

（4）产研结合，教育示范的原则

一是充分研究国内外地质灾害监测预警方面相关的新技术新方法，尝试使用先进的监测仪器，提高监测精度和水平；二是加强综合研究，系统总结本区地质灾害的形成机理、分布与发育规律，在单体地质灾害监测与研究的基础上不断完善区域地质灾害监测预警预报模型，以 GIS 为平台建立地质灾害空间数据库和评价预警系统。通过本研究的实施，要总结一套能够在相似地区实施的群测群防与专业监测相结合的地质灾害监测预警办法，不仅为分析示范区地质灾害稳定性、易发性、突发灾害预警预测提供技术参考，更为地质灾害的监测、预警及科学研究不断积累经验并提供示范样板，为提高我国地质灾害预警水平做出贡献。

2. 工作部署

为完成研究总体目标任务，工作部署如下。

（1）地质灾害补充调查

通过遥感解译（由甘肃省地矿局测绘院承担完成）、地面调查、测绘、勘查、室内综合研究等手段方法，开展地质灾害进行补充调查，在地质环境背景研究分析的基础上进一步探索地质灾害的形成机理和发育规律，为监测预警提供基础数据。

（2）建立监测网络

对监测示范区内的地质灾害隐患点进行有效监控，分层次建设专业监测、半专业监测与群测群防相结合的监测网络。

对危险性大、稳定性差、成灾概率高、灾情严重和规模较大的地质灾害点；或者对集镇、村庄、工矿和重要居民点人民生命安全构成威胁的（一般威胁人员较多）；造成严重经济损失的；威胁公路等重要生命线工程和重大基础建设工程的地质灾害点开展专业监测预警工作。采用先简单再复杂的步骤，先建立区域降雨监测、地表变形监测网点及岩土体含水量监测剖面，后增加 GPS、TDR 或深部位移监测等不同的监测手段，构成整个综合监测系统，由专业技术人员进行专门监测，实现数据的采集、处理、远程传输和自动化分析。通过强化监测手段与监测精度，以提高综合分析与成功预报水平，达到防灾减灾的效果。各工作手段部署如下。

A. 区域降雨监测

降雨量和降雨强度是地质灾害的主要诱发因素。因此降雨量的监测是本研究监测的重点内容之一。在预警区内根据区域控制与单点控制相结合的原则布置一定数量的自动雨量计，初步建立覆盖全区的降雨监测网络。

B. 地质灾害点监测

地质灾害点的监测主要包括滑坡、不稳定斜坡和泥石流的动态监测。在舟曲县地质灾害调查工作的基础上，完成地质灾害监测点简易监测的布置。一般采用设桩、设砂浆贴片和固定标尺进行绝对位移（监测）和崩滑体地面裂缝相对位移（监测），并结合人工巡视崩滑体微地貌、地表植物和建筑物标志以及地表、地下水的各种微细变化。监测点和控制点的布设根据崩滑体的形体特征和变形特征，因地制宜地布置。建立完善的舟曲县地质灾害监测网络。

对区内的典型滑坡或不稳定斜坡，如锁儿头滑坡、南桥滑坡、龙江新村滑坡、泄流坡滑坡、水泉村东南不稳定斜坡等9处进行专业监测。泥石流主要选择三眼峪沟、罗家峪沟、硝水沟、寨子沟、南峪沟、台子沟、武都关沟、庙儿沟等17处进行专业监测。

C. 监测点的补充调查

a. 遥感解译调查

由甘肃省地矿局测绘院购买工作区内高分辨率的 Quick Bird 卫星数据，主要围绕拟监测点范围，进行遥感影像解译，为工程地质测量、地质灾害测量中路线、工程点布设，地质灾害监测预警设备布设等提供服务。并由甘肃省地矿局测绘院完成 1∶10000 地质灾害遥感解译调查，面积 438km²，通过不同时相的遥感解译调查对比汶川地震前后以及"8·8"泥石流灾害后的地质灾害动态变化，并总结区内地质灾害发育规律。

b. 开展 1∶5000 地质灾害专项调查

对确定的监测点进行地质灾害专项调查，内容包括：①地形地貌特征，包括宏观地形地貌和微观地形地貌，如滑坡后壁的位置、岩层产状、高度及其壁面上擦痕方向，滑坡两侧界线的位置与性状，前缘出露位置、形态及变形情况，裂缝方向、长度、宽度、力学性质等；②岩（土）体工程地质结构特征，包括周边地层、滑床岩体结构、岩体结构与产状、软硬岩组合与分布、层间错动、风化特征、滑带（面）层位及岩性；③滑坡裂缝测绘应包括地面裂缝分布、长度、宽度、形状、力学性质及组合形态；④对泥石流的调查包括降雨量、泥位、流速、流量，泥石流沟流域形态，划分泥石流形成区、流通区、堆积区，详细论述其易发程度、危险性，说明监测的必要性。同时还应包括上游崩滑地段的松散固体物质监测。调查面积约为 200km²。

c. 钻探与山地工程

在测绘的基础上，在每个拟监测滑坡或不稳定斜坡点上布置钻孔 4~6 个，在监测体或四周布设浅井（小园井）若干，取原状土样开展室内物理力学测试，以获取深部地质资料。另外，在泥石流沟谷中布设浅井（小园井）及探槽工程，以揭露泥石流沟纵断面，判断其形成、堆积特征。共设计工程地质钻探 1600m，浅井（小园井）800m，槽探 2000m³。

d. 岩矿测试

共计划测试岩石试验 100 组，土工试验 100 组，水质全分析样 150 组，并搜集区域工程地质资料，开展岩、土样物理力学指标评价，为滑坡或不稳定斜坡体监测预警提供技术支持。

D. 监测系统的设计与施工

测点的布设必须根据斜坡场地的工程地质条件、斜坡可能的变形破坏方式等多方面情况来进行，同时还要满足点线结合、重点突出、整体控制的基本要求。

a. 监测内容

监测项目包括监测点的降雨强度、斜坡深部变形、地下水位、土含水量，并采用监测数据的自动监测和无线即时传输系统。对泥石流的监测包括降雨观测、泥位观测、流速观测。同时还应包括上游崩滑地段的松散固体物质监测。

b. 测点/测线的布设

1）根据滑坡或不稳定斜坡的实际情况，每个监测体上拟布设 2~3 条监测剖面，具体的监测内容和仪器布置情况如下。

降雨强度：雨量监测采用自动雨量计，接入自动数采仪进行自动测读；

坡体深部位移：采用固定式测斜仪进行坡体不同深度的水平位移监测，接入自动数采仪进行自动测读；

坡体地表位移：在斜坡变形裂缝地段采用4点式多点伸长计测量地表位移，接入数采仪进行自动测读；

地下水位及孔隙水压力：水位孔采用振弦式渗压计进行量测，接入数采仪进行自动测读；

对斜坡建立全自动监测系统，按照设定频率进行自动观测，并将采集数据实时无线传输到办公室。

2）对泥石流的监测包括降雨观测、泥位观测、流速观测，其中，雨量观测点布设在泥石流形成区，后两者监测点一般布设在泥石流沟流通区，选择在便于观测的地方，本次在监测断面处均设置浆砌块石标准断面（图 7-10）。同时还包括上游崩滑地段的松散固体物质监测。

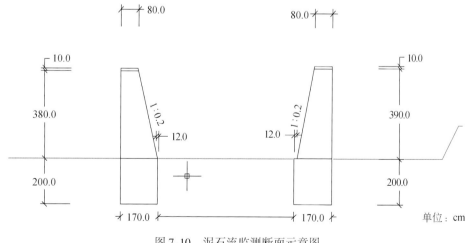

图 7-10　泥石流监测断面示意图

3）监测频率。由于本监测点采用监测数据自动采集和实时无线传输，因此采用 1 次/

5min 的频率，进行监测数据的自动采集和传输。

4）根据系统设计进行施工，安装仪器。

E. 建立监测网络

建立一个自动化程度很高，由主控中心、监测点构成的监测网络。

F. 预报预警

根据监测系统收集信息，经过综合分析，发布地质灾害预报预警信息。

（3）群测群防网络建设

健全完善群测群防监测网络：在现有隐患点的基础上，由舟曲县人民政府负责落实各隐患点的监测人和各街道、乡镇、村组的防灾责任人，形成以县城为中心，以街道、乡镇、村组防灾责任人为结点，以监测人为基础的群测群防网络，实施对隐患点的全面监测。新发现的隐患点也要及时纳入群测群防网络。主要部署开展以下工作：

1）制作安装地质灾害警示牌 37 块。在地质灾害隐患点树立警示牌告知群众防灾预案、避灾路线及预警信号等信息，从而提高广大群众预防地质灾害的警惕性。

2）发放监测简易工具包 100 套。对正式确定的群测群防监测员发放监测简易工具包，包括雨衣、雨鞋、手电、喊话器、口哨等，提高监测员的工作积极性。

3）开展地质灾害科普知识教育宣传。该项工作拟采取以下两种形式开展：发放地质灾害预防宣传材料 10000 份，使广大群众认识地质灾害现象，了解地质灾害的危害性，从而在日常生活中主动观察，及时发现险情，并作出初步判断，对发现的地质灾害前兆及时报告，更有效地开展群测群防工作。

4）对舟曲县国土资源局工作人员、隐患点监测人和相关基层干部进行基本监测知识和防灾知识培训，使基层干部具有一定的地质灾害防治基础知识，监测人能掌握地质灾害简易监测方法，正确分析监测信息，及时做出较为准确的监测预报。共计划培训 500 人次。

（4）建立地质灾害预警指标体系

本次监测预警项目拟通过以下三个方面的综合研究建立规划区地质灾害预警指标体系，为监测预警指标确定提供理论支撑。

a. 建立典型泥石流预警指标体系

研究由地表径流造成的坡面侵蚀的汇流补给物质形成的坡面侵蚀补给型泥石流、由洪水造成的沟床质侵蚀启动而形成的沟床物质侵蚀补给型泥石流，以及滑坡、崩塌堆积体重力侵蚀补给型泥石流的形成机制和水动力、土动力特征。建立降雨—小流域径流特征—侵蚀补给特征—泥石流形成过程的关系，建立大气降雨与泥石流易发性的数学模型，提出泥石流灾害预警判据和预警模型。

b. 建立典型斜坡预警指标体系

在工作区人类工程活动动态调查的基础上，对典型斜坡进行解剖研究，利用斜坡的专业多参数综合监测系统深入研究地质灾害的发育发展规律。根据舟曲县地质灾害发育特征，重点研究在人类工程活动影响下，黄土节理裂隙的发育规律和降雨入渗导致斜坡变形破坏的机理，初步建立降雨—节理裂隙入渗—坡体强度改变的典型斜坡破坏机理模型。

c. 建立区域地质灾害预警指标体系

舟曲县内确切掌握发生时间及致灾雨强的灾害点信息数量很少，由于统计样本有限且成灾机理复杂，难以确定地质灾害成灾的降雨量临界值及其他预警判据。在尚不具备准确逐点监测预报的情况下，加强区域趋势预警研究是提高地质灾害预报预警技术的重要手段。趋势预报的基础是规律研究，包括灾害类型、成灾机理、形成条件、诱发因素等。在地质灾害易发性区划及危险性区划的基础上利用统计模型确定预警预报判据，从而建立地质灾害区域预警模型，之后再根据地质灾害专业监测取得的成果和认识不断完善和优化模型。

（5）系统平台开发建设

通过 WebGIS 平台，充分利用甘肃省已建成的与公网物理隔离、覆盖全省乡镇以上政府及部门的政务专网，实现与各级政府及各单位之间的信息交流、共享和业务应用。监测预警平台主要包括以下四个功能模块。

a. 数据采集、传输、分析模块

通过 GPRS 网络、无线局域网以及政务专网，将地质灾害专业监测数据、降雨量监测数据的采集、传输、分析有机地集成起来，对这些数据进行数据库入库和分析，为地质灾害监测预警提供综合的信息分析和管理支持。

b. 地质灾害实时预警发布模块

本次将在舟曲县建立对地质灾害的信息动态采集、综合分析和处理的地质灾害实时预警发布模块。系统采用 Internet、高智能传感、蜂窝网络、SQL 数据库分析、嵌入式文语转换、LED 显示控制等技术，建立集采集灾害隐患点变形和诱发因素信息、信息分析统计、数据建模、模糊判断、数据远程多端共享、短信通知、无线应急广播和无线 LED 显示屏发布于一体的地质灾害监测预警发布系统。可快速、及时、准确地将地质灾害监测预警信息传播给监测管理机构和广大社会公众，尽可能地扩大信息覆盖面，提高地质灾害监测预警能力，达到灾害发生时最大限度地减少人员及财产损失的作用。

c. 三维地质灾害应急指挥模块

本次拟开发基于 Skyline 三维 GIS 平台的舟曲县地质灾害应急指挥系统，结合数字高程模型（DEM）与遥感影像（RS）（由甘肃省地矿局测绘院提供），实现三维地形显示、灾点信息查询、危险区域判别、救灾路线选取、应急方案部署等功能，为政府应急指挥决策提供有效支撑。

d. 地质灾害防治工程展演模块

采用三维 GIS 技术、三维数字仿真技术、空间数据库技术、遥感技术，建立舟曲县城区泥石流滑坡及其防治工程展演模块。利用物理沙盘和电子沙盘，将静态地形地貌模型、滑坡、泥石流防治工程分布及特征以三维动画展示，实现文字、图片、视频、解说等信息的有机结合，实现演示、查询一体化。该系统将直观地向需要了解舟曲滑坡、泥石流的专家学者、领导以及参观者演示舟曲县灾后恢复重建规划区基本地形、地貌及地质环境情况、泥石流、滑坡的分布位置以及防治工程的特点、功能和作用。

（6）省州县三级地质灾害预警平台能力建设

通过省州县三级地质灾害预警平台能力建设，并建立必要的应对机制，采取一系列的必要措施，使政府在突发性地质灾害的事前预防、事发应对、事中处置和善后管理过程中，更加快速准确地做出决策，以保障人民群众的生命财产安全，促进社会和谐健康发展。

四、阶段工作部署

舟曲县地质灾害监测预警示范项目工作周期为 2011 ~ 2012 年，工作内容主要为监测预警系统建设；2013 年转入监测预警系统使用及优化阶段，按年度分别部署如下。

（1）2011 年度工作部署

1）在充分研究国内外研究现状的基础上编制项目实施方案，进行监测仪器设备的选型。

2）开展区内地质灾害隐患点补充调查与勘查工作，进行人类工程活动动态调查，对典型地质灾害点进行解剖研究，进行当年汛期新灾情的调查研究。进行典型滑坡监测点、泥石流监测断面 1∶5000 专项地质灾害测量，对所有地质灾害点及地质灾害隐患点进行调查并对其危险性、危害性进行评价。

3）论证舟曲县区域雨量监测系统建设方案，在气象部门已建雨量监测系统的基础上布置一定数量的雨量单要素加密站（自动雨量计），用于示范站区域雨量自动监测，优化完善舟曲县监测预警区区域降雨监测系统，从而为地质灾害形成机理研究提供降雨资料。

4）建立监测预警区区域监测点及滑坡、泥石流专业监测点和基础设施建设，根据灾害点级别划分对重大地质灾害隐患点采用综合专业监测手段开展监测预警示范建设，初步建立基于自动远程传输系统的综合监测预警系统。

5）完善舟曲县监测预警区地质灾害群专结合、群策群防监测网络，完成群专结合监测仪器的发放及安装工作，以丰富地质灾害监测手段并提高群策群防网络的监测水平。

6）完成舟曲县监测预警区地质灾害易发性区划、危险性区划，并进行舟曲县地质灾害气象预警区划。

7）开展省州县三级地质灾害预警平台能力建设，完成能力建设各项设备的采购。

8）开发基于监测系统的空间数据库系统，将所有调查、勘查、监测资料纳入到数据库中，进行地质灾害分区评价，圈定易发区和危险区，完善地质灾害防治规划建议。

9）实测典型沟谷泥石流流速、流量、冲击力等特征值数据，为泥石流预警判据和预警模型研究提供必要的参数。

10）开展围绕本项目实施的宣传及人员培训工作，使项目参加人员不断提高地质灾害监测预警的技术理论水平，增强危险区群众及监测人员的地质灾害防灾减灾意识、应变能力和整体素质，使群测群防网络能够有效开展运行。

（2）2012 年度工作部署

1）开展人类工程活动动态调查，对典型地质灾害点进行解剖研究，进行当年汛期新灾情的调查研究。

2）开展监测网络试运行工作，完善、优化监测网络。

3）开展典型泥石流、滑坡形成机理，并系统搜集整理舟曲县历史上滑坡、泥石流等地质灾害发生时的气象降雨资料，建立单点泥石流、滑坡灾害预报预警模型。

4）研发基于地理信息系统的地质灾害预警预报软件，建立地质灾害监测预警信息系统，分析监测数据，形成预警产品。

5）建设舟曲县监测预警区地质灾害实时预警发布系统，建立集采集灾害隐患点变形和诱发因素信息、信息分析统计、数据建模、模糊判断、数据远程多端共享、电话、短信通知、无线应急广播和无线 LED 显示屏发布于一体的地质灾害监测预警系统。可快速、及时、准确地将地质灾害监测预警信息传播给监测管理机构和广大社会公众，尽可能地扩大信息覆盖面，提高地质灾害监测预警能力，达到灾害发生时最大限度地减少人员及财产损失的作用。

6）开发建设舟曲县监测预警区三维地质灾害应急指挥系统，实现三维地形显示、灾点信息查询、危险区域判别、救灾路线选取、应急方案部署等功能，为政府应急指挥决策提供有效支撑。

7）开发建设舟曲县地质灾害防治工程展演系统，建立舟曲县监测预警区物理沙盘和电子沙盘，将静态地形地貌模型、滑坡、泥石流防治工程分布及特征以三维动画展示。

（3）2013 年度工作部署

1）进行舟曲县监测预警区地质灾害监测预警信息系统、地质灾害实时预警发布系统、三维地质灾害应急指挥系统试运行工作，主要是调试设备，优化预警模型和系统构成，经过试运行检验设备和预警模型的合理性和可靠性。

2）编制提交舟曲县地质灾害监测预警区建设总结报告。

第三节　舟曲地质灾害隐患点监测预警工作方案

一、监测预警区工作

结合舟曲灾后恢复重建总体规划，将白龙江流域峰迭–南峪段划分为专业监测示范区，面积 438km²。该区域内共发育地质灾害隐患点 37 处，主要威胁对象有舟曲县城、峰迭新区、南峪村等乡镇、村庄以及锁儿头电站、虎家崖电站、国道 313 线等重要基础设施。本区选取稳定性差、危险性大的地质灾害共 26 处进行多手段的综合专业监测，工作部署如下。

（1）遥感解译调查

采用 Quick Bird 卫星数据或 1：10000 航空影像进行遥感解译调查，主要围绕拟监测点范围为地质灾害测绘、工程点布设、地质灾害监测预警设备摆放位置设计等提供服务，遥感调查面积 438km²。该项工作由甘肃省地矿局测绘院承担完成。

（2）开展 1：5000 地质灾害专项调查

对区内监测点进行地质灾害专项调查，内容包括：①地形地貌特征，包括宏观地形地貌和微观地形地貌，如滑坡后壁的位置、岩层产状、高度及其壁面上擦痕方向，滑坡两侧界线的位置与性状、前缘出露位置、形态及变形情况，裂缝方向、长度、宽度、力学性质等；②岩（土）体工程地质结构特征，包括周边地层、滑床岩体结构、岩体结构与产状、软硬岩组合与分布、层间错动、风化特征、滑带（面）层位及岩性；③滑坡裂缝测绘应包括地面裂缝分布、长度、宽度、形状、力学性质及组合形态；④对泥石流的调查包括降雨量、泥位、流速、流量，泥石流沟流域形态，划分泥石流形成区、流通区、堆积区，详细论述其易发程度、危险性，说明监测的必要性。同时还应包括上游崩滑地段的松散固体物质监测。调查面积 200km²。

（3）进行不同流域发育期灾害发育规律调查

对典型小流域进行地质灾害形成条件测绘与解剖，确定地貌发育演变历史及沟谷发育阶段，研究不同沟谷发育期与灾害发育之间的内在联系及影响规律。

（4）进行人类工程活动动态调查

通过收集资料、实地调查等手段调查分析不同类型、不同强度的人类工程活动引起或可能引起的地质环境条件的变化，总结研究人类经济活动对地质灾害的影响规律。

（5）钻探与山地工程

在测绘的基础上，在监测点或四周布设浅井（小园井）若干，取原状土样开展室内物理力学测试，另外在泥石流沟谷中布设浅井（小园井）及探槽工程，以揭露泥石流沟纵断面，判断其形成、堆积特征。在拟监测滑坡或不稳定斜坡点上布置勘查与监测综合钻孔6～10个。共设计工程地质钻探 1600m，浅井（小园井）800m，槽探 2000 m³。

（6）岩矿测试

共计划测试岩石试验 100 组，土工试验 100 组，水质全分析样 150 组，并搜集区域工程地质资料，开展岩、土样物理力学指标评价，为滑坡或不稳定斜坡体监测预警提供技术支持。

（7）监测系统的设计与施工

各监测点监测系统的布设必须根据斜坡场地的工程地质条件、斜坡可能的变形破坏方式、已实施的防治工程等多方面情况来进行，同时还要满足点线结合、重点突出、整体控制的基本要求。

二、区域降雨量监测

舟曲县监测预警区内目前有气象部门布设的气象站 2 处，本次预警区建设区域降雨量监测在与气象部门联合共建、资料共享的基础上，结合降雨量区域控制与单点地质灾害降雨量监测的功能共布设雨量站 49 处。已建及拟建雨量站位置见表 7-2。

表 7-2　舟曲县已建及拟建雨量站一览表

序号	点号	站点	经度	纬度	备注
1	W9526	峰迭	104°15′00″	33°48′00″	气象局已建
2	W9528	东山	104°25′12″	33°46′12″	气象局已建
3	ZQYL01	三眼峪下游	104°22′10″	33°47′11″	监测预警区拟建
4	ZQYL02	三眼峪中下游东侧	104°22′43″	33°47′36″	监测预警区拟建
5	ZQYL03	三眼峪大眼峪下游翠峰山	104°22′04″	33°48′39″	监测预警区拟建
6	ZQYL04	三眼峪小眼峪下游	104°23′18″	33°48′37″	监测预警区拟建
7	ZQYL05	三眼峪大眼峪上游	104°22′33″	33°50′03″	监测预警区拟建
8	ZQYL06	三眼峪小眼峪上游	104°24′09″	33°49′21″	监测预警区拟建

序号	点号	站点	经度	纬度	备注
9	ZQYL07	罗家峪中游北侧	104°23′53″	33°47′50″	监测预警区拟建
10	ZQYL08	罗家峪上游	104°25′40″	33°48′09″	监测预警区拟建
11	ZQYL09	城关镇锁儿头村	104°20′51″	33°47′07″	监测预警区拟建
12	ZQYL10	西半山村	104°20′56″	33°48′48″	监测预警区拟建
13	ZQYL11	寨子沟上游	104°21′20″	33°50′04″	监测预警区拟建
14	ZQYL12	寨子沟上游	104°20′17″	33°49′59″	监测预警区拟建
15	ZQYL13	武都关沟上游东侧	104°19′34″	33°50′35″	监测预警区拟建
16	ZQYL14	坪定乡	104°18′35″	33°49′27″	监测预警区拟建
17	ZQYL15	何家湾	104°19′46″	33°48′23″	监测预警区拟建
18	ZQYL16	武都关	104°17′06″	33°47′58″	监测预警区拟建
19	ZQYL17	黄泥滩	104°16′37″	33°50′03″	监测预警区拟建
20	ZQYL18	武都关沟上游马场	104°17′27″	33°51′37″	监测预警区拟建
21	ZQYL19	峰迭乡瓜咱坝	104°14′49″	33°48′24″	监测预警区拟建
22	ZQYL20	峰迭乡瓜咱沟草山梁子	104°13′58″	33°47′35″	监测预警区拟建
23	ZQYL21	峰迭乡瓜咱沟上游北侧	104°11′49″	33°46′49″	监测预警区拟建
24	ZQYL22	峰迭乡瓜咱沟李家山	104°13′02″	33°45′59″	监测预警区拟建
25	ZQYL23	峰迭乡格布沟下游格布村	104°10′51″	33°45′41″	监测预警区拟建
26	ZQYL24	峰迭乡格布沟上游	104°10′54″	33°44′35″	监测预警区拟建
27	ZQYL25	峰迭乡老猴沟与保斗沟分水岭	104°09′03″	33°47′22″	监测预警区拟建
28	ZQYL26	峰迭乡阴山村	104°14′30″	33°47′04″	监测预警区拟建
29	ZQYL27	峰迭乡泥儿坪梁子	104°15′34″	33°46′38″	监测预警区拟建
30	ZQYL28	峰迭乡牌坊梁	104°14′43″	33°46′17″	监测预警区拟建
31	ZQYL29	峰迭乡磨沟村	104°14′41″	33°45′13″	监测预警区拟建
32	ZQYL30	峰迭乡黑铁林沟上游	104°13′45″	33°43′20″	监测预警区拟建
33	ZQYL31	峰迭乡哈伊巴沟东北侧	104°15′42″	33°44′00″	监测预警区拟建
34	ZQYL32	峰迭乡阳山	104°16′47″	33°46′06″	监测预警区拟建
35	ZQYL33	沙川村	104°18′50″	33°46′35″	监测预警区拟建
36	ZQYL34	庙儿沟中游	104°18′14″	33°44′37″	监测预警区拟建
37	ZQYL35	旧地坪	104°17′34″	33°42′49″	监测预警区拟建
38	ZQYL36	庙儿沟上游	104°19′28″	33°42′06″	监测预警区拟建
39	ZQYL37	沙川东沟上游	104°19′52″	33°44′42″	监测预警区拟建

序号	点号	站点	经度	纬度	备注
40	ZQYL38	江盘乡南山村	104°21′33″	33°46′29″	监测预警区拟建
41	ZQYL39	江盘乡河南村大歇台	104°22′44″	33°45′39″	监测预警区拟建
42	ZQYL40	江盘乡端山村蝉头社	104°21′46″	33°45′18″	监测预警区拟建
43	ZQYL41	大川乡安子坪	104°24′06″	33°45′11″	监测预警区拟建
44	ZQYL42	大川乡白家山社	104°25′41″	33°44′58″	监测预警区拟建
45	ZQYL43	大川乡官家山	104°24′55″	33°44′28″	监测预警区拟建
46	ZQYL44	南峪乡旧寨村	104°24′06″	33°43′08″	监测预警区拟建
47	ZQYL45	安门下沟中游	104°22′20″	33°42′38″	监测预警区拟建
48	ZQYL46	南峪乡磨儿坪村广东湾社	104°21′52″	33°41′34″	监测预警区拟建
49	ZQYL47	南峪乡磨儿坪黑松坪社	104°23′27″	33°40′58″	监测预警区拟建
50	ZQYL48	南峪乡磨儿坪沟上游	104°22′06″	33°40′26″	监测预警区拟建
51	ZQYL49	安门下沟上游	104°20′46″	33°42′37″	监测预警区拟建

三、地质灾害隐患点建设

1. 专业监测点建设

本次预警区内共选择26处地质灾害隐患点进行专业监测，下面对舟曲"8·8"特大山洪泥石流灾害灾后恢复重建一期实施防治工程的8处隐患点及锁儿头、泄流坡两处巨型滑坡灾害隐患点灾点概况及监测工作部署进行论述，其他16处灾害由于监测方案布置原则与这10处灾害相同，且目前已经完成了防治工程勘查及施工图设计工作，因此本次仅针对监测内容和手段初步安排了工作量，待施工图设计方案通过专家评审确定后再视情况对监测方案进行调整。

（1）三眼峪沟泥石流

三眼峪沟流域位于白龙江左岸，流域面积24.1km²，沟口距江边约2km，整个流域呈"漏斗"形，由支沟大眼峪、小眼峪呈"Y"形构成。大眼峪主沟长5.3km，沟床比降平均为272‰，两岸山坡平均坡度50°；小眼峪主沟长3.6km，沟床比降平均为306‰，两岸山坡平均坡度54°。与白龙江的汇流点海拔为1340m，出山口海拔为1550m，流域最高点海拔为3828m，最大相对高差2488m，主沟长5.1km，沟床比降平均为214‰，两岸山坡坡度平均52°，流域内共有大小支沟59条，沟壑密度1.9条/km²，沟口扇形地东西长约2050m，平均比降为110‰。

受区域地质及构造影响，区内岩土体松动、断层褶皱十分发育，地震活动频繁，崩塌、滑坡和坍塌等不良地质体十分发育，为泥石流的形成提供了丰富的固体物质。经实际测量、计算，流域内可转化为泥石流的固体物质总量为2693.84×10⁴m³，其中崩塌体固体

物质补给量 $1806.64 \times 10^4 \mathrm{m}^3$，沟道固体物质补给量 $623.8 \times 10^4 \mathrm{m}^3$，坡面固体物质补给量 $141.5 \times 10^4 \mathrm{m}^3$。

"8·8"特大泥石流共造成1481人遇难，284人失踪，冲毁农田1417亩，房屋307户、5508间，损坏车辆18辆，受灾人口20227人，其危害性为特大型。

该泥石流沟处于活跃期。泥石流严重危害区包括月圆村、三眼峪村、北村、县委、城关一小、南街、瓦厂、城关桥至瓦厂大桥白龙江两岸等大部分地区，以及白龙江瓦厂大桥以上白龙江堰塞湖淹没的地区，总面积约 $0.76 \mathrm{km}^2$。

本次三眼峪沟泥石流灾害共布置15座钢筋混凝土拦挡坝，其中稳坡拦挡坝7座，拦沙坝8座，按拦挡坝构筑物形式划分有钢筋混凝土格栅坝（桩群）5座，钢筋混凝土重力坝10座。沟口布设双侧排导堤2.16km。各种监测点布设综合考虑监测的目的性、仪器安装维护的适用性、经济合理性，以下按四个监测系统分别说明（表7-3）。

表7-3 监测点布设一览表

监测系统	监测对象	监测目的	选用仪器	布设位置	监测点数量
雨量监测系统	降雨量	监测三眼峪上、中、下游不同位置的降雨量，为泥石流启动降雨量阈值预警提供依据	一体化雨量自动监测站	大眼峪中上游3个，小眼峪中上游3个，峪门口1个，县城沟口1个	8个
泥石流监测系统	次声	通过捕捉泥石流源地的次声信号而实现报警	泥石流次声报警器	大眼峪中游1个，小眼峪中游1个，峪门口1个，县城沟口1个	4个
	泥位	监测沟道水位涨落信息和泥石流物堆积厚度变化	泥位计	大眼峪中游1个，小眼峪中游1个，峪门口1个，县城沟口1个	4个
	流速	监测泥石流流速	雷达测速仪	大眼峪中游1个，小眼峪中游1个，峪门口1个	3个
滑坡监测系统	流体移动	通过监测某处泥石流体的表面移动达到预警的目的	视频监测系统	大眼峪中游1个，小眼峪中游1个，峪门口1个	3个
	拉张裂缝	通过监测滑坡后缘拉张裂缝的位移变化，对滑坡的威胁对象进行预警，并可监测泥石流物源的变化	裂缝计大量程位移计	罐子坪滑坡裂缝计1个，大量程位移计1个	2个
坝体监测系统	坝体内部应变	通过监测坝体内部应变情况来预警坝体的破坏，进而对拦挡工程的有效性进行预警	埋入式混凝土应变计	主2#坝、大2#坝、大3#坝、小2#坝各设置一套应变监测系统，每个坝体按3个断面设计，每个断面设计6个应变计	4处（72个）
	坝体侧土压力	通过监测坝体上游方向的侧向土压力，以对坝体的安全性做出评估，并可检验设计坝体冲压力	智能型土压力盒	主2#坝、大2#坝、大3#坝、小2#坝各设置一套，每个坝体按3个断面设计，每个断面安装4个压力盒	4处（48个）

（2）罗家峪沟泥石流

罗家峪泥石流沟位于舟曲县城东北侧，属白龙江一级支流，流域面积 15.8km^2，是"8·8"特大山洪泥石流灾害两条泥石流沟之一。其流域平面形态呈"瓢形"，主沟长约 7.9km，流域最高处海拔高程 3794m，最低处海拔高程 1340m，相对高差达 2454m。沟脑至出山口地段均呈峡谷地形，沟谷狭窄陡深，切割强烈，呈"V"字形，基本无"U"形谷，沟谷切割深度 200～800m。主沟在泥石流形成区、流通区平均纵坡比降 194‰，在堆积区平均纵坡比降 104‰，沟道纵比降变化较大，坡度自上游向下游逐渐变缓，上游为12°～15°，下游为 8°～10°，沟道随山势、山形变化，时宽时窄，蜿蜒曲折，沟坡陡峻，沟道谷底宽 6～30m，局部被滑坡、崩塌巨石堵塞不足 3m，最宽处达 60m，两侧沟坡坡度多在 35°～60°，部分地段为陡立的基岩山体，在罗家峪沟主沟两侧共发育 6 条次级支沟。

根据勘查，罗家峪沟流域内共有大小滑坡 5 处，总面积 0.09km^2，占流域总面积的 0.57%，总体积 100.56×10^{4}m^3。共有大小崩塌 9 处，总体积近 115.66 万 m^3，罗家峪沟流域内固体松散物质储量为 3414.38 万 m^3，可转化为泥石流的固体松散物质储量为 2340.0 万 m^3。

通过排查结果，本次"8·8"泥石流灾害，罗家峪沟泥石流灾害受灾户数 161 户约 950 人，死亡 73 人，失踪 8 人，初步估算损毁道路 4.65km，排导渠 2.88km，破坏房屋面积 21.1 万 m^2，损毁桥梁 3 处，毁坏耕地近 1.5km^2，估算经济损失 1.52 亿元以上。

通过本次勘查并结合相关资料综合分析认为，该泥石流发展有逐步增强的趋势，对舟曲县城关镇罗家峪村、椿场村及瓦厂村等仍构成巨大的威胁，现状威胁居民 1286 户，人口 6238 人，危害程度大，危险性大。

罗家峪沟泥石流灾害治理设计在主沟内自下而上依次分段布设拦挡坝 9 座，上游较大支沟布设 2 座拦挡坝，坝体均采用 C25 钢筋混凝土结构。针对罗家峪主沟道内的物源补给情况（主要为坍塌、巨石、漂砾）及沟道的地形条件等进行综合考虑，在主沟道布设格栅坝 6 座，桩体均采用 C30 钢筋混凝土结构。沟口至白龙江段设计双侧排导渠，单面长 2.40km，总长 4.80km，沟道内布设防冲槛，均采用 M10 浆砌块石结构。

罗家峪沟泥石流监测系统工作部署如下（图 7-11）。

雨量监测：根据雨量站布置原则和沟道实际情况，共布置 3 台自动雨量监测站。第一台设在流域下游西侧分水岭之上，第二台设在流域中游，第三台放置在泥石流形成区的上游地带。

泥石流断面监测：在流通区下游临近出山口处设置监测断面一处，分别采用超声泥位仪和泥位标尺的断面监测方法监测泥位，并采用雷达测速仪进行流速监测。

泥石流次声监测：在罗家峪泥石流形成区的上游及中游地段安装次声报警仪探头，在两侧沟坡上安装次声报警仪发射器和发射天线。

泥石流视频监测：在所布设的固定冲淤测量断面处，采用视频实时监测的手段直观地获取泥石流发生的形态特征。

防治工程监测：选择罗家峪泥石流防治工程内的 3 号坝与 8 号坝进行防治效果监测，这两座坝均为钢筋混凝土重力坝，针对工程特性在坝身内预理混凝土应力计及钢筋应力计进行混凝土及钢筋的应力、应变监测。每座拦挡坝布设混凝土应力计与钢筋应力计各 6 只。

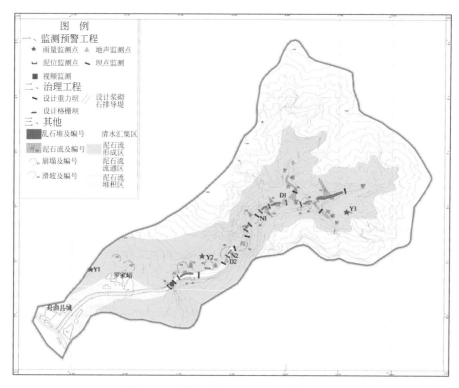

图 7-11 罗家峪沟泥石流监测工作布置图

（3）锁儿头滑坡特征

狭长是锁儿头滑坡的平面形态特征（照片 7-1），该滑坡长 4560m，宽 100~600m，长

照片 7-1 锁儿头滑坡全貌

度为宽度的 10.6 倍，厚度 30 m 左右，滑坡无明显后壁，堆积体平均坡度 12°，主滑方向 133°，体积 5882×10⁴m³。滑体物质破碎松散，整体性差，根据形态特征和目前活动状况可将其分为上、中、下三段。

上段长约 1450m，宽 160～320m，高差 310m，平均坡度 12.5°，有两级反坡平台，最大的一个面积达 0.2km²，形成反坡洼地雨季积水，是滑坡体内地下水主要补给源；中段长约 1910m，宽 130～270m，高差 390m，平均坡度 11.5°，滑坡表面有很多巨石，两侧有长 300m 左右的侧堤，内侧有较明显的滑痕，由于长期慢速滑动而使早期滑动时形成的地形特征变得较为模糊，东西两侧发育冲沟，排泄出露的地下水；下段长约 1200m，宽 330～570m，高差 220m，平均坡度 11°，在该段滑坡逐渐向东西两侧扩散，呈扇形，并形成一反坡洼地，据群众反映曾长年积水，现被填埋建房，前缘临江坡体平均坡度 35°，坡面压张裂缝发育，滑坡挤压河床十分严重，白龙江该段宽仅 18～30m。

锁儿头滑坡的滑体均由两层岩土组成，下部为断层破碎带，厚度较大，风化极为严重，整体破碎，上部表层为滑坡堆积碎石土，据探井资料揭露其平均厚度约 20m，中间厚、上下稍薄，冲沟及坡体较陡处局部基岩裸露。

碎石土（Q4ᵈˡ）：该层在滑体表面广泛分布，厚度不等，一般在 2～30m，系碎石土，松散，易被冲蚀。经前人钻探资料分析，滑坡滑体的厚度变化较大，总体上具有滑坡上段厚度薄，而中下段厚度大的特点，其中滑坡的前部厚度 15 m 左右，中部滑体厚度 25 m 左右，后部滑体厚度在 20 m 左右。

断层破碎带：岩性主要为炭质板岩、千枚岩、砂岩夹薄层硅质灰岩、薄层泥沙质灰岩，受地质构造影响本组地层整体较为破碎，产状凌乱。经钻探资料分析，断层破碎带厚度大于 15m，岩心呈短–长柱状，灰黑色，丝绢光泽，含水量较高，潮湿，强度较低，局部夹粒径 3～8cm 碎石，钻探过程中未见完整基岩面。

综合分析各活动迹象，滑坡具有牵引性特征。经调查和实地监测，滑坡一直处于蠕动滑动状态，且各段滑速不同，中段活动最为明显。几块特征石块每年平均下滑 20～30cm，活动最弱的亚头村民房变形也十分严重，下段锁儿头村情况大致相同（照片 7-2），整个滑坡两侧发育有与主滑方向大致平行的裂缝（照片 7-3），长度超过 100m，小型裂缝更是密布，由于受耕作破坏很难测量。

照片 7-2　滑坡前缘变形迹象　　　　　　照片 7-3　滑坡中部裂缝

根据稳定性定量计算结果（表7-4），锁儿头滑坡上段在自重工况下处于基本稳定状态，在暴雨工况下处于欠稳定状态，在地震工况下处于不稳定状态；锁儿头滑坡中段在自重工况下处于基本稳定状态，在暴雨工况下处于不稳定状态，在地震工况下处于不稳定状态；锁儿头滑坡下段在自重工况下处于基本稳定状态，在暴雨工况下处于欠稳定状态，在地震工况下处于不稳定状态；锁儿头滑坡前缘次级滑坡 H1 在自重工况下处于欠稳定状态，在暴雨工况下处于不稳定状态，在地震工况下处于不稳定状态。

表 7-4　锁儿头滑坡传递系数法稳定性计算成果汇总表

序号	计算剖面	工况	稳定系数	稳定状态	计算方法
1		工况1	1.067	基本稳定	
2	Ⅱ—Ⅱ′剖面	工况2	1.04	欠稳定	
3		工况3	0.98	不稳定	
4		工况1	1.08	基本稳定	
5	Ⅲ—Ⅲ′剖面	工况2	0.99	不稳定	
6		工况3	0.94	不稳定	传递系数法
7		工况1	1.09	基本稳定	
8	Ⅳ—Ⅳ′剖面	工况2	1.03	欠稳定	
9		工况3	0.97	不稳定	
10		工况1	1.02	欠稳定	
11	Ⅴ—Ⅴ′剖面	工况2	0.97	不稳定	
12		工况3	0.93	不稳定	

根据对滑坡体变形迹象的分析，锁儿头滑坡在现状条件下处于蠕滑变形阶段，变形迹象明显，尤其是前缘次级滑坡，变形迹象尤为明显；在强降雨或地震共同作用下很可能整体失稳，故综合分析判定，该滑坡整体稳定性较差。上述计算结果与滑坡目前的变形实际情况基本吻合。

锁儿头滑坡稳定与否将直接关系到该滑坡体上居住着的亚头村、李家沟、真亚头、锁儿头四个行政村的 643 户 2718 名群众的生命财产安全，房屋 3000 余间，同时威胁到滑体前缘对岸装机容量为 7200kW 的锁儿头电站，威胁财产 3 亿元左右。

锁儿头滑坡如果发生剧滑，必将堵江形成堰塞湖，堵江高度将达到 50m。若按这一堵江高度推算，滑坡上游海拔 1422.5m 高程以下的区域将形成蓄水近 1 亿 m^3 的堰塞湖，届时将使上游 11 个行政村的近 1.5 万名群众因此受灾。一旦堵江体发生溃坝，将会危及舟曲县城及其下游沿江的村镇和武都区的安全。因此而造成的间接损失无法估算。

滑坡专业监测工作部署如下（图7-12）。

大地变形监测：本次大地位移监测均采用 GPS 自动化监测系统，拟选用华测 X300M 监测专用型双频高精度 GPS 接收机，各监测站和参考站原始 GPS 数据通过无线方式传输到控制中心。共布设 GPS 参考站 2 个，分别位于真亚头社和白龙江南侧坡顶附近，设置

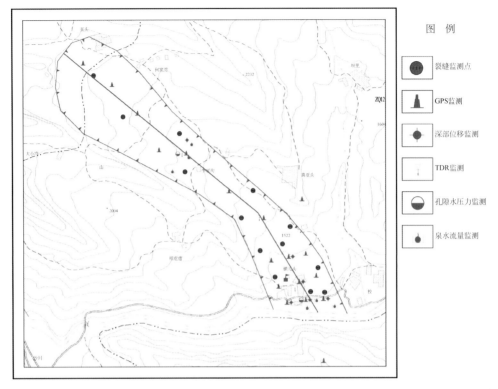

图 7-12　锁儿头滑坡监测预警部署平面图

GPS 监测站 16 个，共 18 个 GPS 点。

裂缝位移监测：表面裂缝计可有效监测滑坡体表面的裂缝变化情况，从而判断滑坡体的稳定状态。裂缝计广泛用于各类建筑物内部、表面、周边裂缝开合度的长期和临时观测用仪器。主要用于两点间相对位移量的监测，与不同的配套附件组合后可作为单向多种位移测量传感器使用。仪器由前、后安装支座（架）、位移传感器、传输电缆等组成。当被测结构物两点之间发生位移时，通过前、后安装支座传递给位移传感器，使传感器内振弦产生张力变化，从而改变振弦的振动频率。频率信号经电缆传输至数据采集器上，即可计算出被测结构物两点间距离的变化量即位移量。

锁儿头滑坡体上目前发育较为明显的裂缝共 13 处，多位于次一级滑坡体后缘及侧缘。对发育的这些裂缝采用双向平面裂缝监测，每条裂缝上布设 1 个监测点，共布设 13 个监测点，采用 GPRS 的方式远程传输监测数据（图 7-13）。

深部位移监测：锁儿头滑坡体深部位移监测采用钻孔测斜仪和 TDR 时域反射计两种手段进行监测。

a. 钻孔测斜仪

固定测斜进行滑坡体内部位移监测是目前较为成熟的产品，在各大水电大坝、滑坡治理监测项目上都有应用。固定测斜仪需要根据勘察的实际断层（滑面）数据进行钻孔安装，深度应穿透断层。固定测斜的基准点有孔底和孔口两种方法，孔底法是孔深打到稳定的基岩上，此时基准为孔内的最后一个传感器；另一种是采用 GPS 作为孔口的固定基准。本研究将采用 GPS 作为基准，也是符合充分利用现有研究资源的设计原则的。

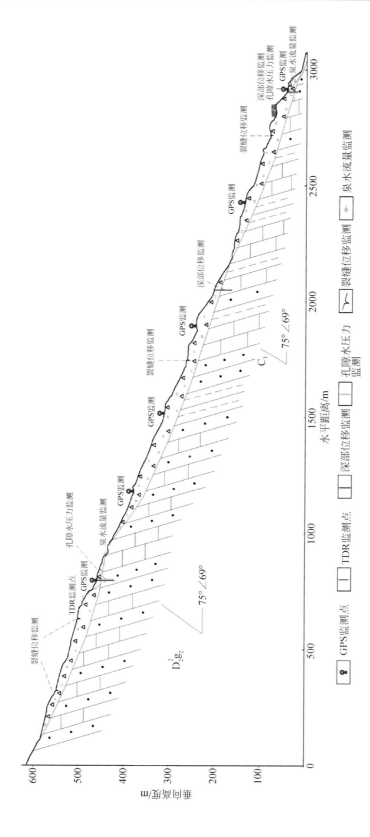

图7-13　锁儿头滑坡监测预警部署剖面图

为了连续了解边坡深度位移变化情况，在边坡内布设固定测斜仪来实现连续自动观测。而一般的手动测斜只能人到孔口测量，一天进行一次或两次观测，工作量很大，无法得到实时和连续的数据。

在锁儿头滑坡前缘布置一横一纵两条监测剖面，在监测剖面上共布置深部位移监测点5处。深部位移计共需5个监测孔，孔深均设计为30m，每孔内布置3个钻孔测斜仪，间距设为10m。

b. TDR 时域反射计

一个完整的 TDR 滑坡监测系统，一般由 TDR 同轴电缆、电缆测试仪、数据记录仪、远程通信设备以及数据分析软件等几部分组成。在使用 TDR 系统进行滑坡监测时，首先根据需要在滑坡的某个位置钻孔，并将 TDR 同轴电缆安放在钻孔中。然后，将 TDR 电缆与电缆测试仪相连。电缆测试仪作为信号源，发出步进的电压脉冲通过电缆进行传输，同时接收从电缆中反射回来的脉冲信号。数据记录仪连接到电缆测试仪之上，记录和存储从电缆中反射回来的脉冲供以后分析。

锁儿头滑坡滑体中后部相对较为稳定，为了较为精确地监测深部位移特征，在主滑剖面线上分别布置两处 TDR 监测点。由于 TDR 的传感器为同轴电缆，同轴电缆必须穿透滑面才能够在滑面发生相对滑动时准确地得到滑面滑动情况。两处 TDR 监测点滑体厚度较大，初步设计监测孔深为50m，可以与孔隙水压力监测点共用监测孔。

地下水位及孔隙水压力监测：由于空隙水压力可以直接判断出滑坡体中的水位情况或滑坡体的饱和情况，如埋设深度为20m，而测得的压力为0.3 MPa 也就意味着该区域存在承压水，不利排水，需要进行排水作业。

孔隙水压力监测的位置主要设置在滑坡体前缘位置，滑坡体后缘也设置一组，主要用来判断是否整个区域都渗水较差，一旦后缘部位的孔隙水压力增大，也就意味着整个滑坡体已经水分增大，有滑坡的危险，正常情况下滑体后缘部位的缘隙水压力不存在或较小。

在滑坡主滑剖面线附近共布设2处地下水位及孔隙水压力监测点，其中1处与 TDR 监测点共用监测孔，另外1处需单独监测孔，设计孔深为40 m。

雨量监测：在锁儿头滑坡附近区域共布置2台自动雨量计，采用虹吸式的雨量计，安装在附近何家湾村、锁儿头村村民房屋楼顶或院中，自动记录降雨量的数值。

泉水流量监测：锁儿头滑坡前缘及滑体中部出露6处泉水，拟在此6处分别布置一台自计量水堰计进行泉水流量监测。

（4）泄流坡滑坡

泄流坡滑坡位于舟曲县城下游5.5km处的白龙江左岸，总体积约$6072×10^4 m^3$。泄流坡滑坡总体上呈长舌状，主滑方向：上部330°，中上部303°，中部286°，下部270°，滑坡后壁高程2033～2300m，前缘剪出口位于白龙江边，高程1302～1310m，从后壁至前缘剪出口白龙江东岸，相对高差731～1000m。滑坡体总长2760m，上部宽度650m，中部最窄处宽约450m，下部宽约550m，平均宽度约550m，平均厚度40m，总体积$6072×10^4 m^3$。由于泄流坡滑坡一直处于缓慢滑动状态，历史上曾发生过多次大规模滑动，滑坡体表面的次一级小滑动很多，滑体表面形态复杂，起伏不平，变形剧烈。滑体表面形成的台坎较多，台坎高度大多在2～10m，主要分布在中上部，较大的滑坡台地有两个，一个位于泄流村南面，另一个位于滑坡上部。滑坡外围均为基岩山地，北部为青崖头、白家山，南部为官家山，东部为黑山，西部白龙江右岸也是陡立的基岩山地。

根据滑坡目前的变形特征，可将泄流坡滑坡分为上、下两段相对独立的滑坡和四个规模较大的次级滑坡。上段滑坡：上段滑坡可分为两个部分，北侧称为白家山滑坡，该滑坡主滑段长约1400m，平均宽约350m，后缘高程为2100～2300m，剪出口高程1780m，相对高差330～530m，主滑方向303°，平均坡度25°，1981年前未发生过大规模滑动。南侧为黑山滑坡，长约700m，平均宽度300m，后缘高程2140m，剪出口高程1900m，相对高差240m，是一个位移较小的转动式滑坡，滑坡后壁坡度40°～55°，滑坡中部发育一深约10m的反坡洼地，洼地有冲沟与白家山滑坡相连，滑坡前缘为高65～90m的陡坎，北侧陡坎与白家山滑坡相连，高出白家山滑坡45～70m，平均坡度35°。下段滑坡：下段滑坡长约2060m，上部宽度350m，下部宽度450～550m，平均宽度400～450m。后缘高程达到1900m，前缘白龙江边高程1302m左右，相对高差702m，白家山滑坡和黑山滑坡的土体都堆积在本段滑坡上面，加重了滑坡体的上段荷载，两侧可见堆积侧堤和磨光面，上段滑坡的前缘陡坎，可能是下段滑坡的后壁。

控制泄流坡滑坡的区域性断裂带即葱地—舟曲—化马复活性断裂具有多期活动性。喜山期以来，本区地壳运动及断裂活动又趋剧烈，并常有强地震发生。因此，泄流坡滑坡自形成以来滑动就非常频繁，这种与活动性断裂构造的联系决定了该滑坡具有长期不稳定性。该滑坡长期不稳定的第二个标志是，组成现在滑体和滑床的物质主要是巨厚的易滑软弱的炭质千枚岩、千枚岩、板岩和少量石灰岩等，而且岩体破碎强烈，风化作用及地下水影响十分显著。从滑坡区的地形、地势看，也具备再次发生大规模滑动的可能。上段滑坡，在长期演变中的滑失量相对较少，故现仍保持相对较高的地势。其前缘，即下段滑坡之后壁，为近百米高的陡坎，加之该滑体下部伏有大量的炭质千枚岩等软弱易滑层，所以，在适当的诱发条件下很可能大规模失稳。下段滑坡，其上部因长期不断有来自上段滑坡的土体而使地势增高，下部坡脚则因白龙江长期侵蚀形成近20m高的陡崖，加之坡体两侧纵向冲沟的改造，以及具有丰富的软弱易滑岩层，该滑坡也可能再次大规模失稳。根据滑坡前缘推出的产于后部的大量断层角砾岩块可推算，下段滑坡滑移总距离已超过千米。在滑坡前缘江边大量出露的由炭质千枚岩形成的滑坡挤压体及发育在千枚岩泥化物上的磨光镜面与擦痕，都说明下段滑坡有多次滑动，并大都发生于老滑动面上。这种挤压滑动面上的物质经多次滑动后，泥化程度提高，抗滑阻力降低，成为进一步滑动的有利贯通面。

定性分析说明，该滑坡的滑动趋势短期内难以逆转，滑坡处于不稳定状态。

据史料记载，历史上该滑坡曾发生过多次大规模的滑动，每次滑动都堵塞了白龙江，给当地居民的生命财产造成了重大损失。目前，泄流坡滑坡的活动有进一步加剧的趋势，滑坡前缘受白龙江江水的冲刷淘蚀，崩塌现象十分严重，滑坡体表面局部小规模的滑动时有发生。一旦滑坡发生整体大规模的滑动，堵江堤坝将高达20m，回水将淹没舟曲县城的大部地区及滑坡区与舟曲县城之间的村镇、土地、公路等，直接威胁3.14万居民的生命安全和7亿元财产安全。回水一旦漫堤决口，将会冲毁滑坡区下游沿岸的村庄、耕地、桥梁、公路，并直接威胁陇南市武都区的安全。

滑坡专业监测工作部署如下（图7-14）。

大地位移监测：本次大地位移监测均采用GPS自动化监测系统，拟选用华测X300M监测专用型双频高精度GPS接收机，各监测站和参考站原始GPS数据通过无线方式传输

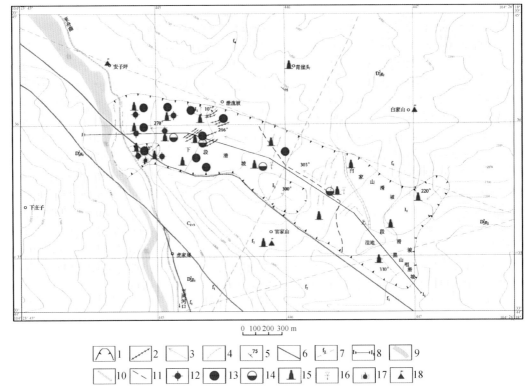

1.活动滑坡界线；2.裂缝；3.滑动方向；4.滑坡台坎；5.岩层产状；6.活动断裂及编号；7.推测断层及编号；8.剖面线及编号；9.河流；10.公路；11.上、下段滑坡分界线；12.深部位移监测；13.裂缝监测；14.孔隙水压力监测；15.GPS监测；16.TDR监测；17.泉水流量监测；18.降雨监测

图 7-14　泄流坡滑坡监测工作布置图

到控制中心。共布设 GPS 参考站 2 个，分别位于青崖头和官家山社附近，设置 GPS 监测站 17 个，共 19 个 GPS 点。

裂缝位移监测：泄流坡滑坡体上目前发育较为明显的裂缝共 9 处，多位于次一级滑坡体后缘及侧缘。对发育的这些裂缝采用双向平面裂缝监测，每条裂缝上布设 2 个监测点，共布设 18 个监测点，18 个监测点共用一个 24 通道数据采集终端、一套避雷系统和一套数据传输单元。

深部位移监测：泄流坡滑坡体深部位移监测采用两种技术进行设计：大量程深部位移和 TDR 内部位移两种位移进行监测。

a. 大量程深部位移监测

由于泄流坡滑坡目前前缘蠕滑较为强烈，因此在滑坡前缘布置三条监测剖面，每条剖面上设两处大量程深部位移计。

深部位移计共需 6 个监测孔，孔深均设计 30m，每钻孔内布设 1 套大量程深部位移计。

b. TDR 时域反射计

泄流坡滑体中后部相对较为稳定，为了较为精确地监测深部位移特征，在主滑剖面线上分别布置两处 TDR 监测点。

两处 TDR 监测点滑体厚度较大，初步设计监测孔深为 50m，可以与孔隙水压力监测点共用监测孔。

地下水位及孔隙水压力监测：在滑坡主滑剖面线附近共布设 4 处地下水位及孔隙水压力监测点，其中两处与 TDR 监测点共用监测孔，其余两处需单独监测孔，设计孔深为 40m。

雨量监测：在泄流坡滑坡附近区域共布置 3 台自动雨量计，采用虹吸式的雨量计，安装在附近安子坪、官家山、白家山村村民房屋楼顶或院中，自动记录降雨量的数值。

泉水流量监测：泄流坡前缘东南侧沟道内出露季节性泉水，拟在此处布置一台自计量水堰进行泉水流量监测。

（5）南峪沟泥石流

南峪沟流域位于舟曲县东南约 10km 处，南峪沟泥石流流域面积 48.7km²，流域平面形态似"扇形"，相对高差约 1982.8m，沟谷强烈切割，流域沟道平面形态呈脉状，最大切深约 500m，沟道弯曲，沟谷呈"V"字形，脉状分布，沟床平均纵比降 100‰ ~ 150‰，山坡坡度 35° ~ 50°，局部大于 70°，谷地一般宽 2 ~ 60m，平均 30m。"V"字形谷地分布于南峪沟、磨儿坪沟、安门下沟、黑松坪沟、黑山沟和安门下沟 1#、2# 支沟，沿沟床底部分布，面积 5.3km²，占沟域面积的 10.88%；谷地中部为现有泥石流沟道，沟道两侧一般以斜坡形式与谷地相接，局部地段以陡坎形式与谷地相接，两侧陡坎植被生长极少，沟道两侧斜坡上灌木、草甸较发育，植被总体覆盖度达 65% 以上。流域内支沟较发育，共有坡面及小型泥石流 17 处。南峪沟沟口处为白龙江河谷地带，宽 150 ~ 200m，上游地段一带，发育有二级阶地，阶面宽 50 ~ 100m，一级阶地高出河面约 2m，二级阶地高出河面 5 ~ 8m，属上迭阶地。受泥石流冲积物的影响，沟口处白龙江河面宽度仅 30 ~ 40m，江内流水湍急。

南峪沟泥石流固体物源的类型有：崩滑堆积物、泥石流堆积物、坡残积物等；固体物源分布相对较集中，主要分布在南峪沟主沟、磨儿坪沟、安门下沟及安门下 1#、2# 支沟的沟道底部和两侧地段。南峪沟泥石流松散固体物源总量为 2811.91×10⁴m³，可参与泥石流活动的总物源量为 1774.68×10⁴m³，其中残坡积堆积物为参与泥石流活动的主要物源，可参与泥石流活动的总量约 1313.79×10⁴m³，占沟内参与泥石流活动物源总量的 74.03%；南峪沟流域内崩滑堆积物总量约 33.99×10⁴m³，占沟内参与泥石流活动物源总量的 1.91%；南峪沟流域沟道内参与泥石流活动的泥石流堆积物总量约 426.91×10⁴m³，占沟内参与泥石流活动物源总量的 24.06%。

南峪沟泥石流为典型暴雨侵蚀型高频黏性沟谷泥石流。历史上层多次暴发泥石流灾害，2010 年 8 月 11 日，南峪沟暴发了一次规模较大的泥石流，将沟口处沟道两侧的原排导护堤淤满，沟道右岸约 500m 长的排导护堤被泥石流"撕开"，泥石流物源冲进部分村民院子，7 辆车被冲毁，部分农田被掩埋，明德小学校园内的泥石流淤积厚度超过了 0.5m，1 座桥涵被冲毁，泥石流冲出物堵塞挤压白龙江河道 60% 左右，此次泥石流造成了约 200 万元的直接经济损失，因防灾预警及时此次泥石流灾害未造成人员伤亡。若南峪沟再次暴发较大泥石流，必将危及南峪村、旧寨村、磨儿坪村和安门下村 151 户居民的生命财产安全以及沟口附近的明德小学、卫生院和林场保护站的安全，主要包括 1274 人、710 间房屋、校舍，财产 3180 万元，耕地 490 亩。

南峪沟泥石流治理的总体思路是采用"拦+停+护+排"的综合治理工程措施，即采用防护工程措施（排导堤+消力槛）消除泥石流对磨儿坪村、安门下村、旧寨村三个村的直接危害。安门下沟 1#、2# 支沟采用拦挡工程；安门下—旧寨段采用低坝拦挡和停淤工程；

磨儿坪—旧寨段采用拦挡工程和护坡、护岸工程；旧寨—南峪沟沟口采用拦挡和排导工程。南峪沟泥石流防治工程主要布设 14 座拦挡坝、3 处停淤场、4 处排导护堤、4 段防护工程、2 处清淤工程、8 户搬迁及施工监测工程等。

雨量监测：根据雨量站布置原则和沟道实际情况，共布置 5 台自动雨量监测站。其中，流域中上游即泥石流形成区布设 4 台，流域下游布设 1 台。

泥石流断面监测：流域内共布设 5 处监测断面，分别采用超声泥位仪和泥位标尺的断面监测方法监测泥位，并采用雷达测速仪进行流速监测。

泥石流次声监测：在安门下沟和磨儿坪沟流通区上段以及两沟交汇处安装次声报警仪探头，在两侧沟坡上安装次声报警仪发射器和发射天线。

泥石流视频监测：在所布设的固定冲淤测量断面处，采用视频实时监测的手段直观地获取泥石流发生的形态特征，共布置 4 处视频监测。

防治工程监测：选择南峪沟泥石流防治工程内的 6 处拦挡坝进行防治效果监测，其中安门下沟 4 处，磨儿坪沟 1 处，主沟沟口 1 处。这 6 座坝均为钢筋混凝土重力坝，针对工程特性在坝身内预埋混凝土应力计及钢筋应力计进行混凝土及钢筋的应力、应变监测。每座拦挡坝布设混凝土应力计与钢筋应力计各 6 只。

（6）寨子沟泥石流

寨子沟泥石流沟位于舟曲县城西北侧，沟口正对舟曲县城，流域内共发育较大支沟 3 条（半山沟、尖山沟、花崖沟）、冲沟 89 条，其中长度大于 500m 的冲沟 42 条，小于 500m 的冲沟 47 条，冲沟平面总长 59910m，平均沟壑密度 3.39km/km²，沟壑面积占总面积的 34.01%。寨子沟流域面积 17.717km²，形态似不规则树叶形，由 3 条支沟和 38 条冲沟构成树枝状组合形态，走向近南北向。主沟道长 8.9km，最大相对高差 2814m，平均坡降 32%。上游区段长 4.2km，汇水面积 9.1km²，地形切割强烈，平均切割深度 550～750m，坡降 45.8%，沟道狭窄，沟床宽度在 3～7m，横剖面呈"V"形，沟床基岩裸露，沟壁较陡，在 45°～75°，壁长 50～80m；山腰下部坡度 35°～55°，坡长 300～500m，山腰上部坡度 25°～30°，坡长 100～200m，梁顶坡度一般在 15°～20°，坡长 50～100m。中游区段长约 2.45km，坡降 24%，沟道宽 30～50m，横剖面呈"U"形，沟壁 45°～65°，坡长 150～300m，局部区段因水流冲蚀，沟壁呈直立状。下游区段长约 2.2km，坡降 10%，沟道宽 50～65m，横剖面呈"U"形，沟床东侧基岩出露，西侧为锁儿头滑坡，第四系冲洪积物、滑坡堆积物厚度 20～30m，谷坡呈折线状，下部陡而上部缓，两侧谷坡植被覆盖率小于 10%。

经实地勘查，寨子沟流域内的松散固体物质来源主要有滑坡、崩塌、崩滑、坡面侵蚀及沟床冲刷等，其中以滑坡、崩塌占主导地位。流域内现有大小滑坡体 29 处，总面积 3.1km²，占流域面积的 0.17%，总体积约 853.22 万 m³。共有大小崩塌 52 处，总体积约为 108.69 万 m³。通过对该区泥石流的勘查研究，寨子沟沟内各种松散堆积物总量为 1656.23 万 m³，单位面积储量为 92.3 万 m³/km²，远远超过了形成泥石流所需的松散物质储量。

历史上寨子沟多次暴发泥石流，1966 年暴发的泥石流，造成主沟道内部分耕地和沟口村庄 30 余间房屋被毁，3 辆拉运木料的解放牌卡车被冲翻，5 人死亡。随着舟曲县社会经济的发展，城区规模不断扩大，受寨子沟泥石流威胁范围也随之加大。据测算，按 50 年一遇泥石流规模，舟曲城区受寨子沟泥石流威胁包括城区以及坝里、半山2个自然村，人口将增至18000余人，以及威胁省道313线、锁儿头电站，潜在经济损失达10亿元以上。

拦挡工程：设置了18座拦挡坝，3座谷坊。自上游至下游分别在主沟左岸支沟花崖沟布设拦挡坝7座；在主沟右岸支沟尖山沟布置拦挡坝4座，谷坊3处；主沟内自坝里村至沟口布置拦挡坝7座。

排导工程：在半山村、沟口城区段分别设置排导槽2处。其中，半山村排导槽由花崖沟沟口段和半山沟沟口段汇流组成，花崖沟沟口段长213m，半山沟沟口段长603.5 m；城区排导沟长521 m。排导体由沟槽两侧侧墙组成，其中城区排导沟沿全长护底，半山村排导槽护底。

雨量监测：根据雨量站布置原则和沟道实际情况，共布置3台自动雨量监测站。其中，泥石流形成区布设2台，流域中游西半山村布设1台。

泥石流断面监测：流域内共布设2处监测断面，分别位于花崖子沟与寨子沟交汇地带以及下游沟口地带，采用超声泥位仪和泥位标尺的断面监测方法监测泥位，并采用雷达测速仪进行流速监测。

泥石流次声监测：在西半山村上游地段和坝里村下游地段安装次声报警仪探头，在两侧沟坡上安装次声报警仪发射器和发射天线。

泥石流视频监测：在下游沟口所布设的固定冲淤测量断面处，采用视频实时监测的手段直观地获取泥石流发生的形态特征。

防治工程监测：选择寨子沟泥石流防治工程内的2处拦挡坝进行防治效果监测，这两座坝均为钢筋混凝土重力坝，针对工程特性在坝身内预埋混凝土应力计及钢筋应力计进行混凝土及钢筋的应力、应变监测。每座拦挡坝布设混凝土应力计与钢筋应力计各6只。

（7）硝水沟泥石流

硝水沟位于舟曲县城北侧，白龙江左岸，流域面积0.372km^2，泥石流区域为中山地貌，形成区总体上由两条支沟组成，呈"Y"字形，东支沟为主沟，流域面积0.194km^2，沟道长度1320m，沟道纵降295‰；西支沟流域面积0.178km^2，沟道长度904m，沟道纵降300‰。沟谷深切，呈"V"字形，沟谷相对高差在100 m左右，植被覆盖率小于10%，沟坡坡度一般在30°~45°，有利于面蚀的发生，主沟平均纵坡比大于213‰。

据勘察，沟内松散堆积物固体来源主要有滑坡、崩塌、坡面侵蚀及沟床冲刷等，其中以滑坡占主导地位。沟内发育滑坡7处，均为小型滑坡，滑坡总体积为33.84×10^{4}m^3，共发育崩塌9处，总体积为1.45×10^{4}m^3。经实际测量计算流域内可转化为泥石流的固体松散物质储量约为35.48×10^{4}m^3，其中滑坡的松散物质储量约为24.39×10^{4}m^3，占总量的68.74%；崩塌的松散物质储量约为1.45×10^{4}m^3，占总量的4.09%；沟道堆积物质约为0.04×10^{4}m^3，占总量的0.11%；坡面松散物质约为9.6×10^{4}m^3，占总量的27.06%。

据调查，近几十年以来硝水沟规模最大的泥石流发生在1983年8月，由于当时县城规模较小，居民点占用和挤压沟道现象较少，因此未造成人员伤亡。近10多年来由于降雨稀少，该泥石流沟未发生较大规模的泥石流灾害。

2008年"5·12"地震对硝水沟的地质环境造成了破坏，使沟内滑坡、崩塌作用加剧，松散固体物质增多。目前，硝水沟泥石流威胁对象为沟口的城关乡城背后村、舟曲县县城部分民宅及县城基础设施。受威胁人数 1650 多人，财产约 14040 万元，其危险性大。

防治工程概况：由于硝水沟泥石流出沟段约 300 m 沟道已被硬化为道路，两侧均为居民建筑、广场及政府统办楼等大量建筑就建在沟口处。泥石流出沟后又没有排泄通道，如修筑排导措施拆迁量巨大。因此，对硝水沟泥石流的治理，采用以拦为主的治理方案，在东侧支沟沟口修建拦挡坝 1 座，在两沟交汇处下游分别修建拦挡坝 2 座和滤水坝 1 座，在两条支沟沟道内修建谷坊坝 9 座。

雨量监测：由于流域面积较小，在该流域内不单独设雨量计，通过周边雨量监测数据进行插值获取流域内的降雨资料。

泥石流断面监测：流域内共布设 1 处监测断面，位于下游沟口地带，采用超声泥位仪和泥位标尺的断面监测方法监测泥位，并采用雷达测速仪进行流速监测。

泥石流次声监测：在泥石流流通区上游地段安装次声报警仪探头，在两侧沟坡上安装次声报警仪发射器和发射天线。

泥石流视频监测：在下游沟口所布设的固定冲淤测量断面处，采用视频实时监测的手段直观地获取泥石流发生的形态特征。

防治工程监测：选择硝水沟泥石流防治工程内的 3 处拦挡坝进行防治效果监测，针对工程特性在坝身内预埋混凝土应力计及钢筋应力计进行混凝土及钢筋的应力、应变监测。每座拦挡坝布设混凝土应力计与钢筋应力计各 6 只。

（8）龙庙沟泥石流

龙庙沟为白龙江左岸支沟三眼峪沟的一级支沟（在三眼峪沟近入河口处汇入），流域呈南北向展布，由 3 条独立冲沟组成，由北至南分别为龙庙沟、南沟、小沟，总面积 1.02km²。龙庙沟面积 0.89km²，呈长条状，主沟长 1.7km，沟道狭窄，平均比降 40.7%，沟道窄呈"V"形，大部地段沟坡陡峻，高差大。中段有一高陡岩质跌水坎，以此划分上、下游，其上游植被茂密，局部有裸露的松散风积黄土层，并发育有少量岩质崩塌，沟底相对下游较平坦，沟床宽一般 4~10m。部分地段开垦为耕地。下游滑坡壅堵沟道严重，沟道局促，宽一般 2~3m，个别地段不足 1.5m，两岸冲蚀强烈，发育有多处小型跌水坎。龙庙沟两侧支沟发育，沿主沟呈树枝状分布，切深 1~3m。

南沟面积 0.12km²，呈长条状，主沟长 0.6km，平均比降 56.6%，沟道狭窄，上游两侧和下游东侧沟坡均为龙庙滑坡体，目前沟深 1~6m，沟宽 1.5~3m，局部发育有小型跌水坎，两岸特别是新生滑坡体一侧冲蚀强烈。支沟均发育于东侧。

小沟面积 0.01km²，呈窄长条状，主沟长 0.4km，平均比降 75.2%，原沟头段作为龙庙滑坡一部分参与滑动，并将该处与南沟的分水岭推移，从而地形改变之后，已被南沟截袭。小沟上游沟道已被龙庙滑坡体完全充填。沟口冲出洪积物与老龙庙沟泥石流物质混杂堆积。

龙庙沟、南沟内松散固体物质储量十分丰富，分布广泛，主要类型有：滑坡、崩塌、坡面补给和沟道堆积四类。其中以滑坡补给为主，两沟泥石流均为典型的滑坡补给型泥石流。滑坡总面积 0.13km²，占两沟流域总面积的 12.9%，滑坡总体积达 99.4×10⁴m³。经实际测量、计算，龙庙沟、南沟内可转化为泥石流的固体松散物质储量分别为 90×10⁴m³、15×10⁴m³，平均单位面积补给量为 101×10⁴m³/km²、125×10⁴m³/km²。

历史上龙庙沟多次发生泥石流，主要通过漫流淤埋的方式对沟口耕地、果园、农灌渠道造成毁坏。2004年7月，流域下游东岸新生一处体积近百万方的中型滑坡（以下称龙庙滑坡），松散堆积体再挤压各沟沟道，迫使主沟向北改道、强烈改变沟谷地形的同时，已成为该流域各沟泥石流最为重要的补给源，急剧加大了龙庙沟泥石流发生的频率和规模。2008年，汶川地震又在流域内引发了数十处小型崩塌、滑坡，直接堆积在沟坡下部和沟道内，加之地震松动产生而暂时未失稳的危岩土体，此次地震又促成了大量可补给泥石流的松散物质的产生，龙庙沟泥石流灾害隐患日趋严重，造成的灾害损失有进一步增大的趋势，排导沟两侧216人的生命和约3500万元的资产处于危险之中，严重干扰到城关镇各项事业的进行、经济的发展和影响区内居民的正常生活。

龙庙滑坡治理工程包括削坡减重工程、截排水工程、前缘支挡工程、侧缘防冲工程和生物工程五个方面；拦挡工程包括龙庙沟2座4m高拦挡坝，南沟1座9m高拦挡坝、小沟1座5m高的拦挡坝及2道防冲肋槛；排导工程位于沟口至三眼峪沟间，包括上、下段新建总长555m的排导沟，尾部另以34.8m长的箱涵与三眼峪排导沟相接。对中段640m长排导沟则实施清淤。

监测工作布置如下。

雨量监测：由于流域面积较小，在该流域内不单独设雨量计，通过布设在流域东北侧翠峰山上的雨量计可控制性获取降雨量数据。

泥石流断面监测：流域内共布设1处监测断面，位于沟口南沟与主沟交汇地带，采用超声泥位仪和泥位标尺的断面监测方法监测泥位，并采用雷达测速仪进行流速监测。

泥石流次声监测：在泥石流流通区上游地段安装次声报警仪探头，在两侧沟坡上安装次声报警仪发射器和发射天线。

泥石流视频监测：在流域内所布设的固定冲淤测量断面处，采用视频实时监测的手段直观地获取泥石流发生的形态特征。

（9）南桥滑坡灾害治理工程

南桥滑坡（图7-15）位于舟曲县城南部的白龙江右岸，属老滑坡，滑坡表面呈圈椅状地形，由中间冲沟将滑坡分为Ⅰ号和Ⅱ号两个滑坡，滑坡稳定性较差，曾多次出现表层变形滑动。Ⅰ号滑坡一般为12.2~15.3m，中部较厚，局部厚度达25m，平均厚度15.3m，后缘厚度较小，一般为12.2m，前缘平均厚度为14.8m。Ⅱ号滑坡一般厚度较大，一般为23.4~29.2m，中部较厚，平均厚度25.5m，后缘厚度较小，一般为5~15m，前缘平均厚度为25.6m。

舟曲"8·8"山洪泥石流灾害发生后，通过排查发现，南桥滑坡局部变形明显，稳定性差，在降雨、地震等外部因素诱发下发生变形滑动的可能性大，将严重威胁到滑坡体上下居民的生命财产和安全，同时也威胁到县城的安全。

防治工程概况：设计确定的主要治理措施分别有地表截排水、抗滑桩、挡土墙+锚杆框架、锚杆框架、落水洞和裂缝回填等。

监测工作布置：本次主要针对"8·8"泥石流灾后实施的治理工程进行监测，工作部署如下。

Ⅰ号滑坡布置的抗滑桩在主滑剖面附近选择3根桩进行监测，Ⅱ号滑坡均匀选择6根桩进行监测，抗滑桩内埋设混凝土应力计及钢筋应力计，埋设位置选择桩身弯矩计值最大

图 7-15　南桥滑坡全貌

处，每根桩内布置混凝土应力计与钢筋应力计各 3 支。

　　Ⅱ号滑坡前缘、Ⅰ号滑坡东北侧及 X9 斜坡布设的锚杆框架采用锚杆应力计（钢筋应力计）进行应力、应变分析。锚杆应力计采取梅花形均匀布设，每根锚杆上布置一个钢筋应力计，共布置 30 处。

　　Ⅰ号滑坡中部布设的锚索抗滑桩采用锚索应力计、混凝土应力计、钢筋应力计对工程进行防治效果监测。选取 5 根桩进行检测，共布置锚索应力计 5 台，抗滑桩内埋设混凝土应力计及钢筋应力计，埋设位置选择桩身弯矩计值最大处，每根桩内布置混凝土应力计与钢筋应力计各 3 支。另外，抗滑桩迎滑坡面放置土压力盒以监测桩身受力情况，共布置土压力盒 5 个。

　　Ⅰ号滑坡、Ⅱ号滑坡主剖面线上分别布置 GPS 监测点 3 处进行大地位移监测。

　　Ⅰ号滑坡、Ⅱ号滑坡分别布置 1 处和 2 处深部位移监测点采用钻孔测斜仪进行深部监测。

　　（10）龙江新村滑坡

　　龙江新村滑坡（图 7-16）位于舟曲县江盘乡龙江新村，舟曲县城城江大桥东南侧，处于坪定—化马大断裂带的南侧，白龙江右岸南山滑坡群区域。该滑坡平面形态呈一向北东方向敞开的不规则扇形，长约 470m，前缘宽约 590m，后缘宽约 120m，平均宽约 360m。前后缘相对高差 210m，老滑坡面积约 $17.8 \times 10^4 m^2$。滑坡堆积体面积约 $6 \times 10^4 m^2$，主滑段平均厚度 35m，体积约 $157.5 \times 10^4 m^3$。滑体主要由含碎石粉土组成，属大型土质老滑坡。2010 年 8 月，通过排查发现龙江新村滑坡体上局部的挡土墙已明显开裂变形，滑坡的稳定性较差，在降雨、地震等外部因素的引发下可能发生滑动，将严重威胁其上居民的生命财产安全，也威胁到县城的安全。因此，对龙江新村滑坡隐患进行工程治理，保护舟曲县城和滑坡区的人民生命财产安全是十分必要和迫切的。

　　龙江新村滑坡主要布设了以下防治工程（图 7-17）：

图 7-16　龙江新村滑坡全貌

图 7-17　龙江新村滑坡防治工程布置图

1）西侧上部不稳定斜坡采取削方减载、排水、骨架护坡和 SNS 被动防护网工程措施；

2）龙江新村滑坡前缘不稳定斜坡采取锚索框架和挡土墙工程措施；

3）H1 滑坡采取抗滑桩（6 个）、微型桩和回填工程措施；

4）杨学义家不稳定斜坡采取锚索框架和削方减载工程措施；

5）东侧老滑坡采用抗滑桩（18 个）和地表排水工程措施；

6）西侧下部不稳定斜坡采取锚索框架和挡土墙工程措施。

监测工作布置如下：

龙江新村滑坡前缘不稳定斜坡布设锚索应力计对锚索框架防护工程进行防治效果监测，共布置锚索应力计 10 台，采取梅花形均匀布设。挡土墙工程在墙后放置土压力盒以监测墙身受力情况，共布置土压力盒 5 个。

东侧老滑坡布设的抗滑桩工程均匀选取 10 根抗滑桩进行监测，其中上部选取 5 根，下部选取 5 根，埋设混凝土应力计及钢筋应力计，具体埋设位置选择桩身弯矩计值最大处，每根桩内布置混凝土应力计与钢筋应力计各 3 支。

H1 滑坡抗滑桩工程选取 3、4 号两根桩埋设混凝土应力计及钢筋应力计，具体埋设位置选择桩身弯矩计值最大处，每根桩内布置混凝土应力计与钢筋应力计各 3 支。H1 滑坡体中段实施的微型桩中布设一处 TDR 时域光纤计，选择在 H1 主滑剖面之上。

对杨学义家不稳定斜坡实施的削方、减载和锚杆框架工程采用锚杆应力计（钢筋应力计）进行应力、应变分析。锚杆应力计采取梅花形均匀布设，每根锚杆上布置一个钢筋应力计，共布置 15 处。

H1 滑坡、东侧老滑坡主剖面线上分别布置 GPS 监测点 3 处进行大地位移监测。

H1 滑坡、东侧老滑坡各布置深部位移监测点一处采用钻孔测斜仪进行监测。

2. 群测群防监测点建设工作部署

舟曲县监测预警区内所有地质灾害隐患点均作为群测群防点开展工作，监测内容主要为大地形变监测、地表裂缝位移（位错）监测、地下水观测、诱发因素监测、相关人类活动监测、宏观地质巡查监测以及泥石流泥位、流速监测等。对于 11 处未实施防治工程的灾害隐患点监测方法主要是在群测群防监测网络简易监测的基础上通过布置一批简易监测仪器从而丰富群测群防监测网络的监测手段，提高群测群防的监测水平。

其他监测点分布位置及主要实物工作量见表 7-5。

四、省州县三级地质灾害预警平台能力建设工作

省州县三级地质灾害预警平台能力建设主要包括办公电脑购置及视频会议指挥平台建设两个方面。设备购置计划见表 7-6。

表 7-5　舟曲县地质灾害监测点工作量一览表

类型	序号	灾点编号	名称	经度	纬度	灾害规模	稳定性与易发性		险情等级	主要工作量
							现状	未来		
专业监测点	1	ZQ2	龙庙沟泥石流	104°22'20"	33°47'56"	中型	中易发	中易发	中型	工程地质测绘、监测断面1处、泥位监测仪1台、流速监测仪1台、视频监测仪1套
	2	ZQ3	三眼峪沟泥石流	104°22'25"	33°47'38"	大型	中易发	中易发	特大型	工程地质测绘、监测断面3处、泥位监测仪3台、流速监测仪3台、视频监测仪3套、混凝土应力计30个、土压力盒15个
	3	ZQ4	硝水沟泥石流	104°21'56"	33°47'14"	中型	高易发	高易发	特大型	工程地质测绘、监测断面1处、泥位监测仪1台、流速监测仪1套、视频监测仪1套、混凝土应力计15个、土压力盒9个
	4	ZQ10	寨子沟泥石流	104°21'23"	33°47'09"	大型	高易发	高易发	大型	工程地质测绘、监测断面2处、泥位监测仪2台、流速监测仪2台、视频监测仪1套、混凝土应力计10个、锚杆应力计6个
	5	ZQ14	罗家峪沟泥石流	104°22'44"	33°47'18"	中型	中易发	中易发	特大型	工程地质测绘、监测断面2处、泥位监测仪2台、流速监测仪2台、视频监测仪2套、混凝土应力计15个、锚杆应力计9个
	6	ZQ44	南峪沟泥石流	104°24'48"	33°43'26"	大型	中易发	中易发	特大型	工程地质测绘、监测断面6处、泥位监测仪6台、流速监测仪3台、视频监测仪4套、混凝土应力计25个、土压力盒15个
	7	ZQ48	石门沟泥石流	104°17'55"	33°46'34"	中型	中易发	中易发	中型	工程地质测绘、监测断面1处、泥位监测仪1台、次声监测仪1台、流速监测仪1台
	8	ZQ49	庙儿沟泥石流	104°18'52"	33°46'24"	大型	中易发	中易发	大型	工程地质测绘、监测断面2处、泥位监测仪2台、次声监测仪2台、流速监测仪2台
	9	ZQ53	磨沟泥石流	104°17'24"	33°47'22"	大型	中易发	中易发	中型	工程地质测绘、监测断面1处、泥位监测仪1台、次声监测仪1台、流速监测仪1台

续表

类型	序号	灾点编号	名称	经度	纬度	灾害规模	稳定性与易发性		险情等级	主要工作量
							现状	未来		
专业监测点	10	ZQ54	武都关沟泥石流	104°17′04″	33°47′57″	大型	高易发	高易发	大型	工程地质测绘、监测断面2处、泥位监测仪2台、流速监测仪2台、次声监测仪2台、视频监测仪1套、混凝土应力计10个、锚杆应力计10个、土压力盒6个
	11	ZQ56	台子沟泥石流	104°15′04″	33°47′31″	中型	中易发	中易发	大型	工程地质测绘、监测断面1处、泥位监测仪1台、流速监测仪1台、次声监测仪1套、视频监测仪1套、混凝土应力计5个、锚杆应力计5个、土压力盒3个
	12	ZQ1	南桥滑坡	104°22′02″	33°46′53″	大型	不稳定	不稳定	大型	工程地质测绘、地质灾害勘查、GPS监测6处、测斜仪9台、土压力盒30个、混凝土应力计20个、钢筋应力计20个、锚索应力计15个
	13	ZQ5	龙江新村滑坡	104°22′08″	33°46′43″	大型	不稳定	不稳定	中型	工程地质测绘、地质灾害勘查、GPS监测6处、测斜仪15台、TDR监测1套、土压力盒30个、混凝土应力计15个、钢筋应力计15个、锚索应力计15个
	14	ZQ9	锁儿头滑坡	104°19′41″	33°48′15″	巨型	不稳定	不稳定	特大型	工程地质测绘、地质灾害勘查、GPS监测30台、测斜仪18台、TDR监测6个、位移计30个、泉水流量监测2个
	15	ZQ43	泄流坡滑坡	104°25′23″	33°44′33″	巨型	不稳定	不稳定	大型	工程地质测绘、地质灾害勘查、GPS监测17处、裂缝位移计18台、测斜仪30台、TDR监测2套、孔隙水压力计4个、泉水流量监测1个
	16	ZQ50	沙川东沟泥石流	104°19′20″	33°46′37″	中型	中易发	中易发	小型	工程地质测绘、监测断面1处、泥位监测仪1台、流速监测仪1台、次声监测仪1套、混凝土应力计10个、锚杆应力计6个
	17	ZQ55	水泉沟泥石流	104°15′27″	33°47′30″	小型	中易发	中易发	中型	工程地质测绘、监测断面1处、泥位监测仪1台、流速监测仪1台、土压力盒6个

续表

类型	序号	灾点编号	名称	经度	纬度	灾害规模	稳定性与易发性		险情等级	主要工作量
							现状	未来		
	18	ZQ58	瓜咱沟泥石流	104°14'48"	33°48'07"	巨型	中易发	中易发	中型	工程地质测绘、监测断面2处、泥位监测仪2台、流速监测仪2台、次声监测仪2台、视频监测仪1套
	19	ZQ180	阴山沟泥石流泥石流	104°14'43"	33°47'38"	小型	中易发	中易发	大型	工程地质测绘、监测断面1处、泥位监测仪1台、流速监测仪1台、视频监测仪1套、锚杆应力计5个、土压力盒3个
	20	ZQ181	坝子沟泥石流2#泥石流	140°14'22"	33°37'51"	小型	中易发	中易发	大型	工程地质测绘、监测断面1处、泥位监测仪1台、流速监测仪1台
	21	ZQ182	瓜咱沟1#滑坡	104°14'22"	33°48'05"	小型	不稳定	不稳定	大型	工程地质测绘、地质灾害勘查、GPS监测1处、裂缝位移计3处、测斜仪3台
专业监测点	22	ZQ183	瓜咱沟2#滑坡	104°14'20"	33°47'32"	小型	不稳定	不稳定	大型	工程地质测绘、地质灾害勘查、GPS监测3处、裂缝位移计9处、测斜仪3台
	23	ZQ184	瓜咱沟3#滑坡	140°14'51"	33°47'23"	小型	不稳定	不稳定	大型	工程地质测绘、地质灾害勘查、GPS监测1处、裂缝位移计3处、测斜仪3台
	24	ZQ185	水泉村东南不稳定斜坡	104°15'44"	33°47'35"	—	不稳定	不稳定	大型	工程地质测绘、地质灾害勘查、GPS监测3处、测斜仪5台、土压力盒15个、混凝土应力计15个、锚索应力计10个
	25	ZQ187	水泉村西南滑坡	104°15'21"	33°47'25"	小型	不稳定	不稳定	大型	工程地质测绘、地质灾害勘查、GPS监测3处、裂缝位移计3处、测斜仪3台
	26	ZQ188	水泉村东泥石流	104°15'47"	33°47'35"	小型	中易发	中易发	大型	工程地质测绘、监测断面1处、泥位监测仪1台、流速监测仪1台

续表

类型	序号	灾点编号	名称	经度	纬度	灾害规模	稳定性与易发性		险情等级	主要工作量
							现状	未来		
群测群防点	1	ZQ37	河南大沟泥石流	104°22′25″	33°46′25″	中型	中易发	中易发	中型	工程地质测绘、监测断面 1 处、泥位监测仪 1 台
	2	ZQ57	阴山沟泥石流	104°14′50″	33°48′35″	小型	中易发	中易发	中型	工程地质测绘、监测断面 1 处、泥位监测仪 1 台
	3	ZQ13	南山滑坡	104°21′42″	33°46′29″	小型	不稳定	不稳定	大型	工程地质测绘、裂缝报警器 30 个、裂缝位移计 3 台
	4	ZQ15	瓦厂滑坡	104°23′16″	33°46′53″	大型	基本稳定	不稳定	中型	工程地质测绘、裂缝报警器 30 个、裂缝位移计 3 台
	5	ZQ36	河南滑坡	104°22′04″	33°46′33″	大型	基本稳定	不稳定	大型	工程地质测绘、裂缝报警器 30 个、裂缝位移计 3 台
	6	ZQ38	云台滑坡	104°22′39″	33°45′46″	中型	基本稳定	不稳定	中型	工程地质测绘、裂缝报警器 30 个、裂缝位移计 3 台
	7	ZQ42	虎头崖滑坡	104°24′43″	33°44′19″	大型	基本稳定	不稳定	大型	工程地质测绘、裂缝报警器 30 个、裂缝位移计 3 台
	8	ZQ11	真亚头不稳定斜坡	104°20′47″	47°33′47″	大型	不稳定	不稳定	大型	工程地质测绘、裂缝报警器 30 个、裂缝位移计 3 台
	9	ZQ16	双沟泥石流	104°23′24″	33°46′01″	小型	中易发	中易发	小型	工程地质测绘、监测断面 1 处、泥位监测仪 1 台
	10	ZQ45	早圆村西沟泥石流	104°24′31″	33°43′36″	小型	中易发	中易发	中型	工程地质测绘、监测断面 1 处、泥位监测仪 1 台
	11	ZQ46	涧子沟泥石流	104°22′58″	33°46′28″	小型	高易发	高易发	小型	工程地质测绘、监测断面 1 处、泥位监测仪 1 台

表 7-6 省州县三级地质灾害应急中心应急能力建设设备购置一览表

序号	能力建设	单位	省应急中心	甘南藏族自治州	舟曲县
1	电脑	台	10	10	10
2	视频会议指挥平台				
	（1）华为 ViewPoint 8650 MCU	台	1	1	—
	（2）华为 ViewPoint 9035A 视讯终端	套	1	1	1
	（3）华为 VideoCon VRS 录播服务器	台	1	1	1
	（4）华为 AR46-40 路由器	台	1	1	1
	（5）华为 S5600-26c 以太网交换机	台	1	1	1
	（6）IBM X3850 服务器	台	1	1	1
	（7）46 寸超窄边 LCD 液晶拼接屏（3×2）	套	1	1	投影仪 1 台
	（8）UPS 电源	套	1	1	1
	（9）无线 LED 显示屏	台	1	1	1

五、系统平台建设

根据地质灾害监测数据和滑坡地质结构，开展松散岩土体对不同降雨强度和降雨过程的入渗机理研究，探索基于分布式水文模型的降雨—渗流—滑坡位移相耦合的预测预警模型。在灾害机理和模型研究的基础上，基于 GIS 软件进行二次开发，建立高效实用的集数据管理、分析统计、预警产品自动生成和信息发布于一体的滑坡泥石流灾害预警分析系统。实现地质灾害预警分析、预警产品（矢量图件和栅格图片）的自动生成、预警信息网络、短信、电视等多种媒体发布、防灾减灾行政管理与技术交流、地质灾害灾情信息的及时传输与反馈、地质灾害防灾减灾科普知识宣传等功能。

舟曲县地质灾害监测预警分析系统软件部分，委托高校或专业软件公司完成。主要任务是基于 GIS 软件进行二次开发，研制集数据管理、分析统计、预警产品自动生成和信息发布于一体的预警分析系统。

六、泥石流特征值实测

泥石流特征值主要包括重度、流量、流速、冲击力等，其中泥石流的流速通过雷达测速仪获得，流量则通过监测断面处泥位与流速数间接获取，重度通过土压力盒与孔隙水压力盒以及泥位数据计算求得，冲击力数据则需要在沟道内布置冲击力传感器进行实测。以下简单对冲击力特征值实测工作进行介绍。

我国在泥石流冲击力的野外测量方面的研究开展得比较早，持续时间比较长，获得的数据也比较丰富。主要是由中国科学院东川泥石流观测研究站利用云南蒋家沟这条高频泥石流沟的天然优势，采取长期观测、不断尝试和改进的方式完成的。1975 年在蒋家沟采用电感式冲击力仪实测了泥石流的冲击力，1975 年共测 69 次。1985 年，章书成、陈精日和叶明富改进了测量仪器，又测得了 59 个泥石流冲击力过程线，但是这些结果都没有给出不同流深位置时的数据。

本次拟在舟曲县选择典型泥石流流域——阴山沟进行泥石流冲击力实测工作，整个实验系统包括冲击力采集装置、安装仪器的固定基台以及辅助装置三个部分。

（1）泥石流冲击力采集装置

a. 冲击力传感器

传感器是测量的核心设备，要求传感器既要能够准确测量冲击力的变化过程，又要能够抵抗泥石流强大的冲击力，不被泥石流破坏，既要有较高的抗过载能力，又要保证正常情况下传感器的灵敏度。

根据蒋家沟实测的泥石流的冲击力数据，测量值多在 1MPa 左右，最大值超过 5MPa（仪器量程为 5MPa）。本次泥石流冲击力选择基康 4810 型接触式压力传感器作为监测仪器，量程也为 5MPa，若监测到的数据大于 5MPa，后期实验将尝试对基康 4810 系列压力传感器进行改装，即在传感器表面焊接一定厚度的钢板以传递压力并减小压强。压力传感器指标见表 7-7。

表 7-7　4810 型接触式压力计主要技术指标

测量范围	350kPa，700kPa，1.5MPa，2MPa，3.5MPa，5MPa
分辨率	0.025% FSR
过量程	200% FSR
温度范围	−30 ~ 70℃
尺寸	φ230mm 外径
线圈电阻	150 Ω
压力盒材料	不锈钢
传感器材料	不锈钢
重量	5kg
电缆	2 对双绞线（4 芯镀锡铜芯线），22AWG 聚酯铝箔屏蔽，高密聚酯护套，外径 1.5mm

b. 数据采集仪

因实测工作要求 7 台传感器能够同时独立工作，因此要求泥石流冲击力数据采集仪为多通道数据采集仪，本次采用 16 通道数据采集仪（本次测量实际使用了 7 个通道），采集仪的采样频率在传感器的频响频率之内。

（2）安装仪器的固定基台

本次测量的基台布设在泥石流专业监测布设的监测断面之内，由 C20 砼现浇而成，基台在沟道主流线位置布置一条 30B# 的工字钢，埋入深度 1m，出露高度 4m，为保证钢轨抗冲击强度，在30B#的工字钢的背水侧再嵌入1根4m长的24A#工字钢。30B#工字钢的槽内从下到上按间隔1m安装1个传感器，共安装3个，最下面的一个传感器离沟床1m（图7-18）。

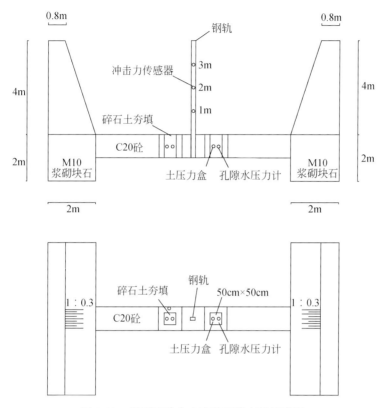

图7-18　泥石流冲击力实验系统布置示意图

　　为测量泥石流容重，在基台内部分别布设土压力盒与孔隙水压力计各2支，左右对称分布，目的是获取泥石流容重数据并能够互相校验数据的准确性。

　　（3）辅助装置

　　拟在泥石流冲击力实测断面附近修建监测站房1处，便于人工值守并进行长期观测实验。

第四节　泥石流、滑坡隐患点监测预警临界阈值研究

　　本研究已经针对泥石流触发因素——降雨要素进行了泥石流启动阈值和和各个预警级别降雨量、降雨历时展开研究。鉴于舟曲防治规划范围区已经安放了多种监测设备，本研究针对监测设施同样开展了预警级别的阈值设定。根据已有针对泥石流滑坡的监测内容，设置不同预警级别的监测阈值。

一、泥石流、滑坡监测内容及设备

1. 泥石流

泥石流监测主要针对泥石流启动的条件、泥石流过程和泥石流沟谷内固体物质及其内部特征，以及泥石流沟流域地形地质条件和环境变化监测，具体监测内容包括：降雨量、泥石流流速、泥石流深度/泥位、泥石流地声、泥石流冲击力、孔隙水压力、土体含水量以及地下水位等。

监测技术及仪器如下。

降雨量：各种类型的雨量计、气象雷达。

泥石流流态：GPS、经纬仪、多条感应细线测量、红外线感应设备、超声波感应器、雷达传感器、激光传感器、地下声波、录音、摄像。

泥石流流速：测速仪，摄影/摄像。

泥石流泥位高度：GPS、经纬仪、多条感应细线测量、红外线感应设备、超声波感应器、雷达传感器、激光传感器、接触型泥石流警报传感器。

泥石流地声及地面振动：地震仪、检波器、地声传感器。泥石流地声是泥石流发生时地球内部振动信号沿沟岸岩层传播产生的振动波。泥石流地声与其他振动波一样，具有独特的振动频率、波形、波形振幅，并在泥石流形成、启动、发生过程中表现出不同的特征值。通过检测泥石流地声的变化，将泥石流地声波的主频范围与沟道环境背景产生的振动（如降雨、刮风、雷电）区别开来，根据泥石流地声强度（振幅）与泥石流流量成正比的关系，再根据泥石流的过流持续时间较长，利用鉴频、鉴幅、延时三要素，便能监测泥石流的形成发生，及时发出泥石流灾害预报。

泥石流冲击力：荷载传感器、冲击力传感器。

孔隙水压力/地下水位：渗压计。

土体含水量：土体含水量探测传感器。

2. 滑坡

滑坡监测的主要内容包括：滑坡地表位移、滑坡裂缝、滑坡深部位移、滑坡地下水位、孔隙水压力、非饱和土基质吸力以及滑坡区降雨量等环境因素。

监测技术及仪器如下。

滑坡裂缝：地表伸缩计。

滑坡地表位移：GPS、机载或星载 InSAR 遥感技术、地表伸缩计、倾斜计、超声测距系统、激光测距系统、雷达测距系统、数字摄影、摄像。

滑坡深部位移：钻孔倾斜仪、深部伸缩计、TDR（时间域反射计）。

地下水位/孔隙水压力：渗压计、水位计。

非饱和土基质吸力：张力计、渗压计、电解质型土壤含水量测量仪。

二、泥石流、滑坡监测阈值设定

根据各监测指标的特性，以及所反映的地质灾害特性，本研究初步设定主要监测指标在不同预警级别下的阈值，如表 7-8 所示。

表 7-8　监测指标预警阈值

研究对象	监测指标	预警级别		
		Ⅲ级（黄色预警）	Ⅱ级（橙色预警）	Ⅰ级（红色预警）
泥石流	泥石流流速/（m/s）	1～5	5～10	>10
	泥石流地声/dB	65～85	85～105	105～130
	泥石流冲击力/kPa	20～40	40～100	>100
	土体含水量/%（土层深度 20cm）	12～18	18～23	>23
滑坡	滑坡裂缝/mm	3～10	10～30	>30
	滑坡地表位移/cm	5～10	10～20	>20
	滑坡深部位移/cm	1～3	3～10	>10
	孔隙水压力/kPa（土层深度 2m）	20～50	50～65	>65
	非饱和土基质吸力/kPa（土层深度 2m）	10～25	25～35	>35

表 7-8 列出了常规监测仪器在不同预警级别下的预警阈值，该表数值的确定是基于大量的试验与实际观测数据得到。通过监测数据结合该表，可以确定泥石流与滑坡地质灾害的预警级别，也可为舟曲监测仪器预警值的设定提供一定的技术参考，也为下一步预警值的精确设定提供了思路。该表可随监测数据的不断更新进一步细化，并且进行不断的调整，以更好地适应舟曲地质灾害监测预警。

鉴于目前监测仪器设备都安装在野外，且监测仪器数量有限，在实际使用中还存在诸多问题，经常出现故障，还不能保证舟曲区域监测预警体系的正常运转。数据的传输与采集还处于调试的初级阶段，数据的准确性还不能完全保障，监测预警系统还需要以后逐年完善。因此需要定期对监测数据进行检查核对，不断校核和调试参数，以保证其监测数据的真实可靠性；同时加强汛期职守，及时掌握监测数据的变化情况和各方面反馈的信息，加强雨量和地质灾害活动的监测，结合地质灾害气象预报，进行综合判断后，适时发布预警信息。

参 考 文 献

胡向德，李军，李瑞冬，等.2010.甘肃省舟曲县三眼峪沟泥石流灾害勘查报告.兰州：甘肃省地质环境监测院.

唐川.2008.城市泥石流灾害预警问题探讨.地球科学进展，23（5）：546-552.

赵成，贾贵义.2010.甘肃省白龙江流域主要城镇环境工程地质勘查可行性研究.兰州：甘肃省地质环境监测院.

第八章　地质灾害防治对策建议

第一节　关键技术研究

一、流量与断面的关系

经计算分析和校核，三眼峪沟泥石流最大流量位于小眼峪沟与大眼峪沟两沟交汇处下游主沟断面处，流量为1830.357m³/s，流速5.91m/s；小眼峪沟最大流量位于小眼峪沟峪支沟沟口下游断面处，流量为1528.258m³/s，流速6.73m/s；大眼峪沟最大流量位于大眼峪沟罐子坪段断面处，流量为1591.191m³/s，流速8.86m/s。

根据以上计算结果分析，"8·8"三眼峪沟泥石流形成过程中，主沟最大流量位于大眼峪沟与小眼峪沟交汇处（峪门口），其流量为1830.357m³/s，远小于大眼峪沟与小眼峪沟出沟流量之和，说明小眼峪沟与大眼峪沟的泥石流洪峰未形成叠加。

将流量和流速分别代入式（8-1）中，计算得到三眼峪沟沟口上游、大眼峪沟罐子坪段、小眼峪峪支沟沟口三处的过流断面见表8-1。若三眼峪沟口设计排导沟的断面几何形态为梯形，排导沟深度按5m计，排导堤内侧坡比取1∶0.75，底宽25m，顶宽40m，对应的断面面积为162.5m²<310m²。如此宽大的排导沟将占据大量县城宝贵的城市建设用地，但仍小于200年一遇暴雨型泥石流对过流断面的要求。

$$S = \frac{Q_c}{V_c} \qquad (8-1)$$

式中，S 为泥石流排导沟断面面积（m²）；Q_c 为泥石流流量（m³/s）；V_c 为泥石流流速（m/s）。

表8-1　三眼峪泥石流流量、流速与排导沟断面面积计算表

沟谷名称	流量 Q_c/(m³/s)	流速 V_c/(m/s)	断面面积 S/m²
三眼峪沟沟口上游	1830.357	5.91	310
大眼峪沟罐子坪段	1591.191	8.86	180
小眼峪峪支沟沟口	1528.258	6.73	227

为了解决百年一遇泥石流对排导沟流量与断面的设计要求，本研究提出了排导沟复合断面的设计理念，包括长流水小排水槽、一般山洪泥石流中排导槽、特大山洪泥石流生态景观休闲大缓冲区三部分（图8-1）。按照这个设计方案，排导沟面积为168m²，能够满足一般山洪泥石流对过流断面的要求；加上大缓冲区后，整个泥石流排导沟面积为334m²，亦能满足200年一遇暴雨型泥石流对过流断面的要求。

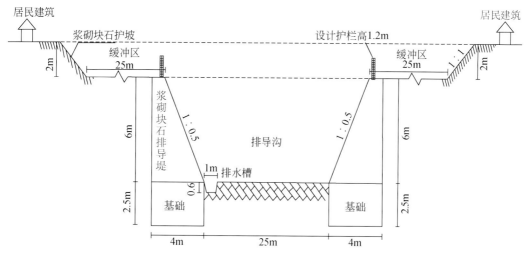

图 8-1 舟曲泥石流复合式断面排导沟断面图

二、冲击力与强度的关系

泥石流整体冲压力和大石块的冲击力是造成拦挡坝破坏的主要原因（刘雷激和魏华，1997；魏鸿，1996）。泥石流整体冲压力计算采用铁二院公式计算，结果显示距小眼峪沟口 150m 位置的泥石流整体冲压力高达 21t/m²，大眼峪罐子坪段泥石流整体冲压力高达 18t/m²，三眼峪泥石流沟口位置整体冲压力达 8.5t/m²。泥石流中石块的运动速度计算采用经验公式，经实地测量泥石流堆积扇中石块最大粒径为 11.2m，计算得到三眼峪沟沟口处泥石流中石块运动速度最大为 15.06m/s。防治工程构筑物主要为拦挡坝和格栅，泥石流中大块石的冲击力按对梁（简化为简支梁）的冲击力计算，三眼峪沟口巨石产生的最大冲击力为 44.3t/m²（表 8-2）。

表 8-2 三眼峪泥石流冲击力计算表

类别	公式	参数含义	计算点位置	计算值
整体冲压力	$P = \lambda \dfrac{\gamma_c}{g} V_c^2 \sin\alpha$	P 为泥石流整体冲击压力（Pa）；γ_c 为泥石流的容重（T/m³）；g 为重力加速度，取 9.8m/s²；V_c 为泥石流的流速（m/s）；α 为建筑物受力面与泥石流冲压力方向的夹角，取最大值 90°；λ 为建筑物形状系数，取矩形建筑 1.33	小眼峪沟口 150m 处	$P = 21t/m^2$
			大眼峪罐子坪段	$P = 18t/m^2$
			三眼峪泥石流沟口	$P = 8.5t/m^2$
巨石冲击力	$P_b = \sqrt{\dfrac{48EJV^2W}{gL^3}} \cdot \sin\alpha$	P_b 为泥石流大石块冲击力（t/m²）；V 为大石块运动速度（m/s）；E 为工程构件弹性模量（t/m²）；J 为工程构件界面中心轴的惯性矩（m⁴）；L 为构件长度（m）；W 为石块重量（t）	三眼峪泥石流沟口	$P_b = 44.3t/m^2$

后治理工程中，三眼峪主沟的1#拦挡坝选择砼重力式坝体的设计方案（表8-3），设计坝高15m，坝顶宽3m，坝顶长63.75m，基础埋深6.5m，迎水坡比1∶0.35，背水坡比1∶0.2（图8-2）。数值模型高51.4m，宽100m，左、右、前、后边界水平向约束，底部边界竖向和水平向约束（图8-3）。

表8-3　主1#重力式拦挡坝设计参数表

拦挡坝编号	坝高/m	坝顶宽/m	坝顶长/m	溢流口		坝基础		迎水坡比	背水坡比
				底宽/m	深/m	宽/m	高/m		
主1#坝	15	3	63.73	25.85	3.0	9.44	6.5	1∶0.35	1∶0.2

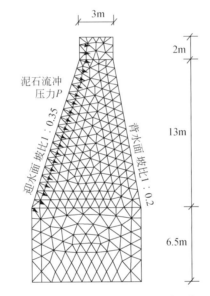

图8-2　砼重力式拦挡坝受泥石流冲压断面图

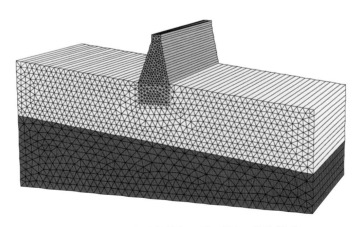

图8-3　砼重力式拦挡坝（主1#坝）数值模型

坝体材料砼标号为 C15，重度为 24 kN/m³，抗压强度 R_a = 8.5MPa，抗拉强度 R_1 = 1.05MPa，容许剪应力为 [σ_j] = 0.75 MPa，砼抗拉强度安全系数 K_1 = 2.5，抗压强度安全系数 K_a = 1.6。地表以下分两层，上层为碎石土，平均厚度 18m，下层为基岩，岩性为灰岩。考虑在自重作用和泥石流冲压两种工况条件下，分析模型的变形与破坏，数值模拟用到的参数见表 8-4。

表 8-4　三眼峪沟 1# 坝计算参数汇总表

坝体		碎石土				灰岩			
弹性模量/GPa	泊松比	弹性模量/MPa	泊松比	黏聚力/kPa	内摩擦角/(°)	弹性模量/GPa	泊松比	黏聚力/kPa	内摩擦角/(°)
24.0	0.2	240	0.35	5.0	40	70.2	0.3	150	35

数值分析中将泥石流流体的冲压力 P 简化为静力加载到三眼峪主沟 1# 坝体侧面，计算坝体的极限抗冲击能力。计算中采用增量加载方式，将泥石流冲压力 P 分为若干增量依次加载直至计算无法收敛（坝体出现无限位移）的极限状态，此时的冲压力 P 确定为坝体的极限抗冲击力。计算中加载每一荷载增量步后均计算至收敛，并记录坝体的最大位移。加载至破坏时（计算不收敛，坝体位移不断增大）的压力 P 与坝顶最大位移曲线由倾斜直线变为水平线，坝体所能承受的极限冲压力可由位移曲线的水平段与纵轴（P）的读数得到。数值模拟结果表明，三眼峪主沟 1# 坝体的极限抗冲击能力为 170kPa（图 8-4），大于泥石流的冲压力 85kPa，但远小于巨石的最大冲击力 443kPa。可见砼重力式坝体抵抗一般泥石流的冲压力强度是足够的，但对于抵挡巨石冲击力，其强度也是远远不够的。

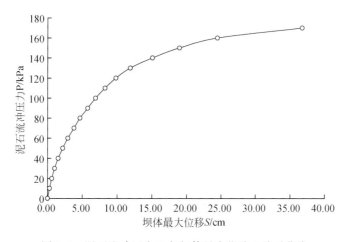

图 8-4　泥石流冲压力 P 与坝体最大位移 S 关系曲线

三、级配与拦疏关系

柔性防护技术是瑞士布鲁克集团于 20 世纪 50 年代开发的一种边坡地质灾害防治技术，早期主要用于防治各类斜坡坡面崩塌落石、风化剥落和雪崩等灾害现象。该项技术在泥石流防护上的应用尝试开始于 20 世纪末，起因于一些用于拦截落石的柔性防护系统成功地经受了泥石流的冲击。受这些偶然事件的启发，瑞士于 1996 年开始对泥石流在冲击防护系统时的力学机理以及在冲击过程中柔性网的变形特征等进行深入的研究。作为泥石流防护的一种新的技术方法，泥石流柔性防护技术尚处于发展初期。

　　泥石流柔性防护系统在防护功能上类似于格栅坝，所不同的是它具有了高抗冲击能力的柔性特征。从级配与拦疏的关系来讲，柔性网为可渗透结构形式，水、泥沙、砾石和较小的碎石能够穿过柔性网被排走，较大的岩块被拦截并沉积下来形成天然的防护屏障（图 8-5，图 8-6）。泥石流冲击所具有的动能主要是被柔性网吸收，并将所承受的载荷通过支撑绳、锚杆传递到地层。

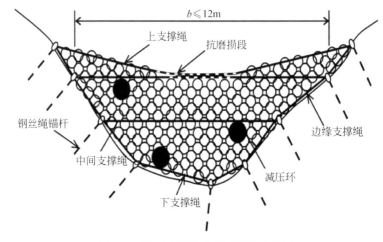

图 8-5　泥石流柔性防护网结构示意图

图 8-6　柔性防护网防治泥石流

　　泥石流柔性防护系统具有施工便捷、取材容易、泄水效果明显、费用较为经济、后期维护方便等优点，但柔性防护系统理念研究时间较短，其相关理论尚不成熟，国外在设计时通常也只能采用流变力学的数学模型来分析，结合相关泥石流对比资料来进行设计，适用范围较为狭窄，目前适用最大体积为1000m³，最大速度（前端速度）为5~6m/s的泥石流。建议在考虑柔性防护网级配与拦疏关系的基础上，仅在部分支沟开展一些柔性防护应用和试验研究。

　　总之，作者采用调查、分析、计算和数值模拟的方法，对舟曲"8·8"特大泥石流灾后治理方案中的关键问题进行了初步研究，涉及泥石流流量与排导沟断面关系、泥石流冲击力与拦挡坝强度、物源级配与柔性防护网拦疏3个方面，得到以下3点结论及建议：

　　1）泥石流排导沟的断面尺寸要与泥石流流量相适应，针对百年一遇泥石流对排导沟流量与断面的设计要求，提出了排导沟复合断面的设计理念，包括长流水小排水槽、一般山洪泥石流中排导槽、特大山洪泥石流生态景观休闲大缓冲区三部分。

　　2）泥石流整体冲压力和大石块的冲击力是造成浆砌块石拦挡坝破坏的主要原因，模型数值分析结果表明，采用钢筋混凝土重力式拦挡坝的设计方案，其强度可以抵抗三眼峪沟泥石流整体冲压力，但对于巨石冲击力防治效果不好。

　　3）泥石流柔性防护系统具有拦挡大石块，排泄水、泥沙、碎石的特点，但其研究时间较短，相关理论尚不成熟，建议在考虑物源级配与柔性防护网拦疏关系的基础上，仅在三眼峪部分支沟开展一些柔性防护应用和试验研究。

第二节　三眼峪泥石流灾害风险减缓对策

　　本研究未做风险评价，但经过实际发生灾害的检验，三眼峪的泥石流风险应该是不可接受的，因此必须采取风险减缓措施。

一、措　施　比　选

　　针对三眼峪泥石流沟的地理、地质、人文等实际条件，基于风险减缓的出发点，应制定综合性的防治对策。整体性搬迁不可取；而地质灾害保险业在我国还远未成熟，且保险并未真正减缓风险，至多只能作为防治对策的补充。

　　生物措施在许多地区成为治理泥石流灾害的重要内容，因为坡面侵蚀型泥石流的松散物质主要由坡面侵蚀、冲沟侵蚀和浅层坍滑提供，植树种草在该类泥石流治理中有较好效果。而三眼峪泥石流属于崩滑型泥石流，峪沟两岸为高陡的石质山坡，石多土薄。据《甘肃省舟曲县三眼峪沟泥石流灾害勘查报告》（胡向德等，2010）提供的数据，流域内现有能转化为泥石流的固体物质总量为2693.84万m³。其中，坡面固体物质补给量为141.5万m³，仅占总量的5.2%，泥石流的大量松散物质来源为沟坡基岩山体的滑坡或崩塌堆积物，粒径以块石为主，泥沙含量较少（图8-7）。对于这种崩滑型泥石流，采取植树种草的方法对稳定坡体的作用是有限的，但植被能涵养一定的水源，缓解洪峰来临时间，也具备一定的作用。生物工程在此不作为重要措施。

图 8-7　三眼峪支沟小眼峪内的基岩崩塌（2010 年 11 月摄）

　　作为一条曾经发生过多次大规模泥石流的沟谷而言，其周期性是明显的，为避免下一次灾难的来临，采取一定的避让措施是非常有必要的。事实上，"8·8"泥石流之所以酿成特大灾害，一个重要的原因就是人居建筑挤占下游泄洪通道，在临近入江口处造成阻滞和能量聚集，从而造成了更大的危害。在无法整体搬迁的情况下，应合理划分危险区界线，使人员、重要基础设施等位于危险区之外，为泥石流的宣泄预留通道（赵成和贾贵义，2010；胡向德等，2010；唐川，2008）。

　　三眼峪流域山高沟深，地势陡峻，主沟沟床平均比降 24.1%，现存松散物质丰富，山地降雨充沛、雨量集中、强度大，未来发生大规模泥石流的危险性仍然很大。因此，对该流域实行全面的工程治理是必需的。应适当提高设防标准，可接受的做法是以实际发生的"8·8"特大泥石流规模为依据，适当提高防洪标准和防治级别。采用拦挡和疏排相结合，加强排导的方针，在主沟内修建拦挡坝，固沟稳坡，拦蓄泥石流固体物质，减少输入白龙江的泥沙输出量，降低排导沟的排泄压力和沟内泥沙淤积量；在堆积区修建排导沟，将泥石流顺畅导入白龙江，减轻城镇防洪压力，保障县城安全。

　　三眼峪泥石流的主要触发因素是强降雨。因此，对降雨进行监测是预警泥石流的有效手段。此外泥石流的发生是有前兆的，其暴发与前兆往往有一定的时间间隔，通过监测采集各类变化信息对泥石流进行预警也是非常有效的防治手段。同时，还应建立起对于拦挡工程的实时监测，以对工程的有效性进行预警。

　　地质灾害的公众教育措施以前经常被忽略，现在人们已逐渐认识到了其重要性。因此，进行形式多样的、有效的公众教育，以提高受泥石流威胁人员认知灾害、应对灾害、科学自救的能力，对于降低泥石流风险也是非常必要的，是重要的防治措施之一。

　　因此，针对三眼峪泥石流灾害的具体情况，应制定避让措施+工程治理措施+监测预警措施+公众教育措施综合的防治对策，以下对各措施做简要分析和论述。

二、三眼峪下游的局部避让措施

　　本次"8·8"泥石流淤积宽度为 126~290m，理想的状态是就以本次泥石流的淤积宽度或适当外扩作为危险区界线，进行避让。但舟曲县城建设用地非常紧张，若以300m的宽度避让，从沟口至白龙江入口2km，则要损失用地约0.6km²，占县城可利用面积的41%。因此，单纯的避让无法解决所有问题，若中上游施行了拦挡工程，则大大降低了泥石流的风险，从理论上来说，也相应地缩小了危险区的范围，在此情况下实行避让措施是可行的。

　　避让措施应与排导措施相结合，排导沟采取分级防护的复式断面，主流槽防护百年一遇的泥石流，上部断面用于防御超百年及类似本次规模的泥石流，复式断面两侧各预留25m宽的缓冲带，缓冲区内严禁城镇居民及单位建房，可作为城市绿化、休闲娱乐、健身用地。这样就大大缩小了避让距离，为城镇建设节约了用地，并且同样保证了安全。

三、三眼峪中上游的工程治理措施

　　治理工程应从防治目的和构筑物类型两方面考虑。三眼峪由支沟大眼峪、小眼峪呈"Y"形构成，大、小眼峪交汇于主沟，主沟向下游500m处到达峪门口出山，出山后即进入洪积扇区，出山口（沟口）离白龙江2km。按照"稳固、拦挡、排导"相结合的原则，在主沟以上的大、小眼峪沟道内视两岸坡体稳定情况及沟道宽度分别设置稳坡护岸坝和拦沙坝，主沟内设置拦沙坝，峪门口以下修建排导沟。稳坡护岸坝旨在通过拦挡抬高沟床，拓宽沟道，降低沟岸侵蚀强度，稳定沟道内崩塌、滑坡，减少固体松散物质对泥石流的补给。具体位置是小眼峪沟的小峪口1座，峪支沟下游1座，大眼峪沟的大峪口2座，罐子坪崩塌地段2座，上游1座，共7座。拦沙坝的主要作用是拦蓄泥石流中的固体物质，降低容重，降低泥沙输出量，减少进入排导沟中的泥沙，防止排导沟淤积。具体位置是主沟峪门口2座，大眼峪崖脚下和小眼峪峪口里各1座，这4座是流域内主要的拦沙坝，其目的是利用相对宽大的沟道地形，最大限度地拦蓄泥沙，另外大眼峪上游2座，小眼峪上游2座，均具有固沟拦砂的功能，拦沙坝共8座。排导沟布局上采取直排方式，消除峪门口向西凸出的山脊，将其与主沟1#坝呈"八"字形顺畅相接，与白龙江汇合处呈弧形向下游弯曲。断面按梯形复式断面设计，长2.19km，为防止沟床冲刷下切，布设防冲槛（图8-8）。

　　构筑物选型同样重要。三眼峪原有拦挡坝9座及拦石墙两段，分别于1998～1999年及2010年修建，为浆砌块石结构，本次"8·8"泥石流中全部被毁。故新设计的拦挡工程需采用抗剪切、抗冲击力更强的坝体结构类型。钢筋混凝土重力坝是较好的选择，不仅由于其具备较高的强度，而且采用它可以大幅度增加坝高，最大限度地拦蓄泥沙，达到良好的拦砂效果。钢筋混凝土重力坝宜布置在比降相对较缓，宽度较大，堆积粒径较小的坝址处。此外，柔性防护网也可作为拦挡工程的形式。泥石流柔性防护系统在功能上类似于格栅坝，所不同的是它具有了高抗冲击能力的柔性特征。其渗透式结构使水和小粒径物质被排走，较大的岩块被拦截并沉积下来形成天然防护屏障。冲击动能主要被柔性网吸收，并将载荷通过支撑绳、锚杆传递到地层。柔性防护网宜布置在纵比降大、冲蚀强烈的激流地段，以及沟道两侧工程地质条件较好，地形较为狭窄的沟段。共布设10座钢筋混凝土重力坝，5处柔性防护网。

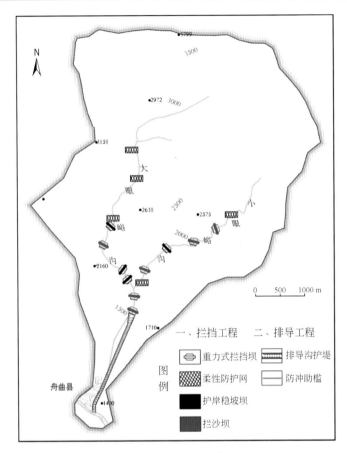

图 8-8　治理工程平面布置图

四、全流域的监测预警措施

监测预警系统覆盖三眼峪全流域，总体分为 4 部分，主要对雨量、泥位、次声、视频图像、滑坡裂缝位移、坝体应变、坝体侧土压力等进行监测（表 8-5），构成综合性的监测网络。全部监测数据都采用自动采集、远程传输的方式，主要采用 GPRS/GSM 通信网络传输，视频监测由于数据量大采用光纤传输。远程监控中心可通过计算机对各类监测数据进行显示、查询，并可自动把告警信息编辑短信发送到相关负责人手机上。

表 8-5　三眼峪泥石流综合监测系统说明表

监测系统	监测对象	监测目的	监测点数量
雨量监测系统	降雨量	监测三眼峪上、中、下游不同位置的降雨量，为泥石流启动降雨量阈值预警提供依据	12 个
泥石流监测系统	次声	通过捕捉泥石流源地的次声信号而实现报警	4 个
	泥位	监测沟道水位涨落信息和泥石流物堆积厚度变化	4 个
	流体移动	通过视频监测某处泥石流体的图像变化进行预警	3 个

监测系统	监测对象	监测目的	监测点数量
滑坡 监测系统	拉张裂缝	通过监测滑坡后缘拉张裂缝的位移变化，对泥石流补给物源的滑坡的稳定性进行监测	4个
坝体 监测系统	内部应变	通过监测坝体内部的应变情况来预警坝体的破坏，进而对拦挡工程的有效性进行预警	4处
	侧土压力	通过监测坝体的侧向土压力，以对坝体的安全性做出评估，并可检验坝体设计冲压力	4处

五、居住区公众教育措施

公众教育措施的实施应考虑教育内容和教育形式。

教育内容包括3个方面：泥石流相关知识、防灾意识，以及应急救灾的技能。首先应使公众对泥石流的科普知识有一个全面了解，对于居住在泥石流危险区附近的普通民众来说，他们应比居住在其他地区的人具备更全面的泥石流相关知识，包括泥石流的基本特征、降雨与它的关系、发生的前兆，以及它的危害性等。另外很重要的一点是要提高当地居民的灾害意识，许多灾害的发生就是由于麻痹大意，缺乏主观防灾意识所造成的，因此要警钟长鸣，不断强化各级政府和普通民众的灾害意识，这样才能够更好地识别灾害隐患，做到防患于未然，从而减少灾害损失。应急救灾的技能同样非常重要，这包括发现隐患如何上报、发现险情如何通知、出现灾情如何处置、身处灾难如何自救等。这部分内容应有针对性地分别教授于普通民众、村干部、乡镇干部、县干部等，使之在平时的防灾过程中或灾害发生时能立即各就各位、下情上达，应急预案能快速有效地发挥作用，使面临险情的人员懂得有效避险，身陷险情的人员懂得有效自救和互救。

应采取多种教育形式综合的方式，可以利用模型、影视手段展示泥石流的发生过程，通过各种图片表现泥石流带来的危害，借助于报纸电台等媒体宣传灾害科普知识，通过举办讲座等传授泥石流相关知识，通过定期的演练培训应急救灾技能等，通过对中小学生的灾害自救和应急训练的素质教育提高防灾意识和能力，进而还可通过家庭成员间的相互学习提高公众教育水平。

总之，受当地环境地质条件制约，三眼峪泥石流灾害防治工作面临着有限的环境承载力、搬迁避让新址选择的困难性，以及当地居民灾后重建的心理因素等主要问题。泥石流灾害风险减缓措施有：避免风险、转移风险、减少泥石流发生频次、减少泥石流到达承灾体的概率、减小承灾体时空概率、降低承灾体易损性等。对三眼峪泥石流灾害而言，整体搬迁不可取，灾害保险还未成熟，生物措施效果有限，针对其具体情况，应采取局部避让+工程治理+监测预警+公众教育的综合减缓措施。局部避让采用排导沟两侧各预留25m宽的缓冲带的办法，用于防御超百年及类似本次规模的泥石流灾害；工程治理按照上游"稳固"、中游"拦挡"、下游"排导"的原则，设置7座稳坡护岸坝，8座拦沙坝，以及2.19km的分级防护复式断面排导沟，坝体结构采用钢筋混凝土重力坝与柔性防护网相结合的方式；监测预警系统覆盖三眼峪全流域，对雨量、泥位、次声、视频、滑坡裂缝、坝体应变和侧土压力等进行监测，构成综合性自动远程监测网络；公众教育包括泥石流相关知识、防灾意识、应急救灾技能三方面内容，采取多种教育手段综合的教育形式。

第三节　三眼峪治理工程效益分析

2010 年 10 月，三眼峪沟泥石流灾害治理工程勘查、施工图设计方案初稿完成后，甘肃省国土资源厅分别于 2010 年 10 月 28 日、11 月 4 日在兰州组织省内专家、国内知名院士、专家对该成果进行了初审及研讨，根据专家组初审意见我们对泥石流流量和流速进行了复合，对泥石流容重选取进行了分析，并完善了治理工程结构、设计图件等；11 月 11～12 日，国土资源部地质环境司在北京召开会议，组织国内由袁道先院士参加的专家组对三眼峪沟泥石流灾害治理工程勘查、施工图设计进行了咨询，与会专家组肯定了三眼峪沟泥石流灾害治理工程勘查成果满足治理工程设计需要，治理方案技术路线明确，工程布局基本合理可行。同时提出了拦排结合、强化排导、优化桩群工程构造型式、建立监测预警工程及加强防治工程动态维护管理等建议（图 8-8）。

一、固体物质补给条件

固体松散物质是泥石流的主要组成部分，固体松散物质的补给条件及其储量大小直接控制着泥石流的性质和规模。

受区域地质及构造影响，区内岩土体松动、断层褶皱十分发育，地震活动频繁，崩塌、滑坡和坍塌等不良地质体十分发育，为泥石流的形成提供了丰富的固体物质。

据调查，流域内大、小崩塌体 50 处，分布面积 $1.302km^2$，总体积约 $2769.4×10^4m^3$。其中，大眼峪沟流域内发育崩塌 23 处，体积约 $763.6×10^4m^3$；小眼峪沟流域内发育崩塌 25 处，体积约 $7452.9×10^4m^3$；两沟交汇处（峪门口）发育崩塌 2 处，体积约 $270×10^4m^3$。流域内发育危岩体 6 处，分布面积 $0.11km^2$，总体积 $94.1×10^4m^3$。其中，主沟段发育危岩体 1 处，体积 $13.9×10^4m^3$；大眼峪沟流域内发育危岩体 2 处，体积 $30.2×10^4m^3$；小眼峪沟流域内发育危岩体 3 处，体积 $49.9×10^4m^3$。三眼峪沟流域内共发育滑坡 4 处，分布面积 $0.11km^2$，总体积 $94.9×10^4m^3$。其中，大眼峪沟流域内发育 2 处，体积 $53.3×10^4m^3$；小眼峪沟流域内发育 2 处，体积 $41.6×10^4m^3$。

经调查，三眼峪沟泥石流早期沟道物质 $591×10^4m^3$，"8·8"三眼峪特大泥石流灾害发生后，其大量的泥石流物质沿沟道停积，其沟道堆积总量增加近 $250×10^4m^3$，达到 $840×10^4m^3$。其中，小眼峪沟沟道堆积物 $402×10^4m^3$，大眼峪沟沟道堆积物 $413×10^4m^3$，三眼峪沟主沟段 $25×10^4m^3$。流域内残、坡积物储量 $315×10^4m^3$。

三眼峪沟坡松散固体物质储量与沟道松散固体物质储量之和即为松散固体物质总量，计算结果见表 8-6。根据三眼峪沟流域内松散物质的堆积位置、发育特征、松散稳定程度、向泥石流的转化方式，沟坡侵蚀强度及沟道植被覆盖率，经实际测量、计算，流域内可转化为泥石流的固体物质总量为 $2693.84×10^4m^3$（表 8-7），其中崩塌体固体物质补给量 $1926.64×10^4m^3$，占总量的 71.52%；其中滑坡固体物质补给量 $52.6×10^4m^3$，占总量的

1.95%；其中沟道内固体物质补给量523.8×10⁴m³，占总量的19.4%；其中危岩体固体物质补给量49.3×10⁴m³，占总量的1.8%；其中坡面固体物质补给量141.5×10⁴m³，占总量的5.3%。

表8-6　三眼峪沟流域内松散固体物质储量汇总表　　（单位：10⁴m³）

沟谷名称	三 眼 峪 沟			
	小眼峪沟	大眼峪沟	峪门口	合　计
崩塌松散物质储量	1205.8	1353.6	270.0	2829.4
滑坡松散物质储量	41.6	53.3		94.9
沟道储量	545.91	260.97	33.24	840.12
坡面松散物质储量	122.1	192.9		315
危岩体松散物质储量	36.0	24.2	3.9	64.1
合　计	1951.41	1884.97	307.14	4143.52

表8-7　三眼峪沟流域内泥石流固体物质补给量汇总表　　（单位：10⁴m³）

沟谷名称	三 眼 峪 沟			
	小眼峪沟	大眼峪沟	峪门口	合　计
崩塌固体物质补给量	803.6	968.74	154.3	1926.64
滑坡固体物质补给量	21.5	31.1		52.6
沟道内固体物质补给量	252.3	249.5	22.0	523.8
坡面固体物质补给量	60.8	80.7		141.5
危岩体固体物质补给量	24.7	22.5	2.1	49.3
合　计	1162.9	1352.54	178.4	2693.84

二、治理工程构筑物设计

（一）泥石流治理前、后容重值

泥石流的容重反映了流体的含沙量，它受到流域泥沙补给条件和沟床输沙能力的共同影响。本沟泥石流容重按"8·8"特大泥石流灾害发生后的实际调查资料并参照相关经验公式的计算结果综合分析确定。

1. 治理前容重值

本设计泥石流治理前容重值采用体积比法、中值粒径法和固体物质储量法三种计算方法（计算公式如下）综合确定，计算结果见表8-8。

表8-8　三眼峪沟主沟及其支沟大眼峪沟、小眼峪沟泥石流容重值比选表

（单位：t/m³）

沟谷名称		固体物质储量法计算容重值	中值粒径法计算容重值	体积比法计算容重值	加权平均综合容重值	推荐设计容重值
三眼峪沟	大眼峪沟	1.95	2.24	1.9	2.03	2.05
	小眼峪沟	1.99	2.26	2.13	2.13	2.15
	峪门口段	1.97	2.25	2.05	2.09	2.10

（1）体积比法计算公式

根据实地调查，估测大眼峪沟泥石流固体物质和水的体积之比为6.0∶4.0，小眼峪沟泥石流中二者之比为7.5∶2.5，三眼峪沟泥石流中二者之比为7∶3，则按体积比法，概略计算三眼峪沟、大眼峪沟、小眼峪沟泥石流的容重。

$$\gamma_c = \frac{\gamma_H \times f + 1}{1 + f} \tag{8-2}$$

式中，r_H 为固体物质比重（t/m³），取 2.4 ~ 2.7（根据本次泥石流的特点，三眼峪沟泥石流堆积物呈稍密至中密状，固体物质比重为 2.5）；f 为固体物质和水的体积之比；r_c 为泥石流容重（t/m³）。

经计算，三眼峪沟主沟泥石流容重为 2.10 t/m³，大眼峪沟泥石流容重为 2.05t/m³，小眼峪沟泥石流容重为 2.15t/m³。

（2）固体物质储量法计算公式

计算公式如下：

$$\gamma_c = 1.1\, A^{0.11} \tag{8-3}$$

式中，γ_c 为泥石流容重（t/m³）；A 为单位面积可补给泥石流的固体物质储量（10^4m³/km²）。

经计算，三眼峪沟主沟泥石流容重为 1.97t/m³，大眼峪沟泥石流容重为 1.95t/m³，小眼峪沟泥石流容重为 1.99t/m³。

（3）中值粒径法计算公式

采用中值粒径法计算三眼峪沟泥石流容重，需对未被水流冲过的沉积物进行筛分计算，找出中值粒径，进行计算。

计算公式如下：

$$\gamma_c = 1.30 + \lg \frac{10 d_{50} + 2}{d_{50} + 2} \tag{8-4}$$

式中：γ_c 为泥石流容重（t/m³）；d_{50} 为筛分实验中质量占 50% 以上的固体颗粒的粒径，以 mm 计。

经计算，三眼峪沟主沟泥石流容重为 2.25t/m³，大眼峪沟泥石流容重为 2.24t/m³，小眼峪沟泥石流容重为 2.26 t/m³。

通过上述三种方法对三眼峪沟主沟及其支沟大眼峪沟和小眼峪沟泥石流分别进行了计

算，结合野外调查情况，采用加权平均综合取值，确定三眼峪沟主沟泥石流容重为 2.09t/ m³，大眼峪沟泥石流容重为 2.03t/m³，小眼峪沟泥石流容重为 2.13t/m³。根据容重计算判断三眼峪沟泥石流属于黏性泥石流，设计容重值综合确定见表 8-8。

2. 治理后容重值

（1）单位面积固体物质储量计算治理后重度

泥石流治理工程实施后，其对松散物质控制程度、沟道输沙特征变化及拦沙工程作用如何，治理后的重度、流量如何变化一直处于研究之中，目前尚无成熟的普适性计算公式，众多泥石流设计及相关文献未能有详尽的论述，主要是根据对沟道内滑坡、崩塌等松散补给物质拦挡后的稳定程度进行估测。本次对三眼峪沟泥石流治理后的容重、流量的确定，依据沟道地形条件、松散物质分布位置及其稳定性程度、各沟段输沙运移特征、参与泥石流活动方式、沟道内"8·8"泥石流冲淤范围，以及各拦挡坝实施后拦沙库容、沟床拓宽情况、回淤稳定沟岸及崩塌、滑坡的程度进行测算，确定可补给泥石流的松散物质储量变化（表 8-9），从而确定治理后的泥石流重度。

表 8-9　工程治理后可补给泥石流的松散物质储量估算表

沟名	拦挡坝	拦挡工程效能分析
三眼峪沟 大眼峪沟	大 1#坝 大 2#坝	拦挡回淤，稳定沟岸，可稳定主沟右岸大部分崩塌，降低侵蚀，控制固体松散物质达 50%，估算可补给泥石流物质量约 132×10⁴m³
	大 3#坝	拦蓄上游段沟道物质及两侧崩塌体，绝大部分崩塌物质基本不参与泥石流活动，测算可补给物质量约 6×10⁴m³
	大 4#坝 大 5#坝	拓宽沟槽，稳坡护岸，减少侵蚀，可控制固体松散物质补给量约 30%，测算可补给量 425×10⁴m³
	大 6#坝	稳定沟岸两侧崩塌滑坡及沟道堆积，该沟段崩塌堆积高度一般小于 25m，拦挡坝可控制主沟段松散物质 70%，可补给泥石流物质量约 87×10⁴m³
	大 7#坝	稳定沟岸两侧崩塌，稳定上游沟段松散物质近 30%，泥石流补给来源主要为主沟上游、支沟内坡面松散物质及沟道堆积物，预算可补给泥石流的物质量约 112×10⁴m³
小眼峪沟	小 1#坝	拦挡回淤，稳定上游侧大型崩塌，降低冲蚀，控制固体松散物质 60%以上，测算可补给泥石流物质量 28×10⁴m³
	小 2#坝	拓宽沟道，稳定沟岸两侧崩塌及沟道内松散物质，可控制上游沟段 85%以上松散物质，主沟两侧崩塌基本不参与泥石流活动，测算可补给泥石流物质量 24×10⁴m³
	小 3#坝	稳定沟岸，降低侵蚀，可控制上游段 35%以上松散物质。治理后可补给泥石流物质主要来源于两侧支沟，测算可补给物质量约 207×10⁴m³
	小 4#坝	拓宽沟道，稳定沟岸两侧崩塌及沟道内松散物质。该沟段崩塌堆积高度一般小于 20m，拦挡坝可控制主沟段松散物质 57%，后期泥石流补给物主要来源于左岸支沟和上游段沟床松散物质，测算可补给泥石流物质量 180×10⁴m³

续表

沟名	拦挡坝	拦挡工程效能分析
小眼峪沟	小5#坝	拓宽沟道，稳定沟岸两侧崩塌及沟道内松散物质，可控制上游沟段20%以上松散物质。由于回淤距离较短，后期补给泥石流的物质主要来源于上游沟段沟床堆积及坡面松散物质，预算可补给泥石流物质量45×10⁴m³
	小6#坝	拓宽沟道，稳定沟岸两侧崩塌及沟道内松散物质，可控制上游沟段30%以上松散物质。后期补给泥石流的物质主要来源于上游沟段沟道堆积及坡面松散物质，预算可补给泥石流物质量106×10⁴m³
峪门口段	主1#坝 主2#坝	拓宽沟道，稳定沟岸两侧崩塌及沟道内松散物质，可控制上游沟段60%以上松散物质，预算可补给泥石流物质量97×10⁴m³

注：与《甘肃省舟曲县三眼峪沟泥石流灾害勘查报告》拦挡坝编排顺序不同的是本次设计去掉了小5#和大7#坝，其他的编号顺延，下同

根据表8-9对沟道内可补给泥石流的松散物质的测算可以看出，经过本次沟内拦挡工程的实施，拓宽沟床，稳定沟岸，沟道内大部分崩塌、滑坡趋于稳定，参与泥石流的活动能力降低，沟道松散物质被有效拦蓄，测算三眼峪沟可补给泥石流的松散物质由2693.84×10⁴m³降低至1452×10⁴m³，其中大、小眼峪沟可补给泥石流松散物质分别为762×10⁴m³、583×10⁴m³。据此，按单位面积固体物质储备量计算治理后重度。计算公式如下：

$$\gamma_c = 1.1 A^{0.11} \tag{8-5}$$

式中，γ_c为泥石流重度（t/m³）；A为单位面积可补给泥石流的固体物质储量（10⁴m³/km²）。

依据治理后可补给泥石流的固体物质储量估算，采用式（8-5）计算治理后三眼峪沟主沟的泥石流容重值为1.73t/m³，大、小眼峪沟泥石流容重值分别为1.74t/m³、1.70t/m³。

（2）依据经验公式计算治理后容重

兰州冰川冻土研究所的祁龙研究员经过对甘肃陇南马槽沟、大地沟等大量泥石流治理工程的系统研究，总结了泥石流治理后的容重计算经验公式，经过在一些泥石流沟治理工程的计算检验，具有较高的适用性。本次利用该经验公式计算三眼峪沟泥石流治理后的容重，并以此公式计算值与上述计算值进行相互对比。经验公式计算如下：

$$\overline{H}_{\text{计}} = 7.5\gamma_c (i/0.06)^{0.15} F^{0.65} \tag{8-6}$$

式中，$\overline{H}_{\text{计}}$为流域治理工程计算总坝高（m）；γ_c为泥石流重度（t/m³），取2.1；i为沟床平均比降（取0.24）；F为流域面积（km）。

$$S'_v = 0.36 S_v \cdot (\overline{H}_{\text{计}}/\overline{H}_{\text{建}})^{0.5} \tag{8-7}$$

式中，S'_v为治理后泥石流固体物质百分含量；S_v为治理前泥石流固体物质百分含量，取0.7；$\overline{H}_{\text{建}}$为治理工程总坝高（m）。

$$\gamma'_c = S'_v \times \gamma_H + (1 - S'_v) \tag{8-8}$$

式中，γ_c为治理后泥石流重度（t/m³）；γ_H为泥石流固体物质重度（t/m³），取2.5。

利用经验公式计算得三眼峪沟治理后泥石流容重值为1.33 t/m³，结果表明，基本形成含沙水流。

根据对三眼峪沟泥石流治理后的容重计算并对比认为，该沟治理后泥石流容重将大为降

低，在发生"8·8"同等强降雨条件下，其泥石流重度接近1.73t/m³，在一般暴雨条件下，其容重在1.33t/m³。综合分析认为，治理后三眼峪沟泥石流容重值在1.33~1.75t/m³，已成为含沙洪水，治理工程效益明显，工程布置合理。

（二）泥沙输出量

泥沙输出量包括年均输沙量、一次最大输沙量及泥石流次最大冲出量，现分别计算如下。

1. 年均输沙量

据舟曲县和相邻的陇南地区水土保持有关资料，三眼峪沟属中等泥石流作用区，年均输沙模数为$0.6 \times 10^4 \sim 11 \times 10^4 t/(km^2 \cdot a)$，本次取$0.6 \times 10^4 t/(km^2 \cdot a)$。据此求得年均输沙量为$14.46 \times 10^4 t$，约$8 \times 10^4 m^3$。

2. 一次最大输沙量

为计算"8·8"三眼峪沟泥石流一次最大输沙量及固体物质堆积量，本次勘查过程中，采取钻探、坑槽探井调查编录大量的抗洪救灾过程中的开挖剖面，取得了大量的泥石流堆积厚度数据，利用遥感图片采用不规则三角网（TIN）方法计算泥石流固体物质总量。

根据探井揭露，三眼峪沟泥石流堆积厚度一般在$1 \sim 5m$，最大厚度推测为10.8m（位于白龙江河道内），总体呈西侧比东侧厚度大，自上游至下游递增的特征。根据上述方法进行计算得出"8·8"三眼峪沟泥石流一次固体物质堆积总量为$110.58 \times 10^4 m^3$。

3. 泥石流一次最大冲出量

按下式计算：

$$Q_{H} = Q \frac{(r_c - r_w)}{(r_H - r_w)} \tag{8-9}$$

式中，Q_H为一次最大输沙量（m³）；Q为泥石流流量（m³/s）；r_c为泥石流重度（t/m³）；取2.09t/m³；r_w为清水重度（t/m³）；取1.0t/m³；r_H为泥石流中固体物质比重（t/m³）；取2.5t/m³。

引用勘查计算成果，泥石流一次最大冲出量为$152.8 \times 10^4 m^3$。

（三）冲击力计算及参数选取

冲击力是破坏防治工程构筑物的主要作用力之一，其大小与泥石流流量、流速、容重等有关，它的设计要经过多次试算才能确定。泥石流冲击力是泥石流防治工程设计的重要参数。分为流体整体冲压力和个别石块的冲击力两种。在此只对其整体冲击力、冲起高度和弯道超高分别进行计算。

1. 泥石流体整体冲压力计算

泥石流体整体冲压力计算采用以下两种方法计算。

（1）通用公式计算

计算公式如下：

$$f = K \frac{r_c}{g} V_c^2 \tag{8-10}$$

式中，f 为冲击力（Pa）；K 为系数，取 2.5；g 为重力加速度（9.8m/s²）；V_c 为断面处泥石流流速（m/s）。

（2）铁二院公式（成昆、东川两线）公式

计算公式如下：

$$\delta = \lambda \frac{r_c}{g} V_c^2 \sin\alpha \tag{8-11}$$

式中，δ 为泥石流体整体冲击压力（Pa）；g 为重力加速度，（9.8m/s²）；α 为建筑物受力面与泥石流冲压力方向的夹角（°）；λ 为建筑物形状系数，$\lambda = 1.33$。本次建筑物形状均为矩形，取 $\lambda = 1.33$。

铁二院公式计算的各断面处（各拦挡坝坝址断面处）冲击力见表 8-10。

表 8-10　各断面处（各拦挡坝坝址断面处）泥石流冲击力计算结果表

沟谷名称及断面编号	γ_c /（t/m³）	V_c/（m/s）	通用公式计算值 f/（t/m²）	铁二院公式计算值 δ/（t/m²）	λ	$\sin\alpha$
大 1# 坝坝址断面处	2.09	6.61	22.17	11.39	1.33	0.946
大 2# 坝坝址断面处	2.09	8.67	38.15	19.59	1.33	0.946
大 3# 坝坝址断面处	2.03	5.93	17.85	9.69	1.33	1
大 4# 坝坝址断面处	2.03	8.83	39.57	21.48	1.33	1
大 5# 坝坝址断面处	2.03	6.82	23.61	12.81	1.33	1
大 6# 坝坝址断面处	2.03	6.45	21.11	11.46	1.33	1
大眼峪沟干沟沟口上游	2.03	7.72	30.25	16.42	1.33	1
大 7# 坝坝址断面处	2.03	6.56	21.84	11.22	1.33	0.946
小 1# 坝坝址断面处	2.03	9.86	51.77	26.59	1.33	0.946
小 2# 坝坝址断面处	2.03	5.49	16.05	8.24	1.33	0.946
小 3# 坝坝址断面处	2.13	6.77	24.41	13.25	1.33	1
小 4# 坝坝址断面处	2.13	6.61	23.27	11.95	1.33	0.946
小眼峪沟下岔沟沟口下游	2.13	8.12	35.11	19.06	1.33	1
小 5# 坝坝址断面处	2.13	6.53	22.71	11.66	1.33	0.946
小 6# 坝坝址断面处	2.13	6.16	20.21	10.38	1.33	0.946
主 1# 坝坝址断面处	2.13	6.56	22.49	11.55	1.33	0.946
主 2# 坝坝址断面处	2.13	6.60	22.76	11.69	1.33	0.946

根据以上两种方式的计算结果，三眼峪沟泥石流冲击力取大值，即通用公式计算值。

2. 泥石流体中大块石的冲击力计算

本治理工程构筑物主要为坝和格栅，泥石流中大块石的冲击力按对梁（简化为简支梁）的冲击力来计算，公式如下：

$$F_b = \sqrt{\frac{48EJV^2W}{gL^3}} \cdot \sin\alpha \tag{8-12}$$

式中，F_b 为泥石流大石块冲击力（t/m²）；E 为工程构件弹性模量（t/m²）；J 为工程构件界面中心轴的惯性矩（m⁴）；V 为石块运动速度（m/s）；L 为构件长度（m）；W 为石块重量（t）；g 为重力加速度，取 $g = 9.8\text{m/s}^2$；α 为石块运动方向与构件受力面的夹角（°）。

各计算断面处的块石最大粒径根据现状堆积于沟道中的相邻两计算断面之间的最大石块粒径计。各断面处石块粒径、石块重量、石块运动速度、石块冲击力计算结果见表8-11。

表8-11　三眼峪沟泥石流体中大块石冲击力计算结果一览表

沟谷名称及断面编号	石块粒径/m	石块重量/t	石块运动速度/(m/s)	sinα	弹性模量 E/(t/m)	惯性矩 J/m⁴	石块冲击力/(t/m²)
大1#坝坝址断面处	5.5	162	10.55	0.946	2.8	274.63	7.14
大#坝坝址断面处	2.8	81	7.53	0.946	2.8	274.63	7.34
大3#坝坝址断面处	8.6	259.2	13.20	0.946	2.8	216.00	19.95
大4#坝坝址断面处	4.3	94.5	9.33	0.946	2.8	421.88	19.62
大5#坝坝址断面处	3.6	86.4	8.54	1	2.8	729.00	19.46
大6#坝坝址断面处	4.5	102.6	9.55	1	2.8	421.88	14.37
大眼峪沟干沟沟口上游	3.4	78.3	8.30	1	2.8	421.88	54.14
大7#坝坝址断面处	3.6	81	8.54	1	2.8	512.00	62.41
小1#坝坝址断面处	6.5	148.5	11.47	1	2.8	512.00	46.30
小2#坝坝址断面处	3.1	83.7	7.92	0.946	2.8	421.88	4.28
小3#坝坝址断面处	5.8	129.6	10.84	0.946	2.8	274.63	8.98
小4#坝坝址断面处	2.8	75.6	7.53	0.946	2.8	421.88	14.17
小眼峪沟下岔沟沟口下游	3.4	83.7	8.30	1	2.8	274.63	29.84
小5#坝坝址断面处	5.3	124.2	10.36	0.946	2.8	512.00	33.62
小6#坝坝址断面处	4.7	121.5	9.76	1	2.8	512.00	37.01
主1#坝坝址断面处	11.2	361.8	15.06	0.946	2.8	421.88	44.35
主2#坝坝址断面处	7.5	234.9	12.32	0.946	2.8	343.00	12.44

泥石流中石块运动速度公式为

$$V_s = \alpha\sqrt{d_{max}} \tag{8-13}$$

式中，V_s 为泥石流中大石块的运动速度（m/s）；d_{max} 为泥石流堆积物中最大石块的粒径（m）；α 为全面考虑的摩擦系数（泥石流容重、石块比重、石块形状系数、沟床比降等因素）。$3.5 \leqslant \alpha \leqslant 4.5$，平均 $\alpha = 4.0$。依据勘查，本计算 α 取 4.5。

三眼峪沟泥石流冲击力设计参数选取时，考虑到铁二院公式为成昆、东川两线经验公式，在此冲击力计算时采用其做了参考计算，其结果小于通用公式计算值，加权平均值也较小。因此，本着安全可靠、取大不取小的原则，本次泥石流治理工程设计参数选取时，冲击力的选取采用泥石流整体冲击力和大石块冲击力中的较大值。

三眼峪沟泥石流容重、流量、流速及冲击力设计值见表 8-12。

表 8-12　三眼峪沟泥石流治理工程设计参数选取一览表

沟谷名称	断面编号	设计容重 /(t/m³)	设计流量 /(m³/s)	设计流速 /(m/s)	冲击力 /(t/m²)	单宽冲击力 /(t/m²)
大眼峪沟（支沟）	大 1# 坝坝址断面处	2.05	1532.25	6.61	22.17	167.61
	大 2# 坝坝址断面处		1461.39	8.67	38.15	250.65
	大 3# 坝坝址断面处		1501.39	5.93	19.95	129.28
	大 4# 坝坝址断面处		1594.33	8.83	39.57	216.84
	大 5# 坝坝址断面处		1546.961	6.82	23.61	136.47
	大 6# 坝坝址断面处		1389.402	6.45	21.11	140.17
	大眼峪沟干沟沟口上游		1337.675	7.72	54.14	164.59
	大 7# 坝坝址断面处		1292.169	6.56	62.41	260.87
小眼峪沟（支沟）	小 1# 坝坝址断面处	2.15	1507.07	9.86	51.77	305.96
	小 2# 坝坝址断面处		1411.59	5.49	16.05	100.79
	小 3# 坝坝址断面处		1566.66	6.77	24.41	171.11
	小 4# 坝坝址断面处		1463.97	6.61	23.27	103.09
	小眼峪沟下岔沟沟口下游		1323.618	8.12	35.11	176.60
	小 5# 坝坝址断面处		1154.812	6.53	33.62	187.94
	小 6# 坝坝址断面处		1118.144	6.16	37.01	145.08
三眼峪沟（主沟）	主 1 号坝坝址断面处	2.10	1786.45	6.56	44.35	221.31
	主 2 坝坝址断面处		1833.18	6.60	22.76	37.10

注：表中冲击力的取值为泥石流整体冲击力和大块石冲击力两者中的大值

（四）拦挡坝设计

拦挡坝是本次三眼峪沟泥石流治理工程采取的主要措施，坝体型式采用重力式溢流坝和格栅坝两种，其材料均采用钢筋混凝土结构，现对各拦挡坝构筑物的设计作一说明。

1. 重力式拦挡坝设计

本次设计采用的重力式拦挡坝为溢流坝，坝体的具体设计如下。

1）沟道堆积条件：重力式拦挡坝坝址的选择根据坝址处沟道堆积物现状、坝址上游侧大块石、飘石的分布密集状况来确定的。

2）地质条件：坝址两岸山坡稳定，无滑坡、崩塌、冲沟等不良地质现象和地下水出露，坝肩有基岩出露或基岩埋藏较浅，坝基为基岩或密实的碎石土。

3）地形条件：坝址处沟谷狭窄，而上游开阔，沟床纵坡较缓，沟谷对称，两岸高度能满足坝高及库容要求。

4）施工条件：三眼峪沟虽然施工条件困难，但在坝址选择时，尽量考虑了易于修筑施工便道、运输方便、有开阔的施工场地或作业面的位置选址。

2. 平面布置

重力式拦挡坝主要布置在三眼峪主沟及其支沟大眼峪沟和小眼峪沟沟道内，其中主沟内布设 2 道，大眼峪沟布设 4 道，小眼峪沟布设 4 道。

3. 断面设计

重力式拦挡坝坝顶宽 2～3m，迎水坡坡比 1∶0.35，背水坡坡比 1∶0.1～1∶0.2。坝体设置泄水孔及过水涵洞，泄水孔采用 30cm×30cm 的正方形孔，水平间距 2m（中对中间距），垂直间距 3m（中对中间距），梅花形布置，外倾坡度 5%，泄水孔根据坝高设置两排或三排，最低一排泄水孔与过水涵洞洞顶平齐，泄水孔可用直径为 30cm 的 PVC 管代替；过水涵洞顶部采用拱形，拱径 1～1.5m，洞身采用矩形，宽 2～3m，高 1.5～2m。过水涵洞的设计依据能够满足日常一般车辆及行人能够通行，并能够满足季节性流水或一般洪水的过流来确定。

4. 拦挡坝坝高设计

拦挡坝坝高的确定主要依据以下四个方面来确定：① 稳定坝址上游侧的巨型崩塌、滑坡体和上游沟岸的坍滑塌；② 根据坝址处地形、地质及岸坡工程地质条件；③ 根据本次（2010 年 8 月 8 日）三眼峪沟特大泥石流泥位，并考虑其冲、爬高；④ 拦挡坝拦蓄泥沙效果和最大库容。

最终拦挡坝库容见表 8-13，拦挡坝总坝高为拦挡坝高和安全超高之和，本设计拦挡坝安全超高取 0.5～1m。

表 8-13　拦挡坝库容计算表

坝名	坝高/m	沟床比降/%	回淤比降/%	回淤长度/m	坝顶长/m	坝底长/m	沟床平均宽度/m	拦沙量/10⁴m³
大 1#坝	13.5	14.46	9.40	140	88.02	39.96	26.7	5.12
大 2#坝	15.5	31.14	20.24	250	65.61	34.39	48.5	1.97
大 3#坝	17	13.58	8.83	110	65.02	33.99	21.3	34.57
大 4#坝	15	25.00	16.25	100	45.53	17.00	6.2	2.46
大 5#坝	10	38.00	24.70	150	56.74	35.42	36.4	1.97
大 6#坝	12	21.00	13.65	80	74.61	26.69	28.6	5.48
大 7#坝	12	20.00	13.00	100	38.36	16.66	5.8	3.44
小 1#坝	10	29.00	18.85	150	54.49	10.00	72.2	1.41
小 2#坝	15	16.60	10.79	400	113.90	63.53	104.6	11.29
小 3#坝	15.5	21.28	13.83	150	85.73	40.64	60.1	2.84

坝名	坝高/m	沟床比降/%	回淤比降/%	回淤长度/m	坝顶长/m	坝底长/m	沟床平均宽度/m	拦沙量/10⁴ m³
小 4# 坝	16	17.60	11.44	150	45.00	33.95	27.6	3.07
小 5# 坝	15	19.00	12.35	150	41.17	31.77	32.1	3.61
小 6# 坝	12	20.88	13.57	120	35.73	29.83	12.4	3.26
主 1# 坝	15	11.60	7.54	330	63.73	29.97	24.2	25.89
主 2# 坝	14.6	14.10	9.17	400	99.04	60.00	26.6	5.67
合计								112.05

注：表中坝高为地面以上高度，含溢流口深度

三、排导工程设计

（一）平面设计

本次排导沟的起点为主 1# 坝副坝位置，终点为白龙江左岸，总长 2160m。排导沟左侧护堤起点呈"八"字形与沟道左岸岸坡（基岩面）相接，并削除峪门口向西凸出的山嘴；右侧护堤起点呈直线形与沟道右岸岸坡（基岩面）相接。排导沟终点与白龙江左岸交叉处向下游弯曲呈锐角相接，避免直角相接，以此缓解和降低堵江的概率。排导沟线路布设时尽量利用了部分"8·8"特大泥石流发生后抢险救灾时开挖出的临时沟槽以减少工程的开挖量，并在保证沟道顺治的前提下尽量避开下游沟道两侧居民房屋及城市建筑区，形成比较顺畅的排导体系。

一般情况下，三眼峪沟多发频度较高、流量较小的泥石流，而本次"8·8"特大泥石流规模是罕见的，其频率毕竟是比较低的。针对舟曲县城市用地紧张的实际情况，为尽可能地减少占用城市建设用地，并使防洪设施与城市建设相结合，本次排导沟采取分级防护的复式断面形式，主流槽防护百年一遇的泥石流，上部复式断面用于防御超 100 年一遇及类似"8·8"同等规模的泥石流。另外据调查，三眼峪沟"8·8"特大泥石流的降雨面积占全流域面积的 71.5%，推算在三眼峪沟全流域降雨与形成"8·8"泥石流同等降雨的条件下，其泥石流流量将比"8·8"泥石流流量增加 25% 以上，经沟内拦挡后，出沟流量仍将达到或超过 1260m³/s。据此，考虑县城的安全和防灾需要，本次在排导工程复式断面两侧各布置 25 m 宽的缓冲带，缓冲带向排导沟主沟槽方向逐渐倾斜，形成缓坡，坡降不小于 2%。为充分利用资源，缓冲区可作为城市绿化用地或休闲娱乐、健身的场所，严禁在缓冲区内修建任何商用、民用等建筑物。依据本次排导工程布设，确保工程顺利实施。

（二）断面设计

1. K372.8 ~ K562.4 段

该段排导沟设计断面为单式梯形断面，与主 1# 坝副坝相接，排导沟长 189.6m，排导

沟护堤堤身截面设计为直立式挡土墙形式。设计护堤挡土墙高 10m，顶宽 1m，坡比为 1∶0.3，背坡直立，底宽 4.55m，墙趾宽 1m，趾高 1m，墙底设计反坡，坡率 0.2∶1；排导堤基础埋深 2.5m，地面以上堤高 7.5m；堤身采用 M10 浆砌块石砌筑，每隔 10m 设置伸缩缝，缝宽 3cm，缝中填塞沥青木板，填充深度不小于 15cm，堤顶用水泥砂浆抹面，抹面厚 3cm。堤身设泄水孔，纵横向间距 2m，梅花形布设，泄水孔采用孔径为 3cm 的 PVC 管，最低一排泄水孔距沟底地面 1m。

在 K510.8～K552.4 段排导堤左侧为峪门口向西凸出的山嘴，为将排导沟与主 1# 坝顺畅相接，设计对此处岩质边坡进行削除。该边坡岩性为灰岩，完整性较好，微风化—中等风化，无外倾软弱结构面。依据《建筑边坡工程技术规范》（GB 50330—2013），此段山嘴削方设计坡率为 1∶0.3，削坡后该段不再砌筑浆砌块石排导堤。

2. K562.4～K658.8 段

该段排导沟右岸设计为复式梯形断面，总高 10m。复式断面下部护堤截面设计为梯形，堤身截面为直立式挡土墙，高 8.5m，顶宽 1m，胸坡比为 1∶0.3，背坡直立，底宽 4.55m，墙趾宽 1m，趾高 1m，墙底设计反坡，坡率 0.2∶1；排导堤基础埋深 2.5m，地面以上堤高 6m。护堤挡土墙采用 M10 浆砌块石砌筑，每 10m 设置纵向伸缩缝，缝宽 3cm，缝中填塞沥青木板，填充深度不小于 15cm，堤顶用水泥砂浆抹面，厚 3cm。堤身设泄水孔，纵横向间距 2m，梅花形布设，泄水孔采用孔径为 3cm 的 PVC 管，最低一排泄水孔距沟底地面 1m。

在复式断面下部排导堤堤顶修建混凝土道路，路面宽 5m，混凝土强度等级为 C20，铺设厚度 30cm。两侧公路每隔 300～500m 预留等宽公路路口。为保护过往车辆行人的安全，排导堤顶修筑防护栏杆，高度 1.2m。

复式断面上部仍采用梯形，两侧设置仰斜式挡土墙，墙高 2.5m，顶宽 0.5m，胸坡比为 1∶0.3，墙背直立，墙趾宽、高均为 0.5m；基础埋深 1m，墙身设置泄水孔，横向间距 2m，泄水孔采用孔径为 3cm 的 PVC 管，最低一排泄水孔距沟底地面 0.5m。

左侧排导沟断面形式仍延续上游段的断面，为单式梯形断面形式，其结构尺寸同上游段。

3. K658.8～K2378.7 段

该段排导沟断面均设计为复式梯形断面，结构尺寸与上游段相同。

4. K2378.7～K2532.2 段

该段排导沟两侧均采取单式梯形断面，其目的为加大过流深度，提高泥石流流速，防止和减轻沟道淤积。排导沟断面与 K372.8～K562.4 段相同。

为保持沟底纵坡，防止沟底冲刷、下切造成排导堤的毁坏，本次在排导沟内每隔 30m 布设一道防冲底槛，并与排导堤基础整体砌筑。地面以上槛身截面呈梯形，槛高 0.5m，槛顶 0.6m，胸坡、背坡比均为 1∶0.2，底宽 0.8m；防冲底槛地面以下基础为矩形，宽 1.6m，深 1.5m；防冲底槛基础宽度比地面以上槛身底宽 0.8m，其中迎水面宽出 0.3m，背水面宽出 0.5m，以此作为防冲底槛的内外襟边。防冲底槛采用 M10 浆砌块石砌筑，槛顶采用 C20 混凝土压顶，厚度 20cm。

（三）排导沟过流能力验算

本次排导沟的设计是依据三眼峪沟沟道内的拦挡工程实施后，在发生与"8·8"泥石流规模（1008.3m³/s）和百年一遇泥石流规模（806.63m³/s）同等的条件下，以能够满足泥石流的排导要求和减轻泥石流灾害损失而进行设计的。

排导沟过流断面设计时，将 16 条实测断面作为本次排导沟设计的控制断面，利用治理后百年一遇泥石流流量值和与"8·8"泥石流同等规模的泥石流流量值，结合排导沟设计比降，分别计算出 16 条断面处的泥石流流速，确定出排导沟的过流断面面积，最终通过试算并结合实地来确定和选择排导沟的断面形式。

1. 设计排导沟过流流量值的确定

治理后 100 年一遇泥石流流量值：806.63m³/s；

治理后与"8·8"泥石流同等规模泥石流流量值：1008.3m³/s。

2. 设计排导沟过流流速的确定

流速计算公式如下：

$$V_c = (1/N_c) \cdot H_c^{2/3} \cdot I_c^{1/2} \tag{8-14}$$

式中：V_c 为各断面处泥石流流速（m/s）。H_c 为计算断面的平均泥深（m）；I_c 为设计排导沟沟床纵比降（表 8-14）；N_c 为泥石流沟床糙率（根据黏性泥石流糙率表，结合排导沟各断面处实际情况，分别取 0.1 和 0.125）。

各断面处泥石流流速计算结果见表 8-14。

3. 设计排导沟过流断面面积确定

排导沟过流断面面积依据流量计算公式确定：

$$Q = V_c \times S \tag{8-15}$$

式中，Q 为治理后泥石流流量（m³/s）；V_c 为泥石流流速（m/s）；S 为设计排导沟过流断面面积（m²）。

依据式（8-15），设计排导沟过流断面面积计算结果见表 8-14。

表 8-14　三眼峪沟堆积区各沟段设计沟床比降及设计流速、断面面积计算表

剖面编号	设计沟床比/%	设计流速	治理后 1% 过流	治理后与"8·8"同等规模过流	备注
断面 1	15.14	13.55	59.53	74.41	
断面 2	14.86	13.43	60.06	75.08	治理后三眼
断面 3	14.76	13.38	60.29	75.36	峪沟主沟泥
断面 4	14.76	11.97	67.39	84.24	石流流量
断面 5	11.28	10.46	77.12	96.4	

剖面编号	设计沟床比/%	设计流速	治理后1%过流	治理后与"8·8"同等规模过流	备注
断面6	11.09	10.38	77.71	97.14	治理后三眼峪沟主沟泥石流流量
断面7	11.05	10.36	77.86	97.33	
断面8	8.10	8.87	90.94	113.68	
断面9	7.33	8.43	95.69	119.61	
断面10	6.72	8.07	104.91	131.14	增加治理后龙庙沟泥石流流量及二郎山坡面支沟流量
断面11	6.46	7.92	106.9	133.62	
断面12	6.46	7.92	106.9	133.62	
断面13	8.00	8.81	96.1	120.12	
断面14	5.15	7.9	107.17	133.96	
断面15	5.15	7.9	107.17	133.96	
断面16	5.15	7.9	107.17	133.96	

需要说明的是，由于龙庙沟排导沟在断面10处汇入主沟排导沟，因此设计排导沟过流流量在10#断面以下断面处均为主沟流量与龙庙沟以及二郎山坡面支沟流量之和。根据龙庙沟泥石流治理工程勘查报告，治理后龙庙沟泥石流1%和0.5%重现期的泥石流流量分别为30m³/s和37.5m³/s，考虑沿途二郎山多条坡面型支沟流量的汇入，综合分析，治理后主沟流量在1%重现期的基础上增加40m³/s，在与"8·8"同等重现期的基础上增加50m³/s。

四、综合治理效益分析

综上所述，三眼峪沟流域泥石流综合治理工程包括拦挡坝15座，排导沟总长2160m，目前已基本完工并投入使用。三眼峪沟泥石流治理工程的实施，将产生一定的减灾效益、拦沙效益、排导工程效益和社会效益。

(一) 减灾效益分析

该工程实施后，由于在关键位置布设共计15道拦挡坝，其平均设计冲击力指标为33.5t/m²，最大可达62.4t/m²，按照舟曲"8·8"泥石流三眼峪沟泥石流体中大块石冲击力计算结果（表8-11）与拦挡坝设计标准（表8-12），拦挡坝可以使泥石流冲击力有效降低。同时"8·8"泥石流发生时，三眼峪主沟泥石流容重为2.25t/m³，建成的拦挡坝在发生"8·8"同等强降雨条件下，主沟泥石流的容重接近1.65t/m³，在一般暴雨条件下，其重度一般在1.33～1.65t/m³，泥石流已成为含沙洪水，下游排导沟淤积程度减轻，泥石流危害程度减小，治理工程效益明显，工程布置合理。这样将解除泥石流对县城的危害，有效地保护泥石流严重危害区内企事业单位和居民的生命财产安全。三眼峪沟流域内的不良地质现象将得到有效控制，泥石流发生频率降低，成灾能力减弱，流域内地质环境问题由恶性逐步向良性的趋势发展。

（二）拦沙效益分析

工程完成后，格栅坝将块石、飘石拦截在沟内，不使其出山，既减少了泥石流大颗粒固体物质补给量又降低了泥石流对沿途及沟口堆积区的破坏性。15 座拦挡坝可拦蓄泥沙约 $112.05×10^4 m^3$，相当于年均输沙量（$5.60×10^4 m^3$）的 20 倍，即以目前拦挡坝建成状态在不发生重大泥石流的情况下 20 年后才能淤满，期间泥沙不出沟，拦沙坝库容淤满后，巨型崩塌体、沟岸坍塌和部分滑坡将趋于稳定，可补给泥石流的固体物质量将大幅度减少，发生泥石流的频率及规模将降低。排导沟内无淤积，大大地减少了每年的排导沟清淤费用，为地方财政节约资金用于投资和发展其他产业。

如再遇舟曲"8·8"同等情况下的泥石流灾害时，泥石流一次最大冲出量为 $152.8×10^4 m^3$，15 座拦挡坝虽不能全部将泥石流的冲出量拦截，但可以有效拦截 74% 的泥沙，大大减小了泥石流的危害。但同时也要看到，舟曲"8·8"泥石流过后，仍有 3/5 的物源停留在沟道内，流域内可转化为泥石流的固体物质总量为 $2693.84×10^4 m^3$，远远超出了 15 座拦挡坝所能承受的库容范围，每年需要逐渐进行清淤工作。

（三）排导工程效益分析

舟曲三眼峪排导沟设计和施工，考虑到三眼峪沟"8·8"特大泥石流的降雨面积占全流域面积的 71.5%，其泥石流流量将比"8.8"泥石流流量增加约 25%，出沟流量仍将达到或超过 $1260 m^3/s$ 的特殊情况，在排导工程复式断面两侧各布置 25 m 宽的缓冲带，缓冲带向排导沟主沟槽方向逐渐倾斜，形成缓坡，坡降不小于 2%。16 个断面的设计速度和流量均和实际"8·8"泥石流发生时的实际断面情况相符，可以有效地将灾害损失降低到最低限度，达到保护舟曲县城区人民生命财产安全的目的。

（四）社会效益分析

三眼峪沟泥石流直接威胁舟曲县城安危，"8·8"特大泥石流发生后，引起了全球华人及海外友人的共同关注，其治理工程举世瞩目，治理工程的实施及治理效果的好坏影响巨大。

由于三眼峪沟泥石流灾害发生频繁，防灾救灾给政府及区内居民造成了巨大的经济损失和心理负担，严重影响了县区经济和各项事业的发展，治理工程实施后，不仅可使政府免除后顾之忧，也可密切政府与群众的关系，消除危险区内居民的精神负担，有利于社会安定及群众安居乐业，加快当地经济建设的发展。

另外，治理工程实施后，可在排导沟两侧空地开发房地产、绿地或公园式公共休闲场所，既解决了舟曲县城的住房难问题，又为美化县城、为县城居民提供公共休闲场所创造了良好条件。

参 考 文 献

胡向德，李军，李瑞冬，等. 2010. 甘肃省舟曲县三眼峪沟泥石流灾害勘查报告. 兰州：甘肃省地质环境监测院.

刘雷激，魏华.1997.泥石流冲击力研究.四川联合大学学报（工程科学版），1（2）：99-102.

唐川.2008.城市泥石流灾害预警问题探讨.地球科学进展，23（5）：546-552.

魏鸿.1996.泥石流龙头对坝体冲击力的试验研究.中国铁道科学，17（3）：50-62.

赵成，贾贵义.2010.甘肃省白龙江流域主要城镇环境工程地质勘查可行性研究.兰州：甘肃省地质环境监测院.

第九章　结论与建议

第一节　结　论

1）舟曲"8·8"特大泥石流灾害是新中国成立以来造成人员伤亡和经济损失最大的一次泥石流灾害。通过野外勘察表明此次灾害具有深夜暴发、损失惨重，突发降雨、致灾迅速，山外小雨、没有预警，规模特大、破坏力强，中部冲蚀、外侧淤埋，链生效应、加重损失等特点。致灾因素存在自然和人为两个方面，从自然条件上看，流域内陡峻的地形和丰富的松散固体物质是三眼峪沟和罗家峪沟本身即具备形成泥石流的良好条件，而极端强降雨则直接激发了本次特大型泥石流。从人为因素上看，毁林垦荒、破坏生态环境，城镇建设挤占泥石流排泄通道，泥石流防治工程设计标准过低等不合理人类活动是导致损失惨重的主要原因。

2）三眼峪物源总量约为 $4079.42×10^4$ m^3，流域内可转化为泥石流的松散固体物质总量为 $2644.54×10^4$ m^3，占总量的 64.8%；舟曲"8·8"特大泥石流属于高容重黏性泥石流，容重在 2.10t/m^{-3} 左右；大、小眼峪（降雨汇流区）及三眼峪（泥石流流通区）泥石流流速分别为 8.97m/s、7.06m/s 和 6.02m/s，洪峰流量分别为 1659m^3/s、1553m^3/s 和 1896m^3/s。泥石流屈服应力在 8000Pa 以上，形成很强的抵御洪水冲刷能力，使得泥石流在白龙江内淤积形成堰塞湖；三处的巨石冲击力分别为 46676tf、40236tf 和 21182tf，使泥石流在汇流区破坏力巨大，且以切蚀为主，在三眼峪出口，冲击力明显减小，泥石流发生堆积。

3）三眼峪在重力作用下主要以压缩变形为主，最大位移主要出现在大、小眼峪沟沟道两侧梁峁顶处的松散碎石土层内，局部区域已经破坏，且竖向分量最大；整个流域是以"压-剪"破坏模式为主，体现为竖向方向受压屈服；由于碎石土、灰岩分界面的存在，使得其附近区域的最大主应力方向要比其他区域最大主应力方向的变化大而且迅速得多；流域内以剪切、张拉并存的破坏塑性屈服模式为主，流域剪切塑性屈服区主要分布于流域表层碎石土层梁峁坡以及坡面大部分区域，沟道两侧的表层碎石土层梁峁顶和梁峁坡上部同时处于张拉塑性屈服区和剪切塑性屈服区，该区域与最大位移区域的分布基本重合，破坏程度较为严重；张拉塑性屈服区主要分布于岩土分界面处，且与应力场变化最大区域重合。

4）研究采用有限元求解方法，应用三维连续介质模型程序，对流变模型（摩擦模型、Voellmy 模型、Bingham 模型）进行编码，进行泥石流、滑坡形成机理研究。舟曲泥石流与高速远程滑坡的临界启动坡度为 25°~30°，底阻条件和地形条件会对泥石流和滑坡的动力过程、能量传递产生显著的影响；同时也会对其运动形态产生一定的影响。侵蚀作用增加了运动的质量，从而使泥石流、滑坡具有更大的致灾范围和更强的破坏力。物源区体积

（湍流系数）在一定程度上仅影响速度，但对致灾范围和规模影响作用不大。下垫面情况、颗粒物组成、孔隙水压力（底摩擦角）与灾害体流速、移动距离和堆积区体积、面积关系很密切，在很大程度上影响了泥石流、滑坡强度、致灾范围和规模。拦挡坝的设置可以改变泥石流和滑坡的运动路径、堆积区域形态和堆积厚度，可以使灾害体的运动距离和运动速度有所减少，同时也遭受了逐渐加速泥石流与滑坡的巨大影响。

5）研究建立了三眼峪、罗家峪和寨子沟在前期一般和干旱两种条件下泥石流启动的临界阈值曲线和不同预警级别的降雨历时与降雨雨强函数关系曲线，以及不同预警级别的泥石流雨强（雨量）与降雨历时数据表格，并将诱发泥石流的降雨预警级别划分为红、橙、黄、蓝、四个预警级别和两个预备预警级别。三眼峪子流域前期水分干旱条件下泥石流红色Ⅰ级至蓝色Ⅳ级的预警值分别为 56.10mm/h、40.70mm/h、31.74mm/h、23.83mm/h，预备Ⅴ级至Ⅵ级的预警值为 17.31mm/h、10.16mm/h；前期水分一般条件下泥石流红色Ⅰ级至蓝色Ⅳ级的预警值分别为 50.86mm/h、37.87mm/h、29.88mm/h、21.69mm/h，预备Ⅴ级至Ⅵ级的预警值为 15.69mm/h、9.48mm/h。罗家峪子流域前期水分干旱条件下泥石流红色Ⅰ级至蓝色Ⅳ级的预警值分别为 52.73mm/h、39.61mm/h、31.59mm/h、23.54mm/h，预备Ⅴ级至Ⅵ级的预警值为 17.18mm/h、10.11mm/h；前期水分一般条件下泥石流红色Ⅰ级至蓝色Ⅳ级的预警值分别为 49.39mm/h、37.55mm/h、29.49mm/h、21.64mm/h，预备Ⅴ级至Ⅵ级的预警值为 15.51mm/h、9.10mm/h。寨子沟子流域前期水分干旱条件下泥石流红色Ⅰ级至蓝色Ⅳ级的预警值分别为 52.88mm/h、40.25mm/h、31.65mm/h、23.68mm/h，预备Ⅴ级至Ⅵ级的预警值为 17.25mm/h、10.13mm/h；前期水分一般条件下泥石流红色Ⅰ级至蓝色Ⅳ级的预警值分别为 49.53mm/h、37.67mm/h、29.56mm/h、21.65mm/h，预备Ⅴ级至Ⅵ级的预警值为 15.57mm/h、9.18mm/h。不同预警级别的降雨雨强与降雨历时呈 $I=ah^b$ 幂函数关系，系数 a 和 b 数值在不同预警级别下会有规律的改变。能够触发舟曲地质灾害发生的降雨特征具有以下两种：一是降雨雨强很大、降雨历时较短的单峰型短历时强降雨的"点雨"；二是降雨雨强较小、持续时间很长的"绵绵细雨"。

6）由于舟曲具有独特的高山峡谷的地形地貌和工程地质条件，为舟曲提供了丰富的固体物质储备和易于滑坡发生的岩性组合，以及结构组合为泥石流、滑坡提供了丰富的物质补给，导致舟曲整体稳定性较差，同时舟曲地质灾害危险性存在地域性差异。地势低洼地区往往与地形湿度较高区域、滑坡和泥石流灾害点分布规律一致。随着降雨量的逐渐增大，地表浅层土壤水分逐渐增加，土壤湿度区域面积逐渐增加，不稳定区的分布区域快速增长，逐渐扩展到山脊和坡度较缓的斜坡单元。随着降雨量逐渐增大，流域稳定区域面积由 10.16mm/h 降雨条件下的 54.93% 减少到 56.10mm/h 条件下的 42.67%，滑坡所占比例由 10.16mm/h 降雨条件下的 46.07% 减少到 56.10mm/h 条件下的 28.65%；而不稳定区域和极不稳定分区面积由 10.16mm/h 条件下的 11.54% 增至 56.10mm/h 条件下的 25.47%，滑坡所占比例由 10.16mm/h 条件下的 15.73% 增至 56.10mm/h 条件下的 35.39%。处于从稳定区向不稳定区过渡的潜在不稳定区，其区域面积所占比例在 32%~38% 浮动，滑坡所占比例在 36%~41% 浮动，变化不甚明显，但在各稳定级别中比例始终最高，均值高达 35% 和 39%。说明随着降雨预警级别的逐渐升高，稳定区域的区域面积所占比例和滑坡所占比例逐渐降低，失稳分区中的区域面积所占比例和滑坡所占比例逐渐增加，舟曲区域整体危险性较大,基本稳定区、潜在不稳定区正逐渐向不稳定区及极不稳定区迁移与过渡。如遇合适的降雨、地震条等外力因素,这种迁移与过渡的可能性会进一步增大,发生滑坡、泥石流等地质灾害的可能性以及分布范围进一步增加,发生地质灾害的潜在性逐渐增大,舟曲区域地质灾害危险性程度日益加剧。

同时舟曲区域地质灾害存在两条分界线(临界线),一条是从Ⅴ预备预警级别升至蓝色Ⅳ级预警级别时,降雨频率从5年一遇升至10年一遇暴雨,雨强从17.31mm/h增加至23.83mm/h,此时滑坡、泥石流被触发,开始发生地质灾害;另外一条则是黄色Ⅲ级预警级别线,预警级别升至该级别后,降雨频率大于20年一遇暴雨,雨强超过31.74mm/h,此时潜在不稳定区域面积所占比例和滑坡所占比例迅速下降,危害程度由量引起质变,地质灾害危险程度显著加剧。

7) 研究根据舟曲布设的监测仪器和监测内容,建立了不同预警级别下的监测指标预警阈值表格,通过监测数据结合该表,可以确定泥石流与滑坡地质灾害的预警级别,可为舟曲监测仪器预警值的设定提供一定的技术参考。其中泥石流红色Ⅰ级预警阈值:泥石流流速>10m/s,泥石流地声:105~130dB,泥石流冲击力>100kPa,土体含水量(土层深度20cm)>23%;橙色Ⅱ级预警阈值:泥石流流速5~10m/s,泥石流地声:85~105dB,泥石流冲击力40~100kPa,土体含水量(土层深度20cm)18%~23%;黄色Ⅲ级预警阈值:泥石流流速<5m/s,泥石流地声:65~85dB,泥石流冲击力20~40kPa,土体含水量(土层深度20cm)12~18%。其中滑坡红色Ⅰ级预警阈值:滑坡裂缝>30mm,滑坡地表位移>20cm,滑坡深部位移>10cm,孔隙水压力(土层深度2m)>65kPa,非饱和土基质吸力(土层深度2m)>35kPa;滑坡黄色Ⅱ级预警阈值:滑坡裂缝10~30mm,滑坡地表位移10~20cm,滑坡深部位移3~10cm,孔隙水压力(土层深度2m)>50~65kPa,非饱和土基质吸力(土层深度2m)25~35kPa;滑坡黄色Ⅲ级预警阈值:滑坡裂缝3~10mm,滑坡地表位移5~10cm,滑坡深部位移1~3cm,孔隙水压力(土层深度2m)>20~50kPa,非饱和土基质吸力(土层深度2m)10~25kPa。

第二节　建　议

随着社会的发展与进步,关于泥石流与滑坡地质灾害机理研究与监测预警研究等方面的内容日益受到学术界和社会公众的普遍关注。通过上述研究,虽取得了一些阶段性成果,但由于涉及的问题众多,还有许多不够完善、不够深入之处,还需要开展进一步研究。

1) 由于以下原因:一是舟曲"8·8"泥石流发生之时,雨量站距离三眼峪、罗家峪和寨子沟较远,没有较为准确的降雨量资料;二是目前还没有收集到关于舟曲详细的降雨系列资料和地质灾害监测等资料;三是监测时间短;四是没有相关技术规范和经验等。所以,目前研究所得出的结论都是初步的,需要在今后的监测预警中不断研究。随着监测资料的不断积累和研究程度的继续深入,逐步完善预警预报模型,不断调整降雨预警阈值。

2) 由于监测仪器数量有限以及目前在使用中还存在诸多问题,所以,还必须继续完善和加强群测群防体系建设,依靠群专结合的监测预警体系,充分发挥地质灾害群测群防的作用,形成群专结合的地质灾害预防体系;提升社会公众对防灾减灾的参与程度,增强全民自防自救和互救能力，健全群专结合的地质灾害群测群防网络体系，实行分级管理，推进防灾减灾社会化。

3）SINMAP 模型是基于无限理论与饱和渗流理论的预测模型，其模型的计算精度取决于研究区域 DEM 精度与调查的滑坡、泥石流灾害点位置的准确性。所以在下一步工作中，需要进一步提高 DEM 精度，加大野外调查力度，同时应用其他评价模型（如 TRIGRS 模型）或方法对 SINMAP 模型计算结果进行比较，与实际情况进行验证。

4）基于目前地质灾害机理研究较为薄弱，还不能支持监测预警的成熟运用，迫切需要采用新的理论支撑来完善继续的研究工作。本研究下一步拟采取非饱和土力学中较为新颖的吸应力理论，继续开展降雨诱发浅层滑坡的理论机制研究，以吸应力为纽带，将非饱和水势与有效应力有机地融为一体，量化水文诱发滑坡的机制，力求从较高层次解决降雨诱发滑坡机理和监测预警等难题。